U0187997

万川
reflections

一
步
万
里
阔

全球视野与物质文化史丛书 | 主 编 蒋竹山

LONDA SCHIEBINGER

Plants
and
Empire
COLONIAL BIOPROSPECTING
IN THE ATLANTIC WORLD

植物与帝国

大西洋世界的殖民地生物勘探

〔美〕隆达·施宾格 著

姜 虹 译

中国工人出版社

谨以此书纪念曾经掌握节育知识的男人和女人，
这些知识已遗失在时光的迷雾和毁坏的历史中。

致

谢

　　本书的写作是一大乐事,它让我领略了异域风情,也让我得以接触世界各地众多优秀学者。我很感激伦敦自然博物馆的罗伊·维克里(Roy Vickery),他慷慨地为我展示了汉斯·斯隆(Hans Sloane)的标本集,其前八卷收录了斯隆从牙买加采集的植物。在巴黎国立自然博物馆种子植物实验室(Laboratoire de Phanérogamie)的各个房间里,装满标本的抽屉从地面一直垒到天花板,工作人员准许我从中翻阅了多份金凤花植物(*Poinciana*)标本。我也非常感谢伦敦维尔康姆图书馆(Wellcome Library)的约翰·西蒙斯(John Symons);巴黎国立自然博物馆文献中心、普罗旺斯地区艾斯克的海外档案中心,以及金斯敦的牙买加国家图书馆博学的档案员和工作人员协助我查找图像和罕见的研究材料。不少同仁在关键时刻都为我提供了宝贵的资料:吉姆·麦克莱伦(Jim McClellan)慷慨地共享了有趣的档案材料,内容是关于"两条根的土豆",他还阅读了本书的草稿,提出了建设性的意见;休·布鲁姆霍尔(Sue Broomhall)为我推荐了法国历史学家克洛德·戈瓦尔夫人(Mme. Claude Gauvard)的研究成果;杰罗姆·昂德莱(Jerome Handler)帮助我找到了巴巴多斯(Barbados)助产术的材料;凯伦·雷兹(Karen Reeds)向我介绍了马克·詹姆森(Mark Jameson)及其在16世纪为妇产科病人建的植物园;菲利普·鲍彻(Philip Boucher)提供了关于查尔斯·德·罗什福尔(Charles de Rochefort)和让-巴蒂斯特·迪泰尔特(Jean-Baptiste du Tertre, 1610—1687)的各种专业性意见;斯特凡·穆勒-维勒(Staffan Müller-Wille)告诉我林奈对达尔贝里(Dahlberg)的评价,并好心审读了第五章;罗伯特·比韦斯(Roberts Bivins)提醒我关注威廉·琼斯(William Jones)爵士的著述;克劳迪亚·斯旺(Claudia Swan)分享了关于采药妇女的有趣材料;李·安·纽森(Lee Ann Newsom)帮忙回答了金凤花的生物地理学起源问题;布莱恩·奥格尔维(Brian Ogilvie)阅读了第五章后提出了非常有建设性的建议;承蒙琳达·伍德布里奇(Linda Woodbridge)的帮助,我得到来自本·琼生(Ben Jonson)的有趣资料;在我需要一位研究丹尼尔·笛福(Daniel Defoe)的小说《莫尔·弗兰德斯》(*Moll Flanders*)的专家时,克莱姆·霍斯(Clem Hawes)为我提供了帮助;休·汉利(Sue Hanley)阅读了第三章的各部分内容并帮我解答了法国法律的一些问题;马修·雷斯塔尔(Matthew Restall)提供了 *Tabachin*[①]和所有的西班牙语材料;明妮·辛哈(Minnie Sinha)对帝国主义理论与实践相关问题进行了严谨细致的评价;艾伦·沃克(Alan Walker)对目前的科学命名法发表了真知灼见;芭芭拉·布什(Barbara Bush)、理查德·德雷顿(Richard Drayton)、帕梅拉·史密斯(Pamela Smith)和爱玛·施帕里(Emma Spary)提供了医学史、博物学史或西印度群岛方面的洞见和急需材料。最后,特别感谢保拉·芬德伦(Paula Findlen)为我的众多研究项目提供了慷慨的帮助。

1999年至2000年,在访问马克斯-普朗克科学史研究所(Max-Planck-Institut für Wissenschaftsgeschichte)期间,我完成了本书的大

ix

---

① 金凤花其中一个名字的西班牙语翻译,见第五章。——译者注(无特殊说明,文中脚注均为译注)。

部分内容。我诚挚地感谢马普所的洛林·达斯顿（Lorraine Daston），她聪慧活泼又热情周到；也很感激研究所的图书管理员帮我查找和影印了大量研究材料。亚历山大·洪堡基金会（Alexander von Humboldt Foundation）为这次高访提供了资助，我是获得洪堡研究奖奖金的首位女性历史学家，我想之后必定会有不少女性将获得该奖。国家科学基金会、国家医学图书馆和国家健康研究所等机构也为我查找档案材料提供了旅行资助，为我的写作提供了时间上的保障。我同样很感激宾夕法尼亚州立大学的迪恩·韦尔奇（Dean Susan Welch）和格雷格·勒伯（A. Gregg Roeber）对本研究的慷慨帮助；以及责任编辑伊丽莎白·克诺尔（Elizabeth Knoll），我这趟出版之旅因为她而变得非常愉快；还有玛丽·福克纳（Mary Faulkner）、莎拉·古德费罗（Sarah Goodfellow）和凯瑟琳·马斯（Katherine Maas）等诸位研究助手，因为有了她们，这本书才能做得更好。最后，特别感谢艾德·杜蒙德（Ed Dumond），他保证了研究所需的所有设备运行良好。

本书某些内容曾发表在《奋进号》（Endeavour）、《希帕蒂娅》（Hypatia），卡罗琳·琼斯（Caroline Jones）和彼特·格里森（Peter Galison）主编的《描绘科学，生产艺术》（Picturing Science, Producing Art）、洛林·达斯顿（Lorraine Daston）和费尔南多·维达尔（Fernando Vidal）主编的《自然的道德权威》（Moral Authority of Nature）、帕梅拉·史密斯（Pamela Smith）和本杰明·施密特（Benjamin Schmidt）主编的《知识及其生产》（Knowledge and Its Making），以及我和克劳迪娅·斯旺（Claudia Swan）主编的《殖民地植物学》（Colonial Botany）等期刊或论文集中，感谢这些期刊、编辑和出版社授权重新发表这些内容。

最后，为了在这项智识活动中保持热情，我还兴师动众地让"殖民地交换"（Colonial Exchange）这门研究生讨论课上的学生传阅了本书的草稿，他们纠正了大量的错误并提出了非常棒的建议，在此，感谢这门课上的所有学生。里奇·道尔(Rich Doyle)、劳拉·贾内蒂(Laura Giannetti)、艾米·格林伯格(Amy Greenberg)、吉利安·哈德菲尔德(Gillian Hadfield)、罗妮·夏(Ronnie Hsia)、玛丽·皮克林(Mary Pickering)、奎多·鲁杰罗(Guido Ruggiero)、苏菲·德·查普戴维(Sophie de Schaepdrijver)、苏珊·斯奎尔(Susan Squier)和南希·图亚纳(Nancy Tuana)等同事和朋友提供了温暖的帮助,倾听我的唠叨,分享美食,甚至在一些重要的时候举办快乐的舞会。最后,仅以此书献给我最爱的家人罗伯特·普罗克特(Robert Proctor)、杰弗里·施宾格(Geoffrey Schiebinger)和乔纳森·普罗克特(Jonathan Proctor)。

目　录

插图列表及版权

导 论

没有得到荷兰主人善待的印第安人，为了不让子女像自己一样沦为奴隶，他们用[这种植物]的种子堕胎。而几内亚和安哥拉的黑奴则以拒绝生育为威胁，以争取更好的待遇。事实上，他们有时会因为不堪虐待而自行了断，因为他们坚信自己会在故土重生，并获得自由。这是他们自己告诉我的。

在精美的《苏里南昆虫变态图谱》(*Metamorphosis Insectorum Surinamensium*, 1705)里，玛丽亚·西比拉·梅里安(Maria Sibylla Merian, 1647—1717)讲述了荷兰殖民地苏里南的非洲奴隶和印第安人凄惨的生活以及他们如何用一种植物的种子堕胎，她把这种堕胎植物称为 *flos pavonis*，字面意思为"孔雀花"[1]，也就是现在说的金凤花①。艳丽的金凤花在整个加勒比地区的山野、树篱和公园里依然随处可见，采草药的妇女和赤脚医生至今还在将它用作人工流产的良药。

与生长繁茂、随处可见的金凤花不同，梅里安的作品屈指可数，却都非凡卓越。她出生于德国，是著名的艺术家，也是当时极少独自为科学而远行的几位欧洲女性之一。女博物学家很少被描绘成

---

① 这种植物是本书的主角，现在常用的中文名称为"金凤花"，为方便读者理解，此处加了这句话，后文统一用"金凤花"，但因为作者尤为强调梅里安所用的"孔雀花"名称，故涉及与她相关的讨论时，遵从原文用"梅里安的孔雀花"。

渴望去探索异域世界的形象:1711 年,梅里安的大女儿约翰娜·赫罗尔特(Johanna Helena Herolt, 1668—1723)跟随在苏里南工作的丈夫,像母亲一样到那里采集、绘制昆虫和植物。1776 年,珍妮·巴雷特(Jeanne Baret)成为第一个完成环球航行的女性,但她不得不女扮男装成随船植物学家菲利贝尔·柯默森(Philibert Commerson)①的助手,并假装是自己私生子的父亲。到了 19 世纪,像夏洛特·坎宁(Charlotte Canning)这样的女性会采集一些植物标本,但她们大多都是以殖民官员妻子的身份,丈夫去哪里就跟着去哪里,其初衷并非是自己的科学目标。[2]

　　梅里安这段话的另一个显著特点是,它揭示了所谓"现代早期世界"的植物地缘政治学。史学家们有足够的理由把重点放在科学革命和全球扩张带来的知识爆炸,以及欧洲与其殖民地之间疯狂的商品和植物交换上。[3]关于殖民地科学的大量文献都在关注知识的生产及其在各大陆和异质文化之间如何传播,在本研究中,我探索的则是知识体系未从新大陆传入欧洲的例子。为此,我采用了罗伯特·普罗克特(Robert Proctor)称之为"无知学"(agnotology)②的方法论工具,该术语强调文化因素导致的无知,与更传统的认识论研究方式相对应。[4]无知学把关注的焦点从"我们何以知道"的相关问题转向"我们不知道什么"以及"为什么不知道"的相关问题上。无知往往不仅是知识欠缺的结果,而且是文化和政治抗衡的结果,毕

---

　　① 柯默森(1727—1773),法国植物学家,曾在 1766—1769 年跟随法国著名航海家路易斯·布甘维尔(Louis Antoine de Bougainville, 1729—1811)的探险队完成了环球旅行。

　　② Robert Proctor 是斯坦福大学的科学史家,他在 1995 年提出了这个术语。在词源上,agnotology 前半部分来自希腊语词根 *agnōsis*,意为"无知,不知道"(not knowing)。最常见的中文翻译是"比较无知学",此外还有"知识遮蔽"的译法(见赵喜凤,蔡仲."生物剽窃"发展的社会过程及其机理——建构主义视角的案例解析,《科学学研究》2013 年第 12 期),本书采用最简单的直译"无知学"。

竟大自然有着无限的丰富性和多样性。我们对某个时期或地方知道什么或不知道什么,都会受到特定的历史条件、本土和全球的关注重点、资金分配模式、机构和学科等级、个人和专业的眼界,以及其他众多因素的影响。我希望理解知识体系是如何被建构的,更希望去剖析由文化因素导致的对自然界的无知。[5]

　　本书探讨的不是一位伟大的男性或女性的故事,而是一种重要的植物。历史学家、后殖民主义学者甚至科学史家很少会认识到,在全球尺度下植物对人类社会和政治的形成与变革有着多么重要的影响。在战争、和平的宏大叙事中,甚至在关于日常生活的研究中,植物受到的关注甚少,远不能体现它们对人类的重要性。植物作为重要的自然和文化产物,经常在大阴谋中起着关键作用。在 19世纪,玻利维亚政府对艾马拉(Aymará)印第安人曼努埃尔·茵克拉(Manuel Incra)进行严刑拷打,并处决了他,因为他参与了走私金鸡纳树①种子到英国的活动。这种树也叫秘鲁树皮,是提取奎宁生物碱的主要树种,而奎宁是治疗疟疾和其他恶性热病的良药。植物也常常与涉及重大利害关系的政治瓜葛纠缠不清。例如,20 世纪30 年代,荷兰在地球的另一边——爪哇栽培了走私得来的金鸡纳树,从而打破了南美洲的奎宁垄断。第二次世界大战期间,纳粹占领荷兰,其首要目标就是控制全世界的奎宁供应,让同盟国差不多一无所得,这导致美军在太平洋战争中死于疟疾的人数远比死于日军刺刀和子弹的人数多。[6]

　　欧洲从世界各地引种植物已有很长的历史,数量巨大,而且产生了重要的经济影响。在克里斯多夫·哥伦布(Christopher Colum-

---

　　① 原文此处为"正鸡纳树"(Cinchona officinalis)。事实上,俗称金鸡纳霜的奎宁是在金鸡纳属(Cinchona)多种植物的树皮中所提取的生物碱,并非只是来自正鸡纳树。本书中所称的金鸡纳树或秘鲁树皮多为金鸡纳属植物的泛指,而不是特指某一种植物。

插图 I.1　梅里安画的金凤花，她将其描述为高 9 英尺的植物，开鲜艳的黄色和火红花朵。值得注意的是，这幅画中右边打开的豆荚里有一粒饱满的种子，梅里安宣称这是南美阿拉瓦克（Arawak）妇女和非洲奴隶妇女用来堕胎的药物。时至今日，加勒比地区很多地方依然将这种植物的各部位作为堕胎之用。

bus）抵达美洲很久以前，各种植物已经作为调料、药物、香料（非食　　3
用性的）和染料等产品沿着远东到地中海的贸易线路传播。哥伦
布发现美洲也引发了植物迁移的狂潮：1494年，这已经是他的第
二次航海，他将一段段甘蔗带到了伊斯帕尼奥拉岛（Hispaniola）①，
同时也带去了各种柑橘类水果、葡萄藤、橄榄、甜瓜、洋葱和萝卜
等。蔗糖在欧洲是重要的商品，既能当药物又能作甜味剂。
1512年左右，甘蔗在美洲引种成功，到1525年时，蔗糖在伊斯帕
尼奥拉岛已经实现大规模生产。西班牙人在1530年从中国把生
姜引种到墨西哥，到1587年时每年有价值高达25万达克特②重
200万磅的生姜被运往西班牙的塞维利亚。随着时间的推移，植
物在奴隶制为核心的政治斗争中也扮演了重要角色。例如，种植
园主从塔希提岛移植面包树，其唯一目的就是为大量奴隶人口提
供廉价而高产的食物。[7]

　　当然，不管是过去还是现在，并非所有植物都同样重要。本书
的主题旨在探讨梅里安的孔雀花（*Poinciana pulcherrima*）的历史，这
种植物并不像巧克力、土豆、奎宁、咖啡、茶叶这些传奇植物一样拥
有重要的历史地位，它甚至赶不上大黄——大黄好歹在18世纪被广
泛用作泻药。[8]尽管如此，金凤花却有着重要的政治意义。在整个
18世纪，金凤花被奴隶妇女当作反抗奴隶制的武器：她们用这种植
物让自己流产，以免孩子生而为奴。我倾注了大量精力研究此植
物，不是因为它精致漂亮或者生长在格外迷人的地方，而是因为不
少博物学家各自发现它在西印度群岛被广泛用作堕胎药。他们每
个人都观察到美洲印第安人或奴隶妇女使用金凤花的事实，并把相

---

　　①　中文又有"海地岛"的说法，以及根据西班牙语 La Española 译为"西班
牙岛"。
　　②　ducat，早期在欧洲通行的一种货币。

关的知识记载下来。有意思的是,这种植物自己很容易就传播开来,进入18世纪时,金凤花已经绽放在欧洲各植物园。伦敦城外的切尔西药用植物园园丁菲利普·米勒(Philip Miller, 1691—1771)注意到"每年都有大量这种植物的种子从西印度群岛被带回来",米勒对自己的园艺技能很自豪,宣称只要管理得当,金凤花在英国可以长得比在巴巴多斯还高。[9]这种优雅的植物开着火红和黄色花朵,有时候也被叫作"巴巴多斯的骄傲"(Barbados Pride)和"红色天堂鸟"(Red Bird of Paradise),成为欧洲人最喜欢的植物之一。

尽管金凤花这种植物轻而易举就在欧洲扎根,但它可以作为堕胎药的知识却没有传到欧洲。为何没有?那时候的欧洲对异域的植物产品非常重视,如郁金香球茎、咖啡、茶叶、巧克力、香料和各种药物,是什么阻碍了这种潜力巨大的药物在欧洲的使用?我们将会看到,当时盛行的观念阻碍了新大陆的堕胎药知识传入欧洲。在这段本该发生却没有发生的历史里,我们可以找到文化差异导致无知的最好例证,对某些事件不可言说却心照不宣的处理方式,从生命之树上抹去了某些知识的印记。

"一切经济学的基础"

长期以来,科学史对现代植物学繁荣的历史叙事通常定格在分类学、命名法和"纯粹"分类体系的兴起。的确,18世纪的系统学(命名法和分类学)在不少领域都得到了大力发展,包括植物学。这些发展在历史叙事中被描述成植物学作为一门科学的时代的到来,"植物学从关注植物的经济或药用价值转向植物本身的知识,并认识到其意义所在。"[10]然而,重要的是需看到,正如18世纪法国著名的比较解剖学家路易斯-让-玛丽·多邦东(Louis-Jean-Marie

Daubenton，1716—1800）以及 20 世纪植物学家威廉·斯特恩（William Stearn，1911—2001）所强调的，在我们今天所谓的"应用"植物学里，植物学"科学"仍然在提供实用的资讯，"应用"反过来也促进了这门"科学"。植物学在这个时期是大科学也是大买卖，是向资源丰富的东、西印度群岛①输入军事力量的重要因素。准确地说，寻找和鉴别有价值的植物对国家战略来说非常重要，以至于"国王专门为博物学设立了学术讲席"，多邦东如此写道。欧洲及其殖民地植物园的管理员们采集稀有漂亮的植物，既为了研究也为了全球交换，但他们更专长于栽培这些植物，如金鸡纳树，这种植物对欧洲在热带的殖民行动至关重要。[11]

玛丽－诺埃勒·布尔盖（Marie－Noëlle Bourguet）、理查德·德雷顿（Richard Drayton）、约翰·加斯科因（John Gascoigne）、史蒂文·哈里斯（Steven Harris）、罗伊·麦克劳德（Roy MacLeod）、戴维·菲利普·米勒（David Philip Miller）、弗朗索瓦·勒古尔（François Regourd）和爱玛·施帕里（Emma Spary）等著名的科学史家已经集中讨论过植物在西欧国家政治和经济扩张中的重要性。从英法商人到德国和瑞士的经济学者，18 世纪整个欧洲的政治经济学家都在灌输一种理念：精确的自然知识是国家财富积累的关键所在，由此可以影响国家实力。布尔盖和克里斯托弗·博纳伊（Christopher Bonneuil）所称的"植物重商主义者"牢牢控制着贸易，试图"竭尽所能增 5 加自己手里的资源，以免落入外国人手里"。如果国内没有所需的资源，他们就企图靠征服和殖民扩张获取。殖民地是采集和种植热带植物资源的沃土，毕竟那些植物难以在欧洲的严寒气候中生长。

———————————————

① 东印度群岛（East Indies）指马来群岛的大部分岛屿，介于亚洲大陆（东南）和澳大利亚（西北）之间。西印度群岛（West Indies）指北美洲的岛群，位于大西洋墨西哥湾、加勒比海之间。

殖民地也成为被牢牢操控的出口市场，欧洲国家通过垄断贸易、征收进口税、发放出口许可等方式为国库创收。博物学家将咖啡、可可、吐根树（一种催吐药）、药喇叭①和秘鲁树皮当成国家和国王的摇钱树，经常也为自己创收。1748 年，林奈的一个学生彼特·卡尔姆（Peter Kalm, 1716—1779）从伦敦写信说："博物学是一切经济学、商业和制造业的基础所在。"[12]

为了研究微不足道的小长春花和它的同类何以能增加国家的财富，我们必须回到 18 世纪，以当时的观念去理解植物学。这个时期几种植物学传统并存，后来才被明确地划分为应用植物学（包括经济植物学和药用植物学）、园艺学和农学，以及我们今天所谓的理论植物学，尤其是命名法和分类学。18 世纪的欧洲将植物学定义为"博物学的一个分支，致力于辨别植物的用途、特征、纲、目、属和种"，而植物学家是"自然和植物特性的探索者，他应该主要专注于植物有用特性的研究。"在丹尼斯·狄德罗（Denis Diderot, 1713—1784）和让·勒朗·达朗贝尔（Jean le Rond d'Alembert, 1713—1783）主编的《百科全书》（Encyclopédie）里"植物学"条目的编撰者多邦东看来，实用性曾优于分类学，也应该继续如此。他为植物学家把时间浪费在命名法和分类学上感到悲哀，"植物学研究的这种缺陷将阻碍这门科学，因为它让我们脱离了最重要的目标——用途"。当时的一些植物学家甚至争辩道，就植物学的医药应用而言，实用性提供了"自然类群的根据"。经济植物学也同样受到重视：著名的植物采集者和分类学家米歇尔·阿当松（Michel Adanson, 1727—1806）评价自己作为成功植物学家的依据是——他发现了从一种靛蓝植物中提取染料的新方法。[13]

如今的植物学家回顾历史的时候，往往会区分经济的、医药的

---

① Ipomoea purga，旋花科番薯属，根入药，是热带常用的泻药。

和理论的植物学传统,但需要注意的是,当时的植物学家常常兼备这几种才能。如伟大的林奈,他和当时大多数植物学家一样,是一位执业医生,对他而言,植物的医药特性是最重要的关注点。林奈在当今以"现代分类学之父"闻名,但在当时的瑞典学者看来,他在分类学上的创新不如在经济学上的创见重要。著名植物学家威廉·斯特恩曾指出,林奈的双名法最初不过是为了辅助他的经济植物学事业而发明的一种速记方式,最直接的例子是对瑞典草药的整理归类,以促进动物饲养业的发展。[14]

　　林奈和当时的其他人一样,也倡导博物学是为国家服务的理念。林奈致力于经济学原理的探索,认为对自然的精确研究可以增加国家的财富。他的目标是通过种植经济作物如咖啡、棉花、大黄、鸦片和人参,以及种桑、养蚕,阻止瑞典口岸的白银流向亚洲。假如热带植物可以全球引种驯化的话,林奈希望自己可以"欺骗""诱惑"和"训练"植物,让它们生长在北极地区,从而建造出"拉普兰肉桂林、波罗的海茶园和芬兰稻田"。[15]他也期望寻找出可以让饥饿的农民填饱肚子的本土新植物,如冷杉树皮、海草、牛蒡、香杨梅或冰岛苔藓(地衣)等,以解决瑞典毁灭性的饥荒问题。

　　当然,瑞典的这种情况并非特例。18世纪早期的汉斯·斯隆爵士(Sir Hans Sloane, 1660—1753)和18世纪晚期的约瑟夫·班克斯爵士(Sir Joseph Banks, 1743—1820)都参与到了与植物学探索相关的经济活动中。斯隆是伦敦皇家学会的主席、皇家医学院院长、乔治一世的御医和雄心勃勃的著名人士,他把热牛奶巧克力引入到英国,将其宣传为"健胃药"。这是一个很大的创新,玛雅人、阿兹特克人(Aztec)和西班牙人通常是把可可豆和蜂蜜、热胡椒一起饮用,斯隆在可可中加入牛奶和糖,去掉苦涩的味道,让其成为英国人青睐的饮料,尽管精确的配方一直处于保密状态。[16]

　　研究18世纪的史学家已在探索植物学与欧洲殖民扩张携手并

6

进的种种故事,包括生物勘探、植物识别、植物交流和驯化等。早期
的殖民者到美洲是为了寻找金银,到了 18 世纪,博物学家则在那里
搜寻"绿色黄金",即使金银耗尽,丰富的植物资源依然会不断更新,
提供持久的利润源泉。在意识到博物学家之于殖民主义事业的价
值之后,马德里植物园园长写道,"十几位博物学家,还有一些化学
家分散在西班牙的各殖民地……相比成千上万为西班牙帝国扩张
而战的人来说,他们的贡献无以伦比。"在狄德罗和达朗贝尔的《百
科全书》中,对"美洲"的定义就是强调各种植物产品的贸易,如蔗
糖、烟草、生姜、桂皮、树胶和芦荟、黄樟、巴西木(一种染料来源)、愈
疮木(治疗梅毒)、肉桂、妥鲁(Tolu)香胶、秘鲁香胶(治疗咳嗽)、胭
脂虫(富含红色染料)、吐根树、肉豆蔻、菠萝、药喇叭以及"巴巴多斯
的水"等。到了 18 世纪,甘蔗成为从美洲进口到欧洲的最重要的经
济作物,但以重量计的话,秘鲁树皮是最贵的商品。[17]

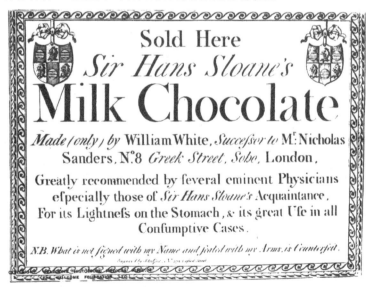

插图 I.2　斯隆的商业广告上写着热牛奶巧克力可以治疗肺痨和胃病。

海军势力与博物学的联姻促进了重商主义的盛行,18世纪的植物学探险与海外贸易路线是一致的,形形色色的博物学家都依赖于欧洲在海外殖民地的贸易公司、商船队和海军舰队为他们开路。因为当时大部分医生都接受过植物学训练,驻扎在欧洲遥远殖民地的海军和皇室医生以及东、西印度公司的外科医生都参与到了全球植物采集网络之中。林奈的学生和东印度公司职员卡尔·通贝里(Carl Peter Thunberg, 1743—1828)专门采集三类植物:可食用的、可药用的以及适合"家庭和乡村经济"的(即现在所说的农业)。植物学家阿当松受聘于非洲的法国西印度公司(Compagnie française des Indes occidentales),他抵达塞内加尔时的"首要目标"是"为国王的植物园采集尽可能多的植物"。在1749年的远航中,他在最初的几个月就用箱子运送了"300种不同树木"的幼苗到著名的巴黎皇家植物园(Jardin du Roi of Paris)①,交给了那里的植物学家们。荷兰东、西印度公司定期用轮船运送种子和植物给莱顿和阿姆斯特丹的植物园和实验室。英国采集者先后让切尔西药用植物园和邱园繁荣起来,靠的是他们从各殖民地的植物园运回的大量异国活体植物、干燥标本和种子。这些植物园广泛分布于圣文森特岛(Saint Vincent,位于西印度群岛东南部)、加尔各答、悉尼和马来西亚槟城等地,形成强大的植物园网络。葡萄牙、西班牙、荷兰、法国和英国都开辟了咖啡、茶叶、甘蔗、胡椒、肉桂、棉花和其他经济的植物的新市场从而保障自己对殖民地资源的大规模占有。艾丽斯·斯特鲁普(Alice Stroup)曾强调,在17世纪晚期和18世纪的法国,植物学是继制图学之后受到资助最多的科学。在1770年到1820年间,英国雇有

① "皇家植物园"前身是"国王的植物园",建于1626年(见插图1.1),1635年成为"皇家药用植物园",1640年对公众开放。本书中常见的三种叫法源于该植物园的不同阶段,均为同一个植物园。

插图 I. 3　查尔斯·德·罗什福尔(Charles de Rochefort, 1605—1683)《美洲安的列斯群岛博物学与风尚习俗》(*Histoire naturelle et morale des iles Antilles de l'Amerique*, 1658)扉页插图。泰诺人(Tainos)和加勒比人向一位性别模糊的欧洲君主(也可能是欧罗巴——注意那双光脚)呈上了菠萝、鹦鹉和其他异域水果、鸟类和动物。站在欧洲人后面的抄写员,可能是雷蒙德(Raymond)神父,抱着一本加勒比词典,大概是在翻译罗什福尔书中的美洲词汇。

126 位正式的野外采集员,还有众多不那么正式的采集员参与进来,他们并没有被聘用,但依然会将人工产品、植物、治疗痛风和其他常见疾病的药物运送回国。[18]

科学沿着贸易的路线行进,与此同时,博物学家的工作(在 18 世纪,大部分是医生)也在促进商业发展。举个例子,咖啡是如何作为经济作物被引种到马提尼克岛①的呢? 1714 年,阿姆斯特丹市长把一株咖啡作为礼物送给路易十四,后来被栽种在巴黎的国王花园里。1716 年,服务于法属殖民地安的列斯群岛的伊森伯格(M. Isemberg)医生将一批从荷兰咖啡种子长起来的小苗从皇家植物园带到了马提尼克岛,伊森伯格抵达后不久就去世了,咖啡也引种失败。4 年后,另一位医生希拉克(M. Chirac),显然是伊森伯格的继任者,将从同一株荷兰咖啡树上繁育的幼苗带到了安的列斯群岛。据当时的记载,他将这株幼苗放在一艘商船上,船上缺水,他不得不将自己所剩不多的那点淡水分给宝贵的植物。最终抵达马提尼克岛后,他将来之不易的植物精心培育在花园里。希拉克成功达到了预期目标:第一年收集到两磅种子,然后分给其他种植者栽培。种子从马提尼克岛被带到圣多明各②(Saint Domingue,现为海地,位于伊斯帕尼奥拉岛的西部)、瓜德罗普岛(Guadeloupe)和其他毗邻的加勒比岛屿。咖啡成为 18 世纪法国安的列斯群岛第二大经济作物,最初就是由一位殖民地医生这样栽培起来的。[19]

用大卫·麦凯(David Mackay)的话说,这个时期的植物学家是"帝国的代理人":他们的名录、分类和移植为帝国扩张打好前阵,在某些情形下甚至扮演了欧洲秩序的"工具"。布鲁诺·拉图尔(Bru-

10

---

　① 　Martinique,拉丁美洲法属殖民地,位于安的列斯群岛中向风群岛的最北部。
　② 　今天的多米尼加共和国首都圣多明各为 Santo Domingo,本书中的圣多明各殖民地,都是 Saint Domingue。

no Latour）进一步表示，物质和知识的采集技术扩充了欧洲国家的帝国力量，采集活动至少从三方面为帝国服务：第一，植物学家在新领地对珍贵植物的鉴别和分类，保障了欧洲国家国内市场上药物、食物和奢侈商品低廉的供货渠道。第二，大黄、茶叶、咖啡或秘鲁树皮等昂贵商品的进口导致大量的贵金属流失，博物学家找到了在国内或殖民地替代进口这些植物产品的方案。第三，植物学家利用专业技能将珍贵植物在世界各地的欧洲殖民地进行移植或驯化，目标就是将咖啡、染料、胭脂虫、桂皮和蔗糖等所有产品的生产都牢牢控制在自己帝国的地盘。牙买加种植园主爱德华·隆（Edward Long，1734—1813）一语中的地指出，"商业是如此依赖于医药和它的姊妹——植物学，不仅依赖于进出口的原材料本身，植物学家们采集这些原材料的能力也同样重要"。欧洲博物学家不只是采集这些大自然的产物，也将各自的理性观念应用到自然中，我们接下来会看到，命名法和分类学常常也成为"帝国的工具"。[20]

植物学为殖民扩张服务的同时，反过来也受到殖民扩张的影响。全球的植物园网络和殖民地植物学的实验室是帝国战略的一部分，植物园常常为帝国之需服务。到18世纪末，欧洲人在世界各地建了1600座植物园，这不只是取悦城市居民的田园牧歌似的休憩之所，更是农业实验室和植物驯化的站点，为国内和全球贸易、稀有药物和经济作物栽培驯化服务。巴黎皇家植物园园长布丰（Georges - Louis Leclerc，comte de Buffon，1707—1788）将实验林作为植物园的一项核心任务，以保障国内的森林储量，为商业舰队和海军的海外扩张建造船舶。林奈、布丰和约瑟夫·班克斯在18世纪都掌管着宗主国最重要的植物园，在强大的植物帝国中心扮演着君主的角色。[21]

本书计划

本书关注的核心是 18 世纪欧洲人和加勒比人相遇过程中不同知识的转移、混合、胜利和消失。本书中的"加勒比"不是我们现在所理解的加勒比海及其岛屿，而是更大的地理区域，即彼特·休姆（Peter Hulme）所称的"扩展的加勒比"，包括加勒比海的沿海地区和岛屿，从詹姆斯敦（Jamestown）和弗吉尼亚延伸到巴伊亚（Bahia）和巴西的广大区域，由 18 世纪大西洋航海路线所圈定，有着共同的生态系统、相同的殖民模式，并最终均沦为奴役状态。我设置了一些限定，将主要关注在牙买加、苏里南和圣多明各等殖民地的法国、英国、荷兰/德国博物学家、本土居民以及奴隶这几个群体之间的遭遇，这些地方是法国王权下殖民主义的宝地，是这个时期最有利可图的加勒比殖民地。很遗憾，我没有将西班牙加勒比岛屿纳入本研究，因为我缺乏相关的知识背景。在南美洲，西班牙殖民下的克里奥尔人很自信，他们对欧洲知识和博物学实践提出挑战，关于这段历史的新文献也非常有意思。因为相比于其他欧洲殖民者，有更多的西班牙士兵和定居者娶美洲印第安人为妻，以至于本书所关注地区消逝的本土传统在西班牙殖民地更多被留传下来，在这些说西班牙语的岛屿上至今还可能找到堕胎药的相关故事，想想就很有意思。[22]

本书将"漫长 18 世纪"（long eighteenth century）的起点设为 17 世纪 70 年代，那时候依靠奴隶劳动力和甘蔗栽培的种植园系统在加勒比殖民地中占主导地位，不管是法国人还是其他欧洲人都在执行《黑人法典》（Code noir，1685），该法典限定了黑人的地位和行为，在一定程度上也规定了主人对奴隶的权力。这个时期正值让－巴蒂斯特·科尔贝（Jean － Baptiste Colbert，1619—1683）在法国掌管着殖民地，法国也开始计划加大国家对殖民地科学的投入，主要依托于巴黎皇家科学院（Parisian Académie Royale des Sciences）和皇家植物园。这时候"植物学家"（botaniste）和"植物学"（botany）这两个词开始广泛使用。[23]本研究关注的时段结束于 18 世纪末，即北美、欧洲和圣多明各革命起义之时，更晚些时候（1794 年），法国殖民地还发生了废奴运动，但 1802 年又恢复了奴隶制，英国殖民地则在 1807 年终止了奴隶贸易。在 18 世纪早期和晚期，航海和殖民活动都有着巨大的差异。例如，到了 18 世纪 60 年代，欧洲人对他们侵占的资源更有安全感，对殖民扩张也更有信心，因为船更快了，食物供应也更可靠了，更多的士兵和殖民者能在热带地区活下来。[24]

　　做记录的博物学家并不把自己的记录看作优雅的浪漫故事或历史，而是"简单直率的事实，在时间和空间上与实际发生的事件保持一致"，因为这些事都是发生在荒野里。本书第一章考察了18 世纪研究植物的三类人：欧洲珍奇柜植物学家（botanistes de cabinet）①、远航的植物学助手和旅行博物学家②，以此理解不同的野外实践和经验，以及不同类型博物学家各自的特点。尽管欧洲航海活动的参与者主要是男性，但其实女性也是各种实践活动的参与

---

　　①　珍奇柜植物学家与下文"扶手椅植物学家"（armchair botanist）的含义差别不大，均指靠干燥标本、文本材料等进行研究的植物学家，与从事野外研究的植物学家形成对比。这类说法中的"植物学家"也经常被替换成"博物学家"，作者有时会交叉使用，本书译文遵循原文用法。

　　②　voyageurs naturalists，这是多邦东编造的词；让－巴蒂斯特－克里斯托夫·菲塞－奥布莱（Jean － Baptiste － Christophe Fusée － Aublet，1720—1778）用的是旅行植物学家（botanistes voyageurs）。

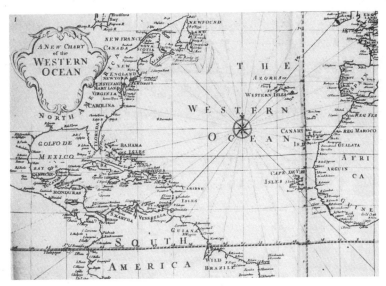

插图 I.4 汉斯·斯隆爵士《诸岛旅行记》（*Voyage to the Islands*）里的"西洋"
（Western Ocean）地图。这幅地图展示了 18 世纪贸易路线和港口城市圈定的大西
洋世界。这些只能靠船只抵达的领地以及我们现在称为加勒比的地区是更大的
航海/贸易网络的一部分，从南边的苏里南和圭亚那到北边的佛罗里达以及东边
的欧洲和非洲。欧洲人称为"加勒比群岛"（Caribbe Isles）包括西印度群岛最东边
的岛屿，现在被称为小安的列斯群岛（Lesser Antilles）或背风群岛（Leeward
Islands）和向风群岛（Windward Islands）。需要注意的是，标亮的伊斯帕尼奥拉岛，
即今天的海地和多米尼加共和国，在 18 世纪被称为西边的圣多明各（Saint
Domingue）和东边的圣多明各（Santo Domingo），以及标亮的西班牙，在斯隆的时代
依然是主要的势力。非洲西海岸曾是奴隶劳动力的主要来源地，振兴了蔗糖业，
也被标注出来。

13

者。[25] 同样值得一提的是，本书主要是依据文本资源，为欧洲经验和
实践提供最直接的接触和理解。非洲人和美洲印第安人在这个时
期其实也充当了博物学家和旅行者的角色，然而我只能利用欧洲人
视野下的文本材料，尽可能去勾勒出非洲奴隶、阿拉瓦克人、泰诺人
和加勒比博物学家的经验和知识。

　　在早期的科学航海中，欧洲人努力寻求医疗知识，倾向于相信

美洲印第安博物学家的"药用植物"(simples)和医疗方法，并替代欧洲人的方法，以帮助他们在湿热的热带地区应对奇怪的病症，保住性命。他们也会对新大陆的各种奇观惊叹不已：例如医生托马斯·特拉汉姆(Thomas Trapham)在牙买加报告了"发光的树"，挂着"亮闪闪的灯"，在树下阅读都可以；还有一种"会跳的种子"，靠一种"内在的运动活力"移动和"上下"跳动，可以持续不断"嬉戏打闹很多天"。到了18世纪，西印度群岛已经很少有纯正的本土植物和本土居民，可采集的知识也是如此：人类与植物，语言与知识在200多年的历史里掺杂混合在一起，无法分离。欧洲人不管去哪里，都在小船上装满植物、动物和人。例如奴隶主理查德·利贡(Richard Ligon)从非洲的圣贾戈(Saint Jago)离岸，到巴巴多斯贩卖"黑人、马和牛"，他也会把"迷迭香、百里香、冬季香薄荷、甜马郁兰、盆栽马郁兰、欧芹、甘菊、鼠尾草、艾菊、薰衣草、大蒜、洋葱、海甘蓝、卷心菜、芜菁、萝卜、万寿菊、莴苣、龙蒿、青蒿"①等植物的种子带过去，让它们在新的家园繁荣生长。在18世纪，尼古拉斯-路易斯·布儒瓦(Nicolas-Louis Bourgeois, 1710—1776)就已经发现美洲印第安人和西非人的医药知识混在一起，要区分它们即便有可能也会相当困难。到了这个时期，某些种族和他们的知识已经绝迹。亚历山大·冯·洪堡如实记载了他从印第安人、加勒比人、瓜伊普纳比人(Guaypunabis)、马雷匹萨诺人(Marepizanoes)和马尼维塔诺人(Manitivitanoes)那里得来的知识，但这些"被征服的民族"逐渐消失，除了本土语言和征服者语言混杂着的只言片语，再也无其他存留的信息。[26]

"本土的"(indigenous)，这个词在今天常常带着某种原始和纯洁的意味，用以形容来自非西方世界的事物。"本土知识"(indigenous knowledge)常常被预设为与"科学知识"相对的知识，甚至被浪

---

① 原文的拼写与现代英语有微小差别。

漫化为治疗西方病的灵丹妙药。然而,18 世纪的英国医生帕特里克·布莱尔(Patrick Blair, ca. 1670—1728)告诫读者说,"本土的"仅仅意味着"土生土长的"。[27] 这样一来,用这个词来形容欧洲国家的知识跟形容从遥远、浪漫之地得来的知识同样是合适的。

"本土的"这个术语有时候会引起困惑,在涉及"克里奥尔"时这种困惑最为明显。今天的美国居民倾向于认为"克里奥尔"指的是美味的辛辣食物、非洲和欧洲混血儿,以及混杂了两种或更多不同方言的语言。对我的牙买加向导来说,这个词意味着混合种族的后裔,"穆拉托人"①,她轻描淡写地说道。对于 H‑Caribbean 邮件群的读者来说,它则有多重含义,从"西班牙风情的文化"到仅仅指非裔"黑人",或者文化"杂合"的时尚说法。还有的人会区分不同的克里奥尔人,如"法裔克里奥尔黑人"和"法裔克里奥尔白人",其他人则会用此来区分肤色深浅不同的非洲后裔。

在本书中,"克里奥尔人"保持了这个术语在 18 世纪的指称,即出生在新大陆的非洲或欧洲后裔,一方面区别于原住民后裔,另一方面区别于由其他地方迁移到新大陆的人。它作为形容词时,同样地用来形容具有以上渊源的人、动物或植物,所以"克里奥尔猪"或"克里奥尔玉米"这样的说法并不稀奇。[28] 更准确地说,18 世纪用这个词指代出生或繁殖于这些岛屿的外地动植物后代时,也意味着他们/它们显然比被迫离开故土、抵达气候严酷的陌生地的人和动植物更容易生存下来。

第二章"生物勘探",探讨的是在被我称为"生物接触地带"的加勒比海发生的遭遇,同时探讨欧洲人了解新大陆植物的方式。这个

---

①　Mulatto,黑白混血儿,来自法语 mulâtre,指黑人和白人的混血儿后代,多为白人男主人与黑奴女性所生,主要分布在非洲、南北美洲和本书中的加勒比地区,该词有冒犯性意味。

时期的生物勘探活动大多是为了搜寻可以用作食物、贵重商品和药物的植物原材料（*materia alimentaria*，*materia luxuria*，*materia medica*）。热带地区只占地球表面6%的面积，却是世界上植物多样性最丰富的地区。据估计，地球上现存的25万种高等植物中有25%（3.5万到5万种）生长在亚马孙热带雨林。尽管经过了数百年的探索，被研究过药用价值的开花植物也不及0.5%。[29] 在18世纪，加勒比和南美森林资源开发的挑战来自勘探者艰难的个人生存，今天则来自于生物资源大规模破坏带来的威胁。据威尔逊（E. O. Wilson）估计，到20世纪90年代早期，人类已经破坏了热带地区一半以上的原始森林，按照目前的破坏速度，热带森林每年将以8万平方英里的速度被毁掉。[30]

除了寻找"绿色黄金"，今天的生物勘探常常还会寻找"基因黄金"。今天的药物探勘通常采用以下两种方式之一：排除某种技术"大男子主义"，很多药物公司每周都要分析成千上万种样品，因为他们认为只要通过化学方式找出活性成分，最终就可以研发新药；另一些公司则青睐民族植物学的技术，从本土植物学家或民间医生在治疗一些特定小病时所用的药物去寻找线索。1896年，美国植物学家约翰·哈什伯杰（John Harshberger，1869—1929）创立了"民族植物学"，它指的是"研究本土居民……对植物的利用"[31]，尽管在当时来说这个词很新，但民族植物学的实践却有着悠久的历史。

热带地区通常有着丰富的基因库，而在经济上却很贫困，直到1992年，那里的人民和国家所拥有的基因资源才得到国际条约的保护。当年签署的《里约国际生物多样性公约》（Rio International Convention on Biological Diversity）得到许多国家的支持（也受到一些批评），认为应该把生物资源作为民族、国家的财产权加以保护。在那之前，植物资源通常被当成地球"共同的生物遗产"，只要有独创性、技术和资本,任何人都可以去利用它们,从中提取有用物质并开发成有利可图的商品。只有几种植物被排除在"共同遗产"之外并受到 1930 年《美国植物专利法》保护,以保护西方种植者及其利益。

今天,《里约国际生物多样性公约》不仅致力于保护植物,也保护它们所生长的土地。由此一来,生物多样性丰富的国家可以跟跨国公司谈判,要求这些公司在他们的领土进行"生物勘探"时付费。公约还制定方案,将药物开发的利润分配一部分给保护项目,以保护生物勘探者将要开发地区的本土植物、居民和知识。一个著名的例子是默克公司(Merck)和国家生物多样性研究所(INBio, National Biodiversity Institute)在哥斯达黎加的项目。按照协议,美国制药巨头默克公司得到授权开发哥斯达黎加丰富的生物资源,而当地的 INBio 可以学习美国先进的筛选技术并训练自己的研究人员,哥斯达黎加也会收到专款用于保护。专款的金额根据本地人关于植物知识的差异而不同:如果仅仅是植物样品,默克公司向哥斯达黎加支付 1%—6% 的净利润,如果是生物材料并加上本土提供的潜在药用信息,则支付 10% 的净利润,而对于药用价值已知的植物则要支付 10%—15% 的净利润。[32] 1993 年苏里南也采用了类似的协约。

在 18 世纪,没人会为谁拥有自然而烦恼。1493 年,博尔贾(Borgian)教皇亚历山大六世(Alexander VI)的专横跋扈令人触目惊心,他在子午线以西 100 里格处画了一条线,从北部的亚速尔群岛(Azores)向南延伸到塞内加尔的佛得角(Cape Verde),将西半球划给西班牙,东半球划给葡萄牙。① 到了 17 世纪,英国东印度公司(建于 1599 年)和荷兰东印度公司(建于 1602 年)因为得到国家海军的支

16

---

① 里格(league),古老的陆地和海洋距离单位,在航海中经常使用,1 里格是 3.18 海里,通常取 3 海里。亚历山大六世为葡萄牙与西班牙划的这条殖民扩张分界线被称为教皇子午线。

持，打败了葡萄牙和西班牙的贸易和军事据点。这些实力雄厚的合资公司与有头脑的政府首领（尤其是法国）相得益彰，为获取商业回报采取了重商主义的战略，让帝国的力量强大到前所未有的程度。欧洲人对彼此的垄断和掠夺行为心照不宣，同时一贯纵容这样的侵略，他们也总是假定非欧洲人没有权力拥有土地、资源和知识。在现代早期世界，纵容绿色资源垄断的人恰恰就是那些有裁决和监督权的人。[33]

　　垄断和霸道的生物勘探也孕育着全球的文化机密。在第二章中，我考察了欧洲人在进入陌生而不受欢迎的地区后的遭遇，以及他们如何千方百计从一贯狡猾又不合作的本土知情者那里套取机密。本章探讨了不同知识传统之间的交流障碍，包括物质、概念、认知和偏见等方面的体现，并探索我们今天所谓的知识产权相关问题，追问在 18 世纪的各种语境中究竟是"谁拥有自然？"

　　第三章将带我们进入到本书核心部分，我关注的两个关键问题
17　在这里汇合。第一个议题是，欧洲和西印度群岛的性别关系如何影响欧洲博物学家选择特定的植物和技术并将其移植到欧洲？关于 18 世纪异域居民的研究已经关涉到性别问题，相比之下，殖民地科学史中的性别问题却几乎无人问津。[34] 在整个这段时期，欧洲国家都在国内外打造植物学网络，为了自己的经济利益操控全球植物资源，通过这些网络，性别关系如何决定什么样的植物和知识得以传播？

　　我已经找到了一类以植物制成的堕胎药和避孕药，它们并没有在西印度群岛和欧洲自由流通。我选这类植物，尤其是金凤花，以阐释第二个议题：为无知学提供证据确凿的案例研究。本章将带我们走进西印度群岛隐晦的堕胎实践中。数百年来，堕胎都会激起强烈的情感和争议，寻求堕胎的妇女总是被谴责，"将孕育孩子的希望扼杀腹中"。我们总是很难准确回答历史上的人们对堕胎和堕胎药

了解多少，因为这类知识通常都会受到压制。例如，密西根大学所藏的一本 1925 年的德国堕胎手册，上面有一条手写的备忘录——"在编目时请锁起来存放"，诸如此类的态度让堕胎药的研究变得困难。英国医生安德鲁·布尔德（Andrew Boord）的例子也很典型，在 1598 年的一本书中他曾写道，"很多药方（按他的话说可以引起'流产'），或者……极端的泻药、普通泻药以及其他轻泻剂饮料，还有我大概了解却不敢说出来的多种植物的花可以用来给妇女堕胎"。[35]

起初我有意回避这个主题，因为担心这个话题太过于政治化，但很快就发现，堕胎药体现了科学探险途中性别政治非常重要的面向。第三章将讨论西印度群岛盛行的堕胎方式是如何进行的，以及堕胎如何成为奴隶的一种政治抵抗方式，[36]我们将会看到一些惊人的发现。

无知学研究的是文化导致的无知，这项研究使历史学家的立足点变得不牢靠。典型的历史叙事呈现的是事件被展露出来的模样，去考证原本很可能发生但却没发生的事则需要新的策略和方法。我在本书中的观点是：西印度群岛众所皆知的堕胎药知识并没有传到欧洲。　18

第四章"金凤花在欧洲的命运"关注的是异域药物被引入欧洲的常见模式。多亏了安德烈亚斯 - 霍尔格·梅勒（Andreas - Holger Maehle）的《试验中的药物》（*Drugs on Trial*，1999），我们可以了解殖民地的药物（如秘鲁树皮）如何被伦敦、巴黎和阿姆斯特丹的官方药典所收录。[37]如果我们将秘鲁树皮或天花疫苗接种作为例子，展示有争议的医疗新方法如何传入欧洲，我们就可以理解 18 世纪药物开发的常见方式。理论上，我们也可以带着这种期待，去了解堕胎药在这些传播途径中是如何被传入欧洲或为何没被传入。

在这个时期，虽然堕胎药越来越被忽视，妇女独特的健康需求却并未被忽略。例如，18 世纪博物学家和医生广泛试验通经药物，这是对她们来说非常重要的药物。1720 年约翰·弗赖恩德（John

Freind，1675—1728）在伦敦尝试用调经药物推迟经期的到来，并记录在《通经学》(*Emmenologia*)一书中。与通经药物试验形成对比的是，我很难找到堕胎药物试验，不管是临床方法还是化学方法都很少见。这让人匪夷所思，因为在整个那段时期，医生们都在实施我们今天称为"治疗性引产"的手术，以挽救母亲的生命。例如，斯隆就曾记录过，他为了治疗目的，靠"手"实施了引产（见第三章）。[38] 医生通常会非常仔细地记录其他药物的使用，包括剂量和病人反应等，却很少记录堕胎药的使用。到了18世纪末，欧洲医生开始做妇女堕胎药物刺柏(savin)①的实验，但只是将其作为一种通经药。

最后一章"语言帝国主义"(Linguistic Imperialism)探讨的是殖民地植物学的另一个面向，同时继续追溯梅里安的孔雀花。本章考察了植物命名中的政治，欧洲人在全球探索新领地时常常会为土地、河流、植物等命名，就好像每个人都是亚当本人，是第一个看到天上的飞鸟和海里的鱼儿的人。在1492年，哥伦布登陆泰诺人称为基斯奎利亚(Quisquerya)的岛屿时，他将其改名为"西班牙岛"(*La Isla Española*，即前文的伊斯帕尼奥拉岛)；将加勒比人称为"漂亮水岛"(Karukéra)的地方改称"瓜德罗普岛"，取自西班牙埃斯特雷马杜拉自治区的圣玛丽亚(Santa Maria de Guadeloupe de Estremadura)修道院的名字；艾利欧阿加纳(Alliouagana，意思是阿拉瓦克的多刺灌木丛)被哥伦布称为"圣玛丽亚－蒙特塞拉特"(Santa Maria de Montserrate)，该名取自巴塞罗那蒙特塞拉特修道院的圣母像；而"多米尼加岛"(Dominica)之所以被这么叫，只是因为哥伦布是在星期天登陆那个岛屿②的。"巴巴多斯"是葡萄牙人取自一种长在那里的

19

---

① 叉子圆柏(*Juniperus sabina*)，刺柏属，为了行文简洁，后文皆以"刺柏"称这种堕胎植物。

② 在拉丁语里，Dominica 就是星期日的意思，日期是 1493 年 11 月 3 日。

有须榕树的名字,更北边的温干达克(Wingandacoa)从之前的名字改为"弗吉尼亚",取自被称为"童贞女王"(virgin queen)的英格兰女王伊丽莎白一世。本土名字有时候也会被保留下来,如"苏里南"的名字来自最早的居民苏里南人(Surinen),"牙买加"或"赛马卡"(Xaymaca,一个阿拉瓦克名字,意思是有树有水的地方)也保留了下来,尽管哥伦布在1494年第一次见到这个岛屿时想将其更名为"圣地亚哥"。[39]

　　本章探讨的18世纪植物命名中的政治,将我们带入名称的泥潭中,包括各种可疑的、模棱两可的、令人费解的名称以及无效的"裸名"①(nomina dubia, nomina ambigua, nomina confusa, nomina nuda)。[40]这个时期丰富的传统名字被林奈命名法的知识体系打造成标准化的命名,博物学家不断造词或改词,产生了大量植物学拉丁名以满足他们的目的。拉丁文作为欧洲的学术语言,如果成为植物学的标准用语,它应该将其他文化里的植物俗名都统一到欧洲范式下,也可能会保留一些植物的生物地理学信息,标注其产地。但事实是,植物经常会以欧洲植物学家或他们的赞助人命名,命名实践宣扬了一种特殊的历史书写方式,即颂扬欧洲伟大男性的历史。一个显著的例子就是,林奈分类体系自身就重述了欧洲精英植物学的故事,并排斥其他历史。

　　帝国主义命名法的叙事展示了成千上万植物的命运,它们在18世纪进入欧洲人的研究视野中。例如,西班牙博物学家戈麦斯·奥尔特加(Gómez Ortega, 1741—1818)在《罕见植物》(Prodromus)列举了149个新属,有116种是为了纪念欧洲伟大男性的事迹。以巴

---

　　①　"裸名"是指原本打算用作物种的学名,但因为没有按新种进行描述并发表,导致它未被接受和使用,因此成为只有其名没有其物的"裸名"。

拿马草(*Carludovica palmata*)①为例,这个名字代表的是卡洛斯国王三世(King Carlos III)和他的妻子卢多维卡(Ludovica),后者也是本书中唯一获此殊荣的女性。[41]本章也将讨论一些例外,例如奥尔特加的《罕见植物》中的其他33种植物是如何命名的。

第五章的最后一部分,考察了18世纪顺应本土传统的植物命名方式,与林奈系统并存的其他命名方式确实存在,只是没有发展壮大。在当下探讨18世纪的这些议题正是时候,因为植物学家们在热议不再强制使用拉丁文作为植物学的编码(唯一性的编码依然要求拉丁文),转而使用英语。巴西植物学家塔尔西斯科·菲尔盖拉斯(Tarcisco Filgueiras)支持继续使用拉丁文,他解释说拉丁文的使用并不是基于词汇的一般性含义,而是作为一种人为的、简化的编码,方便全世界的植物学家交流。在他看来,转用英语是"自大的"行为,因为这要求不会英语的人还要学一门新语言。他争辩道:"如果任何现代语言都可以作为国际交流的官方语言,那某种文化、政治和经济体系,甚至某些种族就会享有特权。"[42]拥护转用英语的麦克尼尔(J. McNeill)回应道,英语已经成为普遍的科学用语,就算保留拉丁文命名,不说英语的人还是得学英语。而且,欧洲语系都发端于拉丁语,因此欧洲人原本就比日本、印度尼西亚、秘鲁或中国人占有优势。麦克尼尔也欣然承认,优先使用英语不过是一种新的帝国主义形式,但他补充说这仅仅反映了科学共同体当前的共同实践,而非原因。[43]

本书将带领读者登上摇晃颠簸的轮船,到湿热幽暗的热带雨林里探险。18世纪航海的重重困难从来都不可小觑。一位"高雅的女士"珍妮特·肖(Janet Schaw),看着日夜"持续不断的雨水"和"稀

---

① 作者在原文中误以为该植物是一种棕榈,其实是环花草科(Cyclanthaceae)的一种草本植物,但外形很像棕榈植物,叶子是编织巴拿马草帽的材料。

泥"渗到自己狭窄的船舱,恸哭不已。在 18 世纪 70 年代,她搭乘这艘船从苏格兰航行到西印度群岛,船上满载着货物,为了增加这趟航行的总利润,船上还搭载了偷渡客和非法物品。在一次恶劣的暴风雨中,这艘船"突然变向",完全朝着一侧倾斜,甲板上所有的物品都掉进海里。珍妮特·肖写道,"所有一切都冷冰冰"。横亘在美洲和欧洲之间浩瀚的大洋毁掉了众多的科学材料,千辛万苦采集到的大量标本彻底丢失。斯隆在返回英国的航行中遗失了一条珍贵的大黄蛇和一只大蜥蜴,蛇是被一个焦躁不安的士兵射杀的,蜥蜴被一位海员惊吓到,沿着船舷冲出了甲板而葬身大海。法国植物学家尼古拉斯 - 约瑟夫·蒂里·德·梅农维尔(Nicolas - Joseph Thiery de Menonville, 1739—1780)冒着生命危险从西班牙人那里偷到胭脂虫(*Dactylopius coccus*),但很不幸的是,在新西班牙(墨西哥)到圣多明各的短途航行中,他只能眼看着他的仙人掌(胭脂虫的寄主)腐烂、死去(见第一章)。灾难还不仅仅来自自然:理查德·德·图萨克(Richard de Tussac, 1751—1783)在圣多明各钻研了 16 年的植物学,在海地革命时他眼睁睁看着 2000 幅植物绘图在法兰西角(Cap Français,现在的海地角)的大火中付之一炬。[44]

　　圭亚那位于广阔、荒芜的南美海岸线上,条件一直非常糟糕,在独立前有将近一个世纪(1852 - 1946)里曾被作为罪犯流放地。18 世纪 70 年代,法国国王的植物学家菲塞 - 奥布莱在圭亚那留下的文字,充分捕捉到了博物学家的绝望境地: 　21

　　你已被困丛林深处,身不由己,意识到这里面是多么危险。长满刺的树、利刃般的缠绕植物、毒蛇、一旦掉进去就残废的积水的坑洼,还有随时可能遭遇猛兽攻击的危险,以及逃亡的黑奴也会让孤身的旅行者有性命之忧……旅行者不得不雇用奴隶和印第安人当向导和搬运工跟随自己,但他们本身就让人没法安心。你必须赢得

他们的尊重,让他们爱你又怕你,还要识破他们的阴谋诡计,才能在
丛林里免遭遗弃或被杀害。你必须将向导和搬运工武装起来,于是
你常常又成了 10 个或 20 个带武器的奴隶中唯一的白人,然而他们
根本就不在乎欧洲人。如果还嫌这些危险不够,再来点各种小烦
恼,如扁虱、蚊虫和其他昆虫,被它们叮咬后会引起皮肤溃烂,让旅
途苦不堪言。最难熬的还有令人窒息的炎热和连绵不断的雨水,一
直折磨着人。在这样的环境下,对难以运出去的植物或运输途中性
状会发生改变的植物,就有必要事先详细地描述各器官,如这些植
物的不同生长环境、海拔、土壤、直径、特征以及颜色的细微差别。

　　"这一切,"他叹息道,"不过是为了采集几种植物的花和
种子。"[45]

第一章　远　航

　　圣多明各生产了足够的蔗糖、棉花、染料和可可,尽可能去
满足人们对黄金的贪婪和财富野心。

——查尔斯·阿尔托,1787

　　18 世纪的殖民地植物学家是何人? 什么样的人才会不惧汹涌
的大海、酷热的陆地、热病、巨蛇和"野蛮人",冒着各种风险只是为
了采集几种植物? 即便是为君王和国家效命也不至于这样冒险。
弗朗斯·斯塔弗勒乌(Frans Stafleu)将 18 世纪的欧洲植物学家分成
迥异的几类:一类是"珍奇柜植物学家",如林奈,他们通常在欧洲拥
有大学教职,照看着漂亮的花园和博物学收藏柜;另一类是旅行植
物学家(*botanistes voyageur*),如让-巴蒂斯特-克里斯托夫·菲
塞-奥布莱,他们会到热带雨林去探险,遭遇长满刺的树、毒蛇、暴
雨、扁虱、蚊虫、逃亡的奴隶和令人窒息的酷热,只是为了寻找有用
和有利可图的植物。欧洲博物学家多种多样:有些是神职人员,大
多数是医生;少数人自己为旅行买单,大多数则由贸易公司、国王或
科学机构派遣;少部分是成年人并定居下来,大多数则是未婚的年
轻人;绝大多数是男性。林奈派了大量学生去野外,他强调这些人
都是"身无分文的单身汉",身强力壮,并愿意"睡在硬邦邦的长凳
上,也可以睡在最软的床上"。有的人一出去就是一两年,以期能带
回名誉和财富,并尽快回到欧洲;另一些人则到了殖民地后定居下
来,余生都待在那里。[1]

　　历史学家更关注欧洲探险者里的英雄人物,我也将讲述很多他们的故事:欧洲大植物学家们在远征途中指挥着遥远的无人之境的科学事业,搜寻大自然慷慨的馈赠。在本书中接下来的几章里,我将关注汉斯·斯隆爵士、玛丽亚·西比拉·梅里安和其他几位主要人物。想要了解欧洲的堕胎药知识与应用,知道这些探险者的社会和教育背景十分重要。例如,很重要的一点是,这个时期大部分植物学家都是训练有素的医生。我们还发现在探险者的祖国,博物学以不同的形式被组织化并接受资助,常常会影响采集的方式和对象。例如,法国是靠政府集中支持,荷兰是靠贸易公司资助,英国则依赖私人赞助。欧洲远航的博物学家经常会像写小说一样叙述他们的观察和探险,历史学家可以重构他们大量的经历和野外实践。为了从殖民地植物学中选择最能代表大多数博物学家的人物,我为每一类博物学家选出了其中的代表性个体,就像“模式标本”(type specimen)①一样。

　　斯塔弗勒乌强调了两类博物学家在观念和实践上的巨大区别,一类我想称为“足不出户的博物学家”,他们驻守欧洲,综合和整理他人采集的标本,通常拥有大学教职和植物园领导等职位;另一类是远航到异域的植物学家。然而,我们还发现欧洲殖民地植物学家其他重要的区分方式,如按出生地分为生养在欧洲和美洲的植物学家,这影响了他们在加勒比腹地探究植物时如何看待那里的知识传统、人和植物。历史学家最近开始关注在殖民地出生和长大的欧洲克里奥尔人(*European creoles*)的角色,尤其是西班牙殖民地的欧洲克里奥尔人,他们形成了自信的精英阶层,挑战着林奈分类法和其

---

　　①　模式标本即作为规定的典型标本,在确定及发表某一群生物的学名时,应指出此学名的特征与作为分类概念标准的模式标本。作者在此处用模式标本比喻每一类博物学家里具有代表性的典型个案。

他美洲殖民地宗主国的植物学实践。[2]定居在加勒比其他地区,有着英法血统的克里奥尔人通常在欧洲接受教育,他们更青睐旧世界同行的知识和价值取向。我们还发现,比起只停留几周或数月的博物学家,许多常驻殖民地的欧洲博物学家对土地和植物有更深的了解和亲近感。本章中需要强调的最后一类欧洲博物学家是远航的植物学助手(*voyaging botanical assistant*),有大批默默无闻的绘图员、向导、植物发现者和欧洲博物学家的其他助手等,他们在为自然编目的巨大工程中贡献了自己的力量。他们的故事却鲜为人知,因为他们很少会发表自己的工作。尽管如此,我们还是可以拼凑一些他们的故事,我决定讲述珍妮·巴雷特的故事,她曾是法国植物学家菲利贝尔·柯默森的助手。

在关注各类欧洲博物学家的同时,也不能忽略其他的旅行者以及他们对西印度群岛植物知识的贡献。例如,被迫放弃家园的非洲奴隶,通常是热带植物的专家,随着他们迁徙到加勒比的还有植物及其用途的相关知识。西印度群岛的奴隶被称为"盐水"(salt water)或克里奥尔人,经常会寻找和试验这个地区的本土植物,就像美洲印第安人一样,他们非常了解自己土地上的动植物。而美洲印第安人早在欧洲人来之前的数百年里,已经在加勒比的不同地方之间游走并移植植物,他们在植物利用方面也是专家。他们了解植物作为食物、药物和建材方面的用途,如吊床、独木舟、篮子和其他日常所需的物资。我们将在下一章讨论非洲奴隶和美洲印第安人,我会展示欧洲人是如何将他们的这些知识记载到欧洲植物学的议程当中的。

24

旅行植物学家

在 18 世纪，"旅行者"的一贯形象是，英勇无畏地踏上险途，前往未知的土地，用不了多久便凯旋归来。作为这类人的典型代表，在男性当中我选择了当选为皇家学会主席的英国医生汉斯·斯隆爵士，女性中选择的是生于德国的博物学家、著名艺术家玛丽亚·西比拉·梅里安。斯隆和梅里安是同时代人，可以作为完美的比较对象。斯隆于 1687 年前往牙买加并待了 15 个月；梅里安则在 1699年前往苏里南并待了 21 个月。而且他们都出版了精美的插图版著作：斯隆的作品于 1707 年问世，梅里安的著作出版于 1705 年。

1660 年，斯隆出生于爱尔兰北部一个富有的苏格兰地主家庭，他和很多年幼的孩子一样，觉得待在家里没有前途。19 岁时，他前往伦敦接受医学、化学和植物学训练，因为优越的阶级地位，他还被引荐给当时最著名的博物学家，如约翰·雷（John Ray, 1627—1705）和罗伯特·波义耳（Robert Boyle, 1627—1691）等。和大多数旅行植物学家一样，斯隆也是一位医生。17 世纪后半叶，法国人有大批牧师博物学家（荷兰或英国并非如此），如让－巴蒂斯特·迪泰尔特、查尔斯·普吕尼耶（Charles Plumier, 1646—1704）、让－巴蒂斯特·拉巴（Jean－Baptiste Labat, 1663—1738）、路易斯·弗耶（Lousi Feuillée, 1660—1732）等，但到了 18 世纪这类博物学家大部分都被医生所取代。[3] 医药与植物学联系依然很紧密，巴黎皇家植物园园长安托万·德·裕苏（Antoine de Jussieu, 1686—1758）是一位医生，他的两个弟弟也同样如此，伯纳德·德·裕苏（Bernard de Jussieu, 1699—1777）也在国王的植物园工作，约瑟夫·德·裕苏（Joseph de Jussieu, 1704—1779）则在 1735 年至 1771 年到南美采集植物。

在中世纪,医生已经是一种流动性职业,现代早期的年轻医生 25
依然把欧洲游学看成其教育的重要部分。这种传统下,斯隆于
1683 年去了法国及其皇家植物园,这个伟大的博物学机构当时由植
物学家约瑟夫·皮顿·德·图尔内福(Joseph Pitton de Tournefort,
1656—1708)掌管。跟这个时期很多人一样,在出国期间,斯隆在奥
朗日大学获得了一个短期学位,这所学校是当时法国为数不多招收
新教徒的大学之一。林奈则是在荷兰哈尔德韦克大学 8 天逗留期
间,提交了一篇 13 页的博士论文,获得了一个医学学位。这个时期
的大学职位还经常可以由父亲传给儿子,不管后者是否够格。[4]

之后,斯隆回到伦敦行医,并在 1685 年 25 岁时入选皇家学会会
员,不久又成为皇家医师学院会员,这两个职位既参考入会者的阶
级地位也要看他们的科学成就。两年后,新上任的牙买加总督阿尔
伯马尔公爵(Duke of Albemarle)邀请斯隆担任他的私人医生,斯隆
便抓住了机会,踏上了这趟带薪的牙买加之旅。关于牙买加的大自
然,还有着众多亟待回答的基本问题,如约翰·雷想知道"那里会不
会有美洲和欧洲都常见的植物",博物学家马丁·利斯特(Martin
Lister, 1639—1712)问道,"牙买加有没有不带壳的蜗牛,我的意思
是像我们这里一样,原本就没有外壳的蜗牛"。斯隆则特别希望找
出类似金鸡纳那样的灵丹妙药,伦敦药典早在 1677 年就收录了这种
药。年轻气盛的斯隆后来写道,"这次旅行对作为医生的我来说似
乎大有可为:大批古代最优秀的医生都会前往药物原产地去考察,
亲自去了解它们"。[5]

斯隆还是一位精明的生意人,他巧妙地让自己被任命为大英帝
国西印度群岛舰队的医生,并领导所有医生,年薪高达 600 英镑。这
在当时可是一笔可观的收入,一个普通的水手在和平时期月薪才
1.5 英镑,战争时 2.25 英镑,而且他还在行前领取了 300 英镑购买
物资。为了到异域调查植物,植物学家担任非科学研究的职位,这

在整个 17 世纪和 18 世纪早期的英国和荷兰都很常见。尤其是对荷兰而言，科学紧随贸易路线进行，大部分博物学家都是以医生的身份加入东印度公司或西印度公司的舰队去探险。1626 年，雅各布斯·

26　邦蒂乌斯（Jacobus Bontius, 1592—1631）以荷兰东印度公司贸易区域的医生、药剂师和手术监察员身份前往巴达维亚（Batavia, 现雅加达）；17 世纪 90 年代，德国出生的医生昂热尔贝·肯普弗（Engelbert Kaempfer, 1651—1716）在为荷兰公司效力的同时研究了日本植物；来自德国哈雷的保罗·赫尔曼（Paul Hermann, 1646—1695）也是以医药官员的身份为荷兰公司效力，前往好望角和锡兰（现斯里兰卡）；林奈的学生卡尔·通贝里在 1770 年搭上荷兰东印度公司的船只先到了好望角，最后到达日本。同样供职于荷兰公司的里德·托特·德拉肯斯坦（Hendrik Adriaan van Reede tot Drakenstein, 1636—1691）是一位与众不同的军人，出版了权威之作《印度马拉巴尔花园》（*Hortus Indicus Malabaricus*, 1678—1693）。这部作品有 21 卷，描述了马拉巴尔的 740 种植物，除此之外，里德·托特·德拉肯斯坦还恳请荷兰公司的西部公司（如孟加拉、印度苏拉特、波斯和好望角等）各长官"通过每年回国的船只从锡兰将各类种子、球茎、树根、植株、草药、花卉等运回祖国"，以满足"好奇心和医药需求"。除了为贸易公司工作，英国植物学家也通过其他多种途径实现他们的考察旅行：休·琼斯教士（Reverend Hugh Jones, 1691—1760）以英国国教牧师的身份和伦敦坦普尔咖啡屋植物学俱乐部植物学家的身份被派往马里兰；威廉·伍德维尔（William Woodville, 1752—1805）自掏腰包前往牙买加考察植物；本杰明·莫斯利（Benjamin Moseley, 1742—1819）在牙买加担任军医处长官时描述了蔗糖、咖啡和其他植物的药用价值。直到 18 世纪晚期，英国政府才开始资助航海和植物考察活动，他们有意识地通过这种方式效仿法国的成功模式。[6]

1687 年 9 月，斯隆从普利茅斯港口起航前往加勒比，舰队由一艘装备有44门炮船、两艘商船以及伯爵的快船组成。斯隆的旅程还算顺利，只是有些晕船，船队在12月抵达牙买加的皇家口岸。在返回英国18年后，他出版了2卷本鸿篇巨著《马德拉、巴巴多斯、尼夫斯、圣克里斯托弗和牙买加诸岛旅行记》(Voyage to the Islands of Madera, Barbadoes, Nieves, Saint Christophers, and Jamaica，以下简称《诸岛旅行记》)，并在书中描述了他的目标、野外实践和新发现。用三言两语表明自己竭尽全力"促进自然知识的发展"后，斯隆强调，此行的目的是指导英国殖民者如何将"野生或栽培的植物"用作医药和食物，以实现自给自足。他写道，"欧洲的药物在运送到彼岸后对各种疑难病症很难再有疗效"，而且大部分药物还会在长途运输中失去药性。第二个同样重要的目的是丰富英国国内的医药知识。斯隆发现，西印度群岛一些有用的草药难以在英国自然生长，但"这些草药中有不少植物或者它们的某些部分"已经被带到英国，成为日常药物，如果勇于探索的话，将会有更多的植物可以"让医生和病人受益匪浅"。他举了博福特公爵夫人玛丽·萨默塞特(Mary Capel Somerset, Duchess of Beaufort, 1630—1705)的例子，她闲暇时在花园里利用"炉子和保育室"成功地培育了不少热带植物[7]（见下文）。

　　除了以上这些公众福祉的目的之外，斯隆还有自己的私人目的，即勘探新药物并从中谋利。在从牙买加返程之前，他花巨资收购金鸡纳"树皮"（在牙买加被称为"秘鲁树皮"），从这种树皮中提取的奎宁是一种"特效药"，专治特殊病症，尤其是疟疾和其他反复发作的恶性热病。斯隆带了满货船这种奇效的树皮到英国，作为伦敦受欢迎的医生，他给病人开处方时便推销该药物。他一生都从寻找新药中谋利。1709年，他写信给弗吉尼亚的威廉·伯德(William Byrd)询问殖民地是否能供给足够的吐根用来销售，吐根的价格达每磅30先令。如果可以的话，他们可以一起抓住这个商机，从葡萄牙和西班牙人那里弄一些药材，大赚一笔。从1732年开始，斯隆每年拿出 20 英镑参与弗吉尼亚一项殖民项目，外科医生米勒（Mr. Millar）受雇于该项目，一是寻找新药物，二是统筹有用植物在未来殖民地的移植。斯隆对巴巴多斯和其他加勒比岛屿的植物采集也很感兴趣。[8]

斯隆在牙买加不需要为伯爵和其他英国种植园主看病的"闲暇时间"里，就会去研究植物，搜寻了"几个地方，寻找感觉可以提供天然产品的植物"。他首要的关注点是将信息获取方式标准化，以方便全球同仁使用。他如此描写植物器官的测量方式："用我的拇指，估计长一英寸，作为简单的测量工具。"他认为没必要测得更精确，因为就算是同一物种，不管是植物的叶子、鸟类的翅膀还是青蛙的脚趾，在不同个体间也有很大的差异。类似地，他还发现很难精确描述眼前焕然一新的色彩，"如此美妙"，需要用"新的词汇去描述它们"。他也提醒说，同一种植物可能会开不同颜色的花，取决于它们生长在欧洲还是牙买加，因为这两种环境下土壤和气温都不同。[9]

和其他植物学活动一样，斯隆调查植物时并非独自一人，他雇用了牧师摩尔先生（Mr. Moore），"在这里，他是我能找到的最杰出的画家"，他可以就地描绘植物、动物、鱼类、鸟类和昆虫图像。他们最终骑马走完了中部高地到北部海岸的枯燥旅程。和其他迁移到热带地区的大多数英国人一样，他们对极其炎热的天气、毒蛇、艰苦的住宿条件以及掩藏在灌丛里的各种危险怨声载道，这些危险确实不利于他们进行精确观察。

斯隆强调，要从"本地居民，不管是欧洲人、印第安人还是黑人"那里收集自己以前不知道的植物学知识。他也因此得知，到 1687 年的时候，不管是牙买加的居民还是植物都并非土生土长。所有人都是旅行者，有些是自愿前来的，如斯隆自己；有些是被迫迁来的，如他所称的"黑人"；还有一些是出于偶然，如碰巧被商业货船带来的植物，甚至老鼠。按斯隆的话说，西班牙统治下的"锅炉"已经锻造了自然本身,不管是人、植物还是岛上的风光。他评论道,岛上土生土长的一切"被西班牙人给毁掉了",不是通过枪炮就是天花。在牙买加,斯隆认识的美洲印第安人都是被当成奴隶运到这里的,是西班牙人"用出人意料的方式从穆斯基托斯(Musquitos)或佛罗里达带来的"。西班牙人也"从几内亚的几个地方"将非洲人运到岛上作为奴隶,并从南美运来了各种果树、有用的食物和药用植物。这些植物"现在(在牙买加)长势良好,就好像它们本来就生长于此"。英国人在 1655 年占领牙买加时,西班牙人不得不放弃种满珍贵外来植物的种植园,也不得不放弃"黑人和印第安人",而这些人已经掌握了药用植物和食用植物的"使用方法"。[10]

斯隆写道,荷兰人和英国人也将从苏里南带到牙买加的人、植物和知识融入热带植物的利用中。他发现欧洲人固执地迁移植物和人是因为自然的内在统一性,以及整个西印度群岛对自然的普遍利用:"(他发现)大量植物的特性与其他作者在西印度群岛其他地区观察到的是一致的。"[11]

在热带的 15 个月驻留期间,斯隆尽可能地采集植物,包括活体植物和干燥标本,准备将它们运回英国。斯隆总共采集了 800 种新植物,其中一种成为可可树(*Theobroma cacao*)的模式标本。在牙买加期间,斯隆还物色到了未来的妻子。回到英国 6 年后,他迎娶了伦敦市政官员约翰·兰利(John Langley)的女儿伊丽莎白,继承了兰利的财富。但伊丽莎白更吸引人之处在于,她是富尔克·罗斯(Fulk Rose)的遗孀,而罗斯在牙买加有一个繁荣的甘蔗种植场,他和伊丽莎白应该就是在牙买加第一次相识。伊丽莎白继承了罗斯三分之一的财产,这是一笔巨额财富,再加上斯隆自己日益增长的经济收入,这些都有力地支持了斯隆的科学研究,并将他推向了伦敦科学机构的核心位置,并享有该地位 50 余年。

玛丽亚·西比拉·梅里安

　　斯隆和梅里安都是堕胎药故事的核心人物,他们都在加勒比找到了孔雀花,即后来被称为金凤花的植物。据我所知,梅里安是17、18世纪唯一一位纯粹为了科学而远航的欧洲女性。令人惊讶的是,就算列出其他参与植物学的女性旅行者,也不会超过一页纸。[①] 梅里安由小女儿多萝西娅·玛丽亚(Dorothea Maria, 1678—1743)陪同,充当她的助手;1711年,梅里安的大女儿约翰娜·赫罗尔特也去了苏里南采集标本,但她是跟随管理孤儿院的丈夫去的。珍妮·巴雷特作为植物学家柯默森的助手,跟随布甘维尔的船队参加航海(见下文)。18世纪70年代,安妮·蒙森(Anne Monson, 1726—1776)夫人(见第五章)陪同身为陆军上校的丈夫,从英国前往东印度群岛,驻留期间她将满腔热情投入博物学中,但她自己从未计划过旅行路线。18世纪90年代,玛丽亚·里德尔(Maria Riddell, 1772—1808)也是随父到了西印度群岛,她父亲威廉·伍德利(William Woodley)是圣基茨(Saint Kitts)和背风岛的总督。里德尔争分夺秒地发表了《加勒比马德拉群岛和背风群岛之旅以及该诸岛博物学》(*Voyages to the Madeira, and Leeward Caribbean Isles with Sketches of the Natural History of these Islands*),记录了各种植物的用途:"西印度群岛女士们用仙人掌给丝带、纱布以及面额染色;一种野生欧亚甘草的浆果可以像珠子一样串起来作为项链和手链;一种印第安竹

30

---

　　① 有不少女性跟随家人抵达遥远的殖民地,她们中的一些人参与到采集、观察、描绘当地植物,以及与植物学家通信等植物学活动中,但她们来到殖民地的初衷却并非是为了植物学,例如文中接下来列举的几位女性。

芋可以用来治疗痢疾,制作毒箭的毒液。"但无论如何,她还是将作为妻女的职责摆在优先位置,她留给植物学的时间所剩无几。[12]

到了 19 世纪,女性旅行变得更加普遍。萨拉·鲍迪奇(Sarah Bowdich,1791—1856)就是其中一位,她跟随丈夫托马斯·鲍迪奇(Thomas Edward Bowdich,1791—1824)在 1823 年前往非洲,两人搭档,成为"有创造力的夫妻档"。她被人们称为"鲍迪奇夫人",原本是打算作为科学家丈夫的绘图员,但他却在冈比亚(Gambia)死于疟疾。她得照顾三个年幼的孩子,又没钱即刻回英国,便承担起了丈夫遗留下来的工作,采集植物、整理他的论文发表。尽管萨拉·鲍迪奇和很多远航的博物学家一样,也有大量画稿、图书和干燥标本在回欧洲的途中葬身汪洋大海,但她并没停止自己的工作,而是将剩下的标本带到巴黎皇家植物园以供研究。现在,她被誉为第一位在热带非洲系统地采集植物的女性。鲍迪奇最终出版了一部佛得角群岛和班珠尔(Banjul,冈比亚首都)及其周边的植物志。[13]

梅里安出生于 1647 年,她勇敢无畏地前往苏里南搜寻那里的昆虫,21 岁的女儿是唯一陪同者,她从小就训练女儿成为一位画家和助手。身体和道德标准限制了当时绝大多数的欧洲女性,她们只能围着家庭打转。当时的男医生们就热带气候对女性生理、身体的影响看法各异,有些医生(如托马斯·特拉汉姆)强调西印度群岛的空气(太阳带来的热和月亮带来的湿)特别适合女性,"有益于她们的身体,包括受孕和生育"。女性作为"最潮湿的性别",她们容易遭受蠕虫带来的痛苦,但空气里"生机勃勃的热"和"利于繁殖的湿"能让女性像"印度群岛所有本土女性"一样拥有旺盛的生育能力。在圣多明各的尼古拉斯-路易斯·布儒瓦把热带赞美为女性的天堂:热带气候让女性更容易生育,也让她们长寿。到印度群岛的卡尔·通贝里也认为女性比男性更能抵抗痢疾和恶性热病,这些疾病在早期夺走了大量欧洲人的生命。但是"从欧洲来的女性很快就不那么漂亮了,红润的脸庞变得跟尸体一样苍白。"[14]

然而,更多的时候,医生们会强调去热带有送死的危险。在 17世纪,很多医生会宣扬跨越赤道会导致不孕的观点,因为这个原因荷兰女性都不愿意去巴西。德国生理学家约翰·布鲁门巴赫(Johann Blumenbach, 1752—1840)总结18世纪末的医学观点时强调,白人妇女到了热带气候环境后会被异常的月经压垮身体,"经期很短,经血过量,子宫大出血,有致命危险"。不少女性还害怕如果在热带生孩子的话,孩子会长得跟本地人一样。人们认为非洲强烈的阳光会让所有小孩都变成黑人,不管父母来自何方。法国医生让-巴蒂斯特-勒内·普佩-德波特(Jean-Baptisté-Rene Pouppé-Desportes, 1704—1748)警告说妇女在热带的烈日下会加速衰老,也会在更早的年龄绝经,会让她们对很多危险的疾病没有抵抗力。甚至有些热带的产品也会带来危险,例如,法国女性会担心自己吃了太多巧克力有产下黑皮肤婴儿的危险。[15]

除了这些想象或真实的危险,女性不旅行的一个重要原因是他们从未被贸易公司、科学机构或政府雇用为远航的博物学家,梅里安和洪堡以及其他少数博物学家一样都是自掏腰包。但和洪堡不一样的是,梅里安没有遗产可继承,她卖了大量的画作和标本,并靠订阅式出版方式预支了即将出版的著作书款,才筹集到旅费。尽管梅里安没有官方赞助,但在某种程度上,她和拉巴德派(Labadists,一个宗教团体)的长期联系,使她的探险得以实现,来到遥远、陌生、有时甚至很不友善的土地,因为拉巴德派在苏里南也有成员。[16]

梅里安出生于自由的帝国城市法兰克福,但她是从阿姆斯特丹的家中启程的。德国作为君主国和自由帝国,并不像其欧洲邻国那样拥有殖民地,尽管吕贝克(Lubeck)和汉堡等汉萨同盟①城市有着强大的海运传统。尽管如此,来自德语区的博物学家在科学航海者中却很有代表性。保罗·赫尔曼可能是最杰出的一位,他在莱顿担任植物学教授直至去世,但更多的博物学家从港口城市起航,加入到全世界探索动植物的探险之旅中,如梅里安。在早期,西班牙君主曾邀请德国数学家登上他们的轮船,去计算星星的轨迹、海洋的方位和潮汐的涨落,因为他们是精确的天文学家和占星家。[17]

32

梅里安并不符合当时博物学家的典型形象——清一色的单身男青年。为了追求自己的兴趣,梅里安在年轻时就和艺术家前夫约翰·格拉夫(Johann Andreas Graff)离婚,之后一直未婚,她在航海启程时已经 52 岁,明显比大部分同行的人都要年长。梅里安是参加科学探险的几位艺术家之一,其他人包括陪同洪堡的艾梅·邦普朗(Aimé Bonpland, 1773—1858),迫于热带的潮湿,他在密闭呛人的小屋子里干燥标本;跟随柯默森远行的皮埃尔·若西尼(Pierre Jossigny);亚历山大·布坎南(Alexander Buchan,卒于 1769 年)和西尼·帕金森(Sydney Parkinson, 1745—1771)跟随约瑟夫·班克斯去探险,两人可能得了疟疾或痢疾,死于途中。

梅里安出生在一个杰出的家族,家族里有画家、雕版师和出版商,生父是著名的老马特乌斯·梅里安(Matthäus Merian the Elder),在他去世后,她小小年纪便成为继父、行会画家雅各布·马雷尔(Jacob Marrel)非正式的学徒。跟她同时代的约阿希姆·桑德拉特(Joachim von Sandrart, 1606—1688)很确定"梅里安在家中接受了良好的素描和绘画训练(包括油画和水彩),画过花卉、水果和鸟类,尤

---

① 北欧沿海各商业城市和同业公会为维持自身贸易垄断而结成的经济同盟,从中世纪晚期一直持续到现代早期时期(约 13—17 世纪),鼎盛时期最多达到 160 个城市。

其是……蠕虫、飞虫、蚊子和蜘蛛,还学过铜版雕刻和混合画法"。当时的女性面临诸多限制,例如 1596 年纽伦堡画家章程禁止女性画油画,但女性作为植物绘图员并不少见。芭芭拉·迪奇(Barbara Dietzch)和玛丽亚·莫尼克斯(Maria Moninckx,1673—1757)在阿姆斯特丹以梅里安的方式画画,莫尼克斯和她父亲扬(Jan)一起为阿格尼丝·布洛克(Agnes Block,1629—1704)和卡斯帕·科默兰(Caspar Commelin,1668—1731)两人画画,前者坐拥广阔的花园,后者则是阿姆斯特丹植物园的负责人。在法国,玛德琳·巴瑟波特(Madeleine Basseporte,1701—1780)在牛皮纸上画巴黎皇家植物园的珍稀植物,从 1735 年开始直到 1780 年去世。[18]

梅里安靠的是艺术而非医药才得以实现博物学探索之旅,她也并不像其他绘图员或艺术家那样为某个植物学家服务,而是制订了自己的科学计划。她从 13 岁时就开始在法兰克福和纽伦堡观察昆虫,1691 年她搬到荷兰的全球贸易中心阿姆斯特丹,探究来自东、西印度公司收集的各种罕见物品,尤其是市长及其侄子的博物学收藏,后者还是东印度公司的负责人。然而,令梅里安失望的是,这些藏品都是没有生命力的标本,而她感兴趣的是毛毛虫的变态发育和生活史。于是,她便打算自己做研究,"这让我下定决心踏上伟大而昂贵的苏里南之旅,那是一片炎热而潮湿的土地,这些绅士们就是从那里获得的这些昆虫,这样我就可以继续观察它们"。[19]

梅里安的科学经历和许多博物学家都不相同,但也显示出一些相似之处。她和斯隆一样,终其一生都将科学、艺术与商业融合在一起。在纽伦堡、法兰克福和阿姆斯特丹,她都把生意经营得很好,售卖上好的丝织品、绸缎和亚麻织品,上面绘有她自己设计的花卉,她也靠做生意过得不错。梅里安还发明了一种新的技法,可以延长染色的持久性。她对色彩的掌控享有盛誉,一位陆军上将托她为自己的野战帐篷画上丰富的鸟类和花卉。即使在战场,这位将军也希望自己仿佛在享受宁静的花园房子。[20]

梅里安也和很多男博物学家一样,在科学探险中同时寻求商业利益。斯隆在牙买加寻找珍贵的秘鲁树皮替代品,梅里安则同样在苏里南搜寻可以生产上好丝绸品的各种毛毛虫,如桑蚕。丝绸在当时是一门大生意,1700 年,柏林科学院甚至试图靠丝绸垄断去资助科学探险,不过最后宣告失败;梅里安继父的兄弟也在法兰克福做丝绸生意。丝绸在殖民地制造业中也是很重要的产品。例如,18 世纪晚期,英国东印度公司的"家庭女教师"就在马德拉斯(Madras)的女性孤儿院带领大家种植桑树创收,那个孤儿院至少有 100 名女孩参与了丝绸生产。[21]

在苏里南,梅里安找到了一种有潜力的产丝蚕(其实是一种南美蛾,*Rothschildia aurota*),吃的是被她称为"中国树"的叶子。这种毛毛虫可以吐出"赭色的丝",她相信这种丝可以"生产上好的绸缎,带来丰厚的利润"。这种毛毛虫"肥到打滚",她带了一些回荷兰,但据我所知,她并没有将预期中的摇钱树投入生产。她在苏里南的商业兴趣主要还是放在带回阿姆斯特丹的标本交易上。离开苏里南之前,她安排了一位本地人继续帮她采集各种蝴蝶、昆虫、萤火虫、蜥蜴、蛇和乌龟,很多被保存在白兰地酒里,在阿姆斯特丹售卖,但那个人在 1705 年去世了。[22]

与斯隆和其他男博物学家一样,梅里安也很依赖美洲印第安人 34 和非洲奴隶协助搜寻标本,以及保障旅途安全,她将其称为"我的奴隶"。奴隶帮她在茂密的热带雨林开路、挖树根,帮她打理植物园,划船带她和助手逆流而上,给她采集蠕虫、萤火虫和贝壳等。在差不多两年的时间里,她和女儿采集、观察和绘制了这个地区的昆虫和植物,她们每天在凉爽的清晨采集标本,晚上整理。在给绘制的图像写说明时,她会加一句"印第安人提供的信息",这也是当时普遍的做法。她的图像说明还包括植物在药用(如棉花和番泻叶可以降温疗伤）、食物（如木薯面包的制作）、建筑、衣物和首饰等方面的用途。据历史学家纳塔莉·戴维斯（Natalie Zemon Davis）称，梅里安还带着她的"印第安妇女"一起回了阿姆斯特丹，但关于这位妇女没有更多的信息。[23]

为了克服疟疾，梅里安不得不在1701年离开热带地区，提前返程。一回到阿姆斯特丹，她就像其他传奇的探险者一样，开始编辑她的旅行记录，出版了《苏里南昆虫变态图谱》，描绘了各种昆虫的繁殖、发育以及它们赖以生存的植物，这些都是"从来没有被描述或绘制过的"。她采用旅行文学常用的手法为自己的作品打广告，"第一部也是最神奇的一部美洲图集"，"这部作品非常少见，以后也再难有……这趟旅程花费十分高昂，苏里南的酷热也让生存极为艰难"。[24]

生物盗窃者

英国和荷兰探险博物学家通常跟随贸易路线，随便找一个能胜任的工作，登上远航的轮船去探索植物，与此形成对比的是法国植物学家，他们通常由政府派出。路易十四的财政部长让－巴蒂斯特·科尔贝在1664年试图效仿荷兰的成功模式，筹建西印度公司，而此前的拉丁美洲群岛公司在1648年就宣告失败了。然而，跟荷兰公司不同的是，法国公司是由政府组建和支持的贸易企业，斯图尔特·米姆斯（Stewart Mims）曾指出，该公司的500万里弗①的财政投资中有300万是国王提供的。[25]

然而，该公司经营了不到10年又宣告失败。科尔贝依然坚定不

---

① 里弗，古时的法国货币单位及其银币。

移地希望靠商业促进法国的发展,并将博物学家纳入该宏大计划　35
中。他又配合17世纪法国政府的中央集权化统治,建立皇家科学
院、扩充巴黎的皇家药用植物园(Jardin Royal des Plantes
Médicinales),这两个机构都派遣博物学家远航考察。国王的植物园
先后由图尔内福、安托万·德·裕苏和布丰掌管,是培养植物学家
的主要机构,也统领着法国在全世界取得的植物学成果和农产品的
有效转化。科尔贝的目标显而易见:减少法国对进口的依赖,增加
贵重商品的出口。詹姆斯·麦克莱伦(James McClellan)和弗朗索
瓦·勒古尔(François Regourd)将这个高度官僚化的系统称为"科
学—殖民机器",它将自然资源从边缘聚集到中心,对法国殖民地的
物质和智力资源进行中央集权化管理。理查德·德雷顿(Richard
Drayton)指出,英国的皇权支持与博物学家的生物勘探直到18世纪
晚期才达成了类似的联盟关系。[26]

法国皇家药用植物园在1626年由路易十三的医生居伊·德·
拉布罗斯(Guy de La Brosse, 1586—1641)建立,目的是对各种有用
的药用植物提供保育,指导医药专业的学生,以及栽培异域观赏植
物作为贵重商品出售。1718年,植物园改名为"皇家植物园"(Jardin
du Roi),后来以皇家植物园为人所知,这个皇家机构开设了植物学
和化学课程,后来还有解剖学、动物学、林学、农学、冶金学和博物学
的所有分支。几乎每位法国植物学探险者(男性)都接受过这些训
练,其中一些还在可以与这个植物园匹敌的蒙彼利埃(Montpellier)
植物园里学习过,后者建于1593年,其中一部分用于保存药用植物,
其他的用来做植物驯化实验。巴黎的植物园还有皇家藏馆(Cabinet
du Roi),是整个欧洲标本交换的仓库。在法国,国王的人为国王
采集。[27]

图尔内福是国王的植物园早期资助的旅行植物学家之一,他曾
在植物园担任植物学教授,1699年被路易十四派往黎凡特(Levant)

寻找植物、金属和新的矿产资源，那时法国还没有开通到中东的药物贸易通道。他还要为法国海军勘察海岸地图，为法国外交官收集信息。17 世纪，埃及和阿拉伯药物贸易还处于非常重要的地位，图尔内福开启了土耳其东部阿勒山（Mount Ararat）的朝圣之旅，据传那是诺亚方舟在洪水暴发后休憩的地方，也被普遍认为是陆地动植物的诞生之地。然而，图尔内福却表达了深深的绝望之情，"已发表的那些旅行作品对这座山的所有描述都是错的。这里既无僧侣也没有苦行者或者隐士，只是一座可怕的山……山区有一半终年积雪，其他地区即使不是沙地也寸草不生"[28]。尽管如此，图尔内福还是从这个地区采了 1356 种植物回来。

36

甚至连国王派出去的牧师旅行者，在履行神职的同时也常常搜寻有用植物。查尔斯·普吕尼耶以国王的植物学家（*Botaniste du Roi*）身份，在 1689 年前往安的列斯群岛，为了到秘鲁寻找金鸡纳，他在第 4 次美洲之旅中丧命。[29]

37

在植物勘探上仅次于皇家植物园的机构是巴黎皇家科学院，由科尔贝在 1666 年创办，目的是提高国家实力和特权。1735 年，皇家科学院组织了一场著名的探险活动，派皮埃尔·布盖（Pierre Bouguer，1698—1758）、查尔斯－玛丽·德·拉孔达米纳（Charles - Marie de La Condamine，1701—1774）和路易斯·戈丹（Louis Godin，1704—1760）率领探险队前往南美洲的赤道地区，去测量子午线的弧度，与北极附近测量的数据进行比较，从而计算地球的大小和形状。这些法国人是最早一批深入西班牙秘鲁殖民地的外国科学家，因为几百年以来西班牙都严密守护着自己在美洲的自然资源的秘密。尽管有西班牙总督的密使监视，拉孔达米纳还是千方百计找到机会偷走了一些珍贵的秘鲁金鸡纳和橡胶树种苗，在法属殖民地卡宴（Cayenne）用鸡检验了亚马孙箭毒马鞍子的毒性，并证实了亚马孙女战士的真实存在，这些好战的妇女据说是居住在以她们命名的

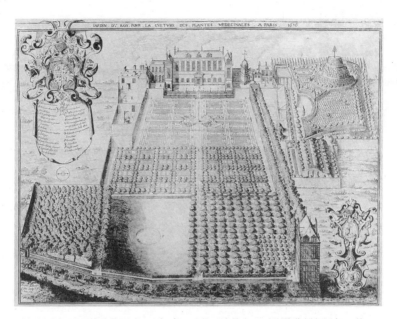

插图 1.1　国王的植物园,1626 年建于巴黎。路易十三听从其药剂师居伊·德·拉布罗斯的建议,修建此植物园,目的是栽培药用植物。这就是皇家植物园的前身,在路易十四统治期间,它引领着欧洲植物学和博物学研究。

流域荒野里。拉孔达米纳带着约瑟夫·德·裕苏充当自己的"植物学慧眼",他们怀着常见的期许:不择手段获得金鸡纳和橡胶树(树苗)并送到某个法国殖民地去种植。拉孔达米纳如此叙述他寻找珍贵的秘鲁树皮的过程:

6 月 3 日,我花了一整天在其中一座山上[今天厄瓜多尔的洛哈(Loja)附近]。我带着两个印第安人给我当向导,即使有他们帮助,我也只采到了八九株适合移植的金鸡纳树小苗。我用它们生长地的土壤将其种在大小合适的箱子里,让其中一个人小心翼翼地扛在肩上,一路上我都让这些树苗保持在视线之内,之后再用小木船运送它们。我想留一些树苗在卡宴栽培,另一些则运回法国国王的植物园里种植。[30]

　　尽管拉孔达米纳如此小心翼翼,这种植物也未能成功移植,因为他不知道金鸡纳树只能长在高海拔地区。尽管如此,在旅途中的"每一步",他收集地理信息的同时也采集了大量具有潜在价值的植物,包括他提到的吐根树、苦木树、墨西哥菝葜、愈疮木、可可和香荚兰等,他也关注欧洲人还不知道的其他植物。

　　西班牙、葡萄牙、荷兰、英国和法国几个欧洲大国都小心翼翼保护着自己的自然资源,这是他们的"绿色黄金",垄断和保密滋生了生物间谍和盗窃的相互对抗。西班牙的策略就是关闭其南美殖民地的边境,严查闯入份子。法国探险队进入西班牙南美殖民地虽然说不上多光荣,但起码是合法的,毕竟他们持有西班牙菲利普五世的许可证。即使如此,如果拉孔达米纳将金鸡纳树从西班牙统辖区带到法国领地时被发现的话,他将会遭到囚禁、毒打甚至处决。

　　然而,其他博物学家并不是合法进入西班牙领地。在拉孔达米纳探险旅程大约40年后,法国皇家植物学家尼古拉斯-约瑟夫·蒂里·德·梅农维尔进入新西班牙(墨西哥)去盗窃珍贵的胭脂虫,那是一种富含红色染料的小甲虫。我称他为生物盗贼而不是生物勘探者,是因为蒂里·德·梅农维尔这趟偷偷摸摸的探险之旅是由法国海军出资的,并没有得到合法进入墨西哥的任何许可证或文件,他原本就打算不择手段地获取胭脂虫。法国政府承诺,他这次行窃将得到一笔相当大的奖赏,高达每年6000里弗,但政府不会从官方认可其行为的合法性。蒂里的任务是在圣多明各驯化胭脂虫,以打破西班牙在胭脂虫生产上长达250年的暴利垄断。在18世纪,西班牙每年生产150万磅的胭脂虫,截止到1784年,每年可以从欧洲染料市场上获利50万英镑。法国的胭脂虫消耗尤其大,因为著名的皇

38

家哥白林挂毯①在生产时需要用到这种染料。如果蒂里能在圣多明各的法国土壤上成功驯化胭脂虫,这种新的殖民地产品将会像蔗糖、咖啡、靛青、可可一样为法国带来巨大的收益。[31]圣多明各毕竟是新大陆最繁荣的殖民地,直到1789年,法国2/3的境外收入都来自此地,胭脂虫贸易必然也会增加法国的收入。

墨西哥南部瓦哈卡州(Oaxaca)的米斯特克人(Mixtec)和萨巴特克人(Zapotec)在殖民时代之前就开发了胭脂虫,将其作为颜料用于住宅设计和棉花染色。这种珍贵的染料在整个殖民时代一直都在生产,瓦哈卡印第安人以小农作业的方式生产,只不过西班牙侵占了该产品。昂贵的红色和橙色染料是将胭脂虫雌虫干燥碾成粉末后提取出来,胭脂虫原产于墨西哥,寄生于胭脂掌属(*Nopalea*)和仙人掌属(*Opuntia*)两类植物中。到19世纪70年代,胭脂虫才基本上被合成染料取代,到了20世纪又开始流行起来,主要是作为食品、化妆品和饮料的着色剂,因为人们发现合成的红色染色剂来自石油化学物,有致癌危险。现在世界上的胭脂虫有85%由秘鲁生产,7万只胭脂虫才能生产1磅染色剂。[32]

蒂里的探险游记《瓦哈卡之行》(*Voyage à Guaxaca*),充斥着"谍中谍"(mission impossible)一般的重重阴谋。蒂里了解西班牙人的傲慢和懒散,玩起了攻心计,挑拨离间,挑起西班牙人的内斗,也挑起非洲人和美洲印第安人之间、殖民官员之间的矛盾。得到法国政府的指示后,自称"新淘金者"(new Argonaut)的蒂里1776年从法国踏上了66天的圣多明各之旅。他打算搭乘运奴船,从那借道去哈瓦那(Havana),但发现只有一艘法国商船前往那个港口。出发前他从

① 哥白林家族在1440年左右创办挂毯和纺织品工厂,1662年被法国国王接管,该厂在17世纪晚期和18世纪时采用法国著名画家创作的图案,获得巨大成功,让挂毯成为享有盛誉的艺术品。

圣多明各行政长官那里获得了一个通行证，表明他的植物学家和医
40 生身份。尽管蒂里是这个时期几位植物学家里没接受过医学训练
的人，但他认为在这个身份下旅行会让自己看起来"身份更高贵"，
更重要的是"不容易被怀疑"。1777 年 1 月，他从圣多明各启程，带
着食品、衣物和大量的小瓶子、长颈瓶、箱子以及大大小小的盒子。
他满怀着憧憬和梦想，"即将面临的所有困难都从眼前消失了，我已
经感受到内心的力量，将会获得苦苦寻找的宝贵财富。"[33]

插图 1.2   在墨西哥瓦哈卡采集和培育胭脂虫的场景。美洲印第安男女从仙人
掌上采集胭脂虫，再用火将成堆的胭脂虫杀死(但不能烧掉它们)，然后放在太
阳底下晒干。

在等待船只捎上他去新西班牙的期间，蒂里·德·梅农维尔在
哈瓦那采集植物。蒂里时不时会显露下自己镀金的手杖、钻石戒
指、良好的修养和社会关系，让自己看上去更有欧洲上层贵族的派
头，他也因此得以到长官家去做客并接触其社交圈子。这样的阶级
地位也让他获得了到墨西哥韦拉克鲁斯(Veracruz)的通行证，那是

他的第二个目标港口。然而,他搭乘的那艘船的船长对出身上层的人并不那么友善,漫天要价,向他收取100元现金作为船费。蒂里要踏上墨西哥的领土,最首要的是赢得人们的信任,但他的古巴通行证没什么用处,他绝望地去申请前往瓦哈卡的通行证,因为他知道那里有最好的金鸡纳树。他一边等待一边采集植物,发现了一种珍贵的药物,即墨西哥"真正"的药喇叭(泻药),这让他立即得到了韦拉克鲁斯本地居民的欢迎。然后,他又用了最关键的蒙骗伎俩:表面上假装自己是搜寻药物的草药医生,其实是欺骗"无知愚笨"的当地人,让他们高价购买这种"长在自己鼻子底下"的泻药。[34]

蒂里以采草药为借口,频繁深入乡间荒野,只有他的"黑人"陪同,帮他背文件夹、小斧头、鹤嘴锄和早餐等物品。随着时间的推移,他赢得了各阶层的赞美,以"法国医生"为人所知。他写道,如此伪装,"掩盖了我的真实目的"。[35]

尽管蒂里煞费苦心玩弄这些阴谋诡计,新西班牙总督还是拒绝给这位法国对手发放通行证,并勒令他离开这个国家,声称自己不希望"给陌生人开启这个国家的秘密",虽然总督可能并不知晓蒂里的真实企图。这位法国贵族并没有被吓到,依然冒着生命危险,在没有通行证的情况下徒步深入这片陌生领土的腹地。他精心策划了这趟旅程:他打算以这种方式离开韦拉克鲁斯,假装自己只是散步而不是旅行,然后踏上返程,沿途借宿在最贫困的印第安人小屋,如果被发现就假装自己迷路了。他知道自己的法国人装束、对道路的陌生和糟糕的西班牙语会引起怀疑,便决定宣称自己是从法国边境来的加泰罗尼亚人(Catalan),这样就可以解释自己为什么法语说得很好而西班牙语很差。为进一步确保自己能成功,他立誓"总是要穿戴整洁、带着各种小玩意和礼物、保持风趣和幽默,更重要的是付钱时要大方"。带着这样的决心,他晚上9点离开,跨越城市的防护,跟这座城市道了别。[36]

41

借宿在印第安人家里时，蒂里慷慨地买下他们结余的几个鸡蛋和玉米饼，并请求非洲人和印第安人给他当向导，总算得以到达他的"金羊毛"①之地——瓦哈卡的金鸡纳产地，这让他激动不已又充满担忧。他声称自己是医生，需要用金鸡纳制备痛风的药膏，从非洲人和印第安人经营者那里购买了活胭脂虫及其仙人掌寄主。他把这些宝贝藏在大小合适、有隔间的箱子里，锁上后托人转运。蒂里还找到了成熟的香子兰豆荚，采来做好标记，和一些带着绿芽的根茎混在一起，藏在一堆乱糟糟、装着普通植物的盒子里。蒂里的旅程充满了惊险故事和精明谋略，回到韦拉克鲁斯时，他不由得庆幸自己一路逃过无数劫难，包括遇到 2 次总督，6 次行政长官和 30 次地方官员，经过了 1200 个关卡。在短短 20 天时间里，他长途跋涉，行进了"240 里格（720 英里）……沿途路况很糟糕，甚至几乎无路可走，顶着炙热的烈日，孤立无援地走在一个糟糕的国家，和一群语言不通的人在一起。总之，我身处一个毫无保护、与世隔绝的国家，每个地方的官员对我来说都是威胁"。[37]

在韦拉克鲁斯，他将获取的大量宝贝打包，靠相对较近的海运将它们从墨西哥湾运送到圣多明各。尽管他已经非常谨慎，几个海员还是发现他在看护仙人掌，并认出了寄生在上面的走私昆虫。蒂里再次声称这些胭脂虫以及仙人掌、香子兰和药喇叭，都是他制备痛风药膏的原料。被进一步追问时，他不得不假装承认这些还不是他制作药膏时的"全部秘诀"，还需要将它们与熏香、金粉、银箔混合，甚至降低音调故作神秘补充道，"还需要在圣托里比奥（Santo Toribio）圣物上祈福过的棉线"。为了获得船员的信任，他又抛出一些"拉丁名词去描述这堆东西"，他的骗术再次让他幸免于难，逃脱了

---

　　① 金羊毛（Golden Fleece），希腊神话里长着翅膀的金色公羊的羊毛，是权力和财富的象征。

走私犯的罪名,否则后果会非常严重。[38]

蒂里一回到圣多明各就受到了奖赏,为了表彰他为国家做出的贡献,他被授予"国王的植物学家"称号,并且得到 6000 里弗的永久年薪,这是巴黎皇家科学院院士薪金的两倍。蒂里在太子港(Port - au - Prince)的植物园建了一个胭脂仙人掌(nopal)①种植园,还将胭脂虫和仙人掌寄给了仁爱社(Cercle des Philadelphes)的植物园,该科学组织位于有"安的列斯群岛的巴黎"之称的法兰西角。蒂里打算将他探险所得的各种宝贝"无偿、不分贵贱"分配给岛上的每个居民,包括胭脂仙人掌、胭脂虫、香子兰、药喇叭、靛蓝和棉花等。因为在新西班牙的印第安人和以前的奴隶培育了胭脂虫,蒂里认为法属殖民地的有色人种最适合这项工作,而且他们的人数每天都在增加。在蒂里看来,有色人种几乎算是"法国人",意思是他们靠勤勉和悟性成功地生产了这种有潜力的昂贵商品,虽然他们的小面积地产不足以种植甘蔗、烟草、靛蓝、胭脂树或其他经济作物。[39]

蒂里的胭脂虫所生产的染料被送到巴黎皇家植物园,经过化学家检验证明,品质非常高。然而,这个法国人从圣多明各回来不过两年,就于 1780 年因"恶性热病"丧命,年仅 41 岁。他在太子港植物园的继任者、法国皇家医生茹贝尔·德·拉莫特(M. Joubert de la Motte)及其助手肖塔尔(M. Chotard)并未能实现生产胭脂虫(grana fina)的目标,蒂里的计划落空了,他冒着生命危险才偷来的胭脂虫最终在圣多明各消失了。然而,他的工作为后面另一种胭脂虫(grana silvestre)的发现奠定了基础,这种胭脂虫是一种野外变种,原产地就在加勒比法属殖民地。1787 年时,巴黎皇家科学院证实,法国殖民地生产的染色剂与墨西哥胭脂虫提取的染色剂品质相差无几。

蒂里的生物盗窃为法国在圣多明各的商业开辟了新的道路并

① Nopal 是胭脂仙人掌(*Opuntia cacti*)的西班牙语俗称。

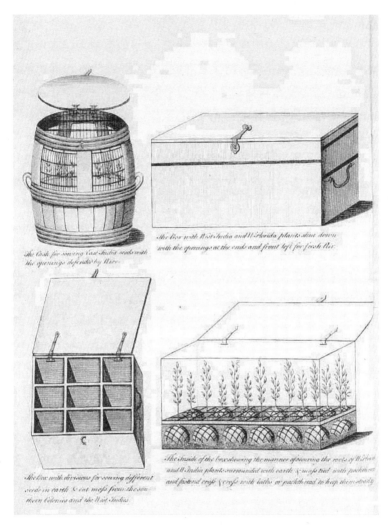

图1.3　18世纪欧洲人运送植物时普遍用的箱子。蒂里的箱子与图中右上角的类似，由约翰·埃利斯（John Ellis）设计。这个箱子在关起来后可以让植物免遭海盐侵蚀，而两端和前面的开孔又能保证有新鲜空气流通。

持续了几年，他实现了瑞典的林奈、英国人和北美人未竟的事业。1759年，英国艺术协会悬赏100英镑生产胭脂虫，只要产出不少于

25 磅的牙买加胭脂虫即可，但没有人做到。后来英国人又试图在印度斯坦（Hindostan，即印度）驯化胭脂虫，也以失败告终。北美人在南卡罗莱纳生产胭脂虫的尝试也失败了。荷兰在牙买加成功建了胭脂虫的生产基地，新西班牙长期以来依然是胭脂虫的主产地，而圣多明各的产量因为海地革命停滞下来。[40]

谁拥有自然？

值得注意的是，蒂里·德·梅农维尔在一篇文章中详述了他的盗窃行为，就像人们说的，他的行为相当危险。他写道，"在我看来，对我打算窃取的植物园主来说，盗窃胭脂虫是不正当的社会行为。"他试图避免这种不正当行为，便去购买胭脂虫和仙人掌，不管物主要价多高他都愿意支付，他认为这样可以很好地补偿贫苦印第安人或昔日的奴隶。他主要不想损害个体养殖户的利益，但对于自己准备盗窃植物和昆虫的西班牙则毫无愧疚，他的借口是，自己"作为另一个国家的公民"，与西班牙人平等地享有"自然的恩惠"。如果印第安人集体拒绝卖给他胭脂虫，"那就可以认为自己不该受到社会法规的限制，就像战争时期那样"，也就可以理所当然靠一些谋略带走求而不得的东西。[41]

在 18 世纪谁拥有自然？这是欧洲人普遍关心的问题，但就西印度群岛而言，我们只能了解到欧洲人的想法。在此之前，让我们先看看当下的观点，作为比较。

1992 年，《里约国际生物多样性公约》将生物和基因资源纳入民族国家的监管和财产保护法之中，尽管这个规定与某些社群的权利有冲突，因为他们的领土可能超越了现代的国家边界。约翰·默森（John Merson）曾说，在 20 世纪 90 年代之前，植物和其他生物资源还被当成"地球共同财产"的一部分，[42]换句话说，自然就是应该被人类掠夺的。在18世纪以前，一个心照不宣的共识是，只有欧洲之外的自然及其资源才是地球的共同财产，欧洲国家和贸易公司将自己能够军事占领的领土上的自然资源视为己有。我们将会看到，严守秘密经常是西印度群岛印第安人和非洲人对抗欧洲生物勘探的唯一武器。

蒂里·德·梅农维尔觉得自己对胭脂虫个体养殖户有一种责任，不管是美洲印第安人还是非洲墨西哥人，他认为应该对他们积累的知识和资源进行补偿（至少他是这么说的），尽管他的盗窃可能对他们的生计有着潜在的威胁。然而，在新西班牙，他全当自己处于战争时期，要是能机智地盗取这份战果，自己的行为无可厚非。

蒂里·德·梅农维尔并不是第一位也不会是最后一位法国生物盗窃犯。16世纪的药剂师皮埃尔·贝隆（Pierre Belon，1517—1564）找遍黎凡特，就为了搜寻阿拉伯药物、软膏、缓解剂等。君士坦丁堡狭窄的街道上到处是间谍和反间谍，医药圈子对他们的秘方严格保密，经常赶走喜欢打听的人。贝隆最后在法国"驯化"或培育了罂粟和其他医药植物，如栓皮栎和杨梅树。但可能他知道太多，于1564年在巴黎布洛涅森林公园（Bios de Boulogne）被谋杀，他也是在那里被瓦卢瓦国王亨利二世任命的。据传他是被一个路过的小偷杀的，但他的朋友认定这是蓄意谋杀。[43]

对蒂里更直接的启发可能来自法国植物学家皮埃尔·普瓦夫尔（Pierre Poivre，1719—1786），他曾成功地在18世纪50至70年代先后潜入荷兰东印度公司盗窃胡椒、肉豆蔻、肉桂和丁香等，并在法兰西岛（Isle de France，位于印度洋的毛里求斯岛）上他自己的植物园里进行驯化和栽培。历史学家帕特里斯·布雷特（Patrice Bret）敏锐地将植物学家称为"植物学之战"中争夺热带资源的"步兵"，寻找和甄别有价值的植物就是博物学家的职责所在。普瓦夫尔在印度洋岛屿将荷兰殖民地的植物成功驯化之后,法国政府便开始谋划入侵西班牙帝国的领地,从而增加法国在卡宴和圣多明各等西印度地区的财富。1786 年到 1802 年,财务长官付给另一位皇家博物学家让－巴蒂斯特·勒布隆(Jean－Baptiste Leblond, 1747—1815)6000里弗的年薪,让他去圭亚那地区的西班牙殖民地寻找金鸡纳树,以打破抗疟疾必备药物的垄断。在探寻金鸡纳树的同时,勒布隆也向巴黎国王植物园汇报棉花、靛蓝、胡椒、肉桂、丁香、面包果和其他各种动植物的情况。[44]

远航的植物学助手

那些英勇传奇的远航植物学家大部分来自上层阶级,他们的成功得益于大量来自底层社会的助手支持和保护。约翰·伍德沃德(John Woodward, 1665—1728)在给探险者们的指南中详述了如何根据某国居民的描述去采集和标记植物,并记录其用途。他提示说,这"可以让仆人们去做,并且可以在空闲娱乐时候去做"。如他所言,助手们负责搬运和采集工作,搜寻精美的标本,描绘和记录,他们在对自然的恩赐进行编目归类过程中,承担了大量的工作。甚至无家可归的非洲人也协助欧洲人干这些事:约瑟夫·班克斯1768 年跟着詹姆斯·库克(James Cook)去探险的途中,就有一个得力的野外助手叫托马斯·里士满(Thomas Richmond),成为环球航行的第一个非洲人,但他在前往南美洲南部的途中死于火地岛(Tierra del Fuego)的大雪中。[45]

我选了珍妮·巴雷特作为远航植物学助手的典型代表,尽管她的更卓越之处在于她是首位完成环球旅行的女性。巴雷特(她自己也把名字写成 Barret,而不是 Baret)并非梅里安那样的独立研究者,

46　　而是装扮成菲利贝尔·柯默森的贴身男仆参加远航探险,柯默森是布甘维尔 1766 年到 1769 年环球探险队里的医生和皇家博物学家。巴雷特在被发现后交代,她"在码头登船时候……女扮男装骗了她的主人"。如众人纷纷议论的那样,在巴雷特的故事里,116 个年轻水手在数月的航行中越来越怀疑她,因为从未见过这位年轻的"男仆"长胡子或上厕所。尽管怀疑不断,直到法国船队完成了环球航行的一半旅程,巴雷特才暴露了自己的女性身份。在塔希提岛上,那里的人围着她喊"女孩,女孩"时,同行的欧洲人才发现她的确是女的。[46]

　　这个故事更离奇的说法是,柯默森肯定认识她,也知道她的性别。1764 年,也就是探险启程前两年,时年 37 岁的柯默森已经和 24 岁的巴雷特订婚。当时她在给布甘维尔当管家,据主人描述,她"不难看,也没多漂亮"。作为国王派遣的博物学家,柯默森在这趟环球航行中有 2000 里弗的配额用来雇用贴身仆人和绘图员各一名。因此,他不大可能像后来人们所说的那样,登船启程时在码头上从人群里随便选了一个人,毕竟这项工作也有不少专门的要求,还那么私密。尽管如此,他宣称自己并不知情,后来某个时候他写道:"勇敢的年轻女性,女扮男装,还装出男人的气质,无所畏惧,充满好奇心,参加了环球航行,一直和我们在一起,却没人知道她是女的。"不过话说回来,如果他知情的话就不会雇用她了,因为法国皇家海军在 1689 年就有规定,1765 年又再次强调,官员和船员都禁止邀请女性到船上过夜,除了短暂造访,不得以任何事由登船。官员违反这项规定将被停职 1 个月,海员违反者会被囚禁 15 天。[47]

　　很难去判断柯默森和巴雷特两人的关系。柯默森在妻子死于难产的 2 年后雇用巴雷特为管家。奇怪的是,他雇用巴雷特时她已经有 5 个月的身孕,也就是说她很快就不能从事比较繁重的家务活了。巴雷特依照法律于 1764 年 8 月 22 日在里昂郊外的迪关(Digoin)登记了她的怀孕,但她并没有写孩子父亲的名字。不久后,巴雷特和柯默森都搬去了巴黎,她从9月6日开始为柯默森工作,待遇是每年100里弗。次年的1月孩子出生,取名让-皮埃尔·巴雷特(Jean-Pierre Baret),随即被送出去,交给一个奶妈,这是当时杀婴的典型方式,孩子在几个月后便去世了。[48]柯默森把儿子留在了阿鲁河畔的土伦(Toulon-sur-Arroux),让当牧师的姐夫照看,自己则搬去巴黎,跟巴雷特住在皇家植物园附近,这样有助于自己博物学事业的发展。

1767年,在柯默森跟随布甘维尔探险队起航前夕,他像梅里安那样立了遗嘱,这份遗嘱再次表明这位植物学家和他的助手关系很亲密。有意思的是,柯默森在遗嘱中希望将自己的身体献给医学研究,在他死后将遗体送到最近的解剖中心,要知道这是法国天主教处决罪犯后常用的处理方式。他的骨骼和身体各部分都可以供研究使用,心脏则留下来,安葬在一个大理石坟墓里,挨着已故妻子的遗体。他将书稿和财产留给了年幼的儿子,将家里的亚麻纺织品和家具,外加600里弗的现金留给了珍妮·巴雷特。[49]他还提到,巴雷特可以在他死后继续在他的房子里住一年,整理他的博物学藏品,然后寄给皇家版画馆(Cabinet des Estampes du Roi)。尽管两人的阶级背景和年龄都相距甚远,但很明显两人关系亲密。登上恒星号后,柯默森及其仆人两人都严重晕船(或者假装严重晕船),这样一来他们就有充分的理由一起在他的船舱过夜。

巴雷特参加航海和被发现是女性的故事在不少船员的日记里多少都有记载。奇怪的是,柯默森自己的航行日记里只有一处提到了她,"1768年7月8日,柯默森先生的管家被发现是个女孩,原来她一直女扮男装。"布甘维尔的日记非常简短,只记录了一些事实,可能是因为还有一艘布德塞号和他的船一起组成一支探险队。综合这些记载可以发现,1个月后关于有女孩在船上的风言风语打破了轮船公司的"宁静",大家纷纷开始怀疑。海员们疑惑地注视着柯默森的男仆:娇小却有些笨重的体形、丰满的臀部、挺拔的胸部、小小的圆脑袋、长雀斑的脸庞、温柔清脆的声音以及灵巧漂亮的双手,让人难以相信"他"的性别。布甘维尔的一名志愿者查尔斯 - 费利克斯 - 皮埃尔·费舍(Charles - Félix - Pierre Fesche)在布德塞号上,这事后他发现巴雷特早有防备,"为了掩藏性别"而束胸。[50]

48   两艘船的船长都没有理会这事,但谣言却一天天越传越凶。柯默森被告知,他的仆人再也不能在其船舱里过夜了,只能和船上其他 5 名仆人一样,睡在船尾的普通吊床上。船员们"好奇地推来推去",把自己压在这位男仆身上,但这位"男仆对这些人的所作所为完全无动于衷"。同时,这位"假男人"依然在向船员们证明自己不是"女性",其实是阉人而已,或者按她的话说,"自己曾发生事故变成这样,结果就好像伟大的苏丹国王给后宫男守卫净身一样",换言之,她是在表明阉割导致了自己的性别模棱两可。[51]

报告里接着写道,这次事件之后,"我们的男人"工作非常努力,"好让自己显得名副其实"。"他"像"黑人"一样工作,同行的人看着他陪同主人参加了麦哲伦海峡的雪地和冰川里所有的探险活动,一路背着补给品、武器和植物标本。巴雷特的艰苦劳动也达到了预期的效果,"因为缺乏证据",船员们逐渐消除了对她的怀疑。然而,当船队抵达新基西拉岛(Nouvelle Cythère,即塔希提岛)时,一位叫布塔韦里(Boutavèry)的野蛮人一眼就从人群中觉察到这位男仆和其他人不太一样。第二天巴雷特跟着主人去海边采集植物时,这位"野蛮人"的怀疑得到了证实,他立即发现了欧洲人没看出来的明显特征,她的确是个女人。当塔希提人开始抬着她,拿去"献给岛上荣耀的仪式",巴雷特最后不得不靠船上守卫队的长官才获救。[52]

回到船上之后,布甘维尔报告说,"根据国王的法令,我届时有责任让自己确认,质疑已经被证实。"在掩藏性别航行了一年半后,巴雷特最终坦白了自己是女性的事实,承认她在罗什福尔港口

(Rochefort)就开始欺骗主人,早些年她也曾女扮男装,给一位日内瓦绅士当仆人。她继续说道,自己在勃艮第(Burgundy)出生不久就被遗弃,"身陷困境"的她决定乔装成男性。她也承认登船时已经知道船队要环游世界,自己对这样的探险活动充满好奇。布甘维尔将她誉为第一位参加环球旅行的妇女,并补充道,"我必须公正地说,她在船上的举止行为很得体,最为谦虚谨慎。"[53]

巴雷特被揭穿之后就不再伪装自己,布甘维尔宣称,"采取了各种措施,不让任何对她不利的事发生",但不清楚他说的是在剩下的航行中还是在回到法国后的审判里。她自己毫无侥幸心理,在船上期间全程随身佩带了两把装满子弹的手枪。[54]

柯默森对此事难辞其咎,当时一位旁观者写道,关于柯默森的"尴尬事"他可以说一堆出来,但这位旁观者并没详说。另一位旁观者写道,"按柯默森的年龄,他应该清楚这么漫长的航行中此事必定会带来流言蜚语,也清楚自己的行为会违反皇家海军的法规。"所以巴雷特登船时他可能真不知道其真实性别,否则也不会铤而走险。但这位旁观者接着说道,柯默森应该早在蒙德维的亚(Montevideo,乌拉圭首都)就知道了实情,因为他不准巴雷特跟当地人接触。[55]

在巴雷特被揭穿之后,关于两人的关系并没有更多的记载,只知道她继续服侍他,帮他采集植物。1773年,柯默森从法兰西岛回来后去世,1774年巴雷特和让·迪贝尔纳(Jean Dubernat)结婚,此人之前在法兰西岛上的皇家贸易事务中担任一个小官。她不久后回到法国,因为布甘维尔的调解,法院最后宽恕了她。布甘维尔认为这事没有什么不良影响,他写道,"她的行为,不大可能被效仿"。皇家海军非但没有惩罚她,反而在1785年为她提供了200里弗的年金,表彰这位"杰出妇女"。[56]

为何要伪装成男性?女性在进入她们不敢去的地方时经常女扮男装,例如,安妮·邦尼(Anne Bonny, c.1697—1782)和玛丽·里德（Mary Read，1685—1721）18 世纪初在西印度群岛也是女扮男装，靠当海盗谋生计。还有些女性女扮男装去参军，和喜欢的女性结婚，或者进入科学和医药等各种领域。18 世纪末获得奖章的数学家索菲·热尔曼（Sophie Germain，1776—1831）就女扮男装，到巴黎新建的埃科勒理工大学听课，还用了假名安托万-奥古斯特·勒布朗（Antoine - August LeBlanc），因为这所大学和当时大部分欧洲大学一样，都不对女性开放。在 19 世纪初，一位年轻女士乔装成男孩，在守卫们的护送下去了爱丁堡大学。1812 年，"詹姆斯"·巴里（"James" Barry）在获得医学学位后参加了英国军队，成为殖民地军事占领区位居第二的军官，其真实性别直到她去世才被发现。19 世纪 50 年代，美国第一位医学院女生伊丽莎白·布莱克威尔（Elizabeth Blackwell，1821—1910）[①]，被一位教授劝告，上课时要女扮男装。19 世纪早期，第二位参加全球旅行的法国妇女罗斯·德·弗雷西内（Rose Marie Pinon de Freycinet，1794—1832）与身为海军军官的丈夫一起参加航海，但她依然一开始就乔装成海员，待她被发现时，为时已晚，船已经不能调头了。[57]

　　柯默森为何要带着巴雷特环游世界？她能为殖民地的植物采集做出怎样的贡献？柯默森不惜触犯法国法律，铤而走险将她作为贴身仆人，只因为她是忠实的好仆人。布甘维尔船长称她为"植物学专家"，柯默森描述说，她毫无怨言、身手敏捷地穿越最高的山和最茂密的森林。他继续写道，"像狄安娜（Diana）[②]佩戴着弓箭"，"像密涅瓦（Minerva）[③]一样严谨而睿智……她躲开了动物和人的陷阱，一次次守护着自己的生命和荣耀"。他称赞巴雷特采集的大量植物

---

① 历史上还有一位伊丽莎白·布莱克威尔（1700—1758），是英国本草绘图员。
② 罗马神话里的月亮和橡树女神，总是佩戴着弓箭，终身保持贞洁。
③ 罗马神话里的智慧女神，对应希腊神话里的雅典娜。

和制作的标本集,还有她整理的大量昆虫和贝壳标本。为了纪念她所做出的贡献,柯默森用她的名字命名了一种"雌雄特征不明"的楝科植物 *Baretia bonnafidia*,但后来植物学家觉得她身份低微,将该属重新命名为杜楝属(*Turraea*)。[58]

巴雷特的故事表明,18 世纪女性可以从事科学,甚至进入科学探险的核心组织。与托马斯和萨拉·鲍迪奇夫妻一样,巴雷特和柯默森似乎也可以被当成一起合作的夫妻档,夫妻两人并肩作战是传统的同行合作方式,常常终其一生为共同的目标奋斗。巴雷特也代表了众多科学助手,他们协助那些有一官半职的男性,如有资格领取年薪的人士或者教授。她对柯默森的奉献让他亲切又诙谐地称她为自己的"驮兽"(beast of burden)。[59]在 19 世纪谈性色变的言论氛围下,柯默森"贴身女仆"的故事被压在了箱底,直到现在才重新浮出水面。

巴雷特不是这个时期唯一一位在远航探险中充当植物学助手的女性。出生在圣多明各的自由人、"穆拉托妇女"(mulatress)夏洛特·迪热(Charlotte Dugée)是一名皇家绘图员,她在 1766 年陪同皇室医生让-巴蒂斯特·帕特里(Jean-Baptiste Patris)前往圭亚那的马罗尼河(Maroni)探索植物资源,担任随行艺术家/绘图员。这次探险后数月,她精神失常,独自闯入森林,自此失踪。[60]

克里奥尔博物学家与常住居民

科学史家安东尼奥·拉富恩特(Antonio Lafuente)论述过 1780 年后,西班牙殖民地新西班牙(墨西哥)和新格拉纳达①"克里奥尔科

---

① New Granada,包括哥伦比亚、厄瓜多尔、巴拿马和委内瑞拉等地。

51　学"的异军突起,这一术语强调,在欧洲出生但在新大陆接受教育的人,常常会把美洲本土知识与欧洲宗主国的知识相融合。与荷兰、法国、英国不同,西班牙并不把侵占的美洲领土当成殖民地,而是当作扩展君主国领土不可缺少的一部分。因此,西班牙为美洲殖民地的西班牙语科学团体奠定了良好的基础,创办了大学、植物园、印刷厂和医院等机构,某些植物可以拿到医院进行分析检测。西半球的第一所大学,即现在的圣多明各自治大学(Autonomous University of Santo Domingo)建于 1538 年,还有新西班牙的皇家主教大学(the Royal Pontifical University),即今天的墨西哥国立自治大学(Universidad Nacional Autónoma de México)和秘鲁管辖区(Viceroyalty of Peru)利马的圣玛科斯市长国立大学(Universidad Nacional Mayor de Santo Marcos de Lima),均建于 1551 年。[61]

　　法国和英国殖民的加勒比岛屿上却看不到机构化的"克里奥尔科学",这些岛上科学团体的顶层人士都是在欧洲出生并接受教育的男性。18 世纪晚期,倒是有几位加勒比出生的博物学家,但他们同样在欧洲接受教育,如牙买加出生的詹姆斯·汤姆森(James Thomson)在爱丁堡接受教育,而让 - 巴蒂斯特·德·尚瓦隆(Jean - Baptiste Mathieu de Thibault Chanvalon, 1723—1788)出生于马提尼克岛,却在巴黎接受教育。法国殖民地著名的克里奥尔人梅代里克 - 路易斯 - 埃利·德·圣 - 梅里(Médéric - Louis - Elie Moreau de Saint - Méry, 1750—1819),曾为安的列斯群岛编写了法国的法典,他也是在巴黎接受教育。还有几所大学建在新英格兰和弗吉尼亚,如 1636 年建立的哈佛、1693 年建立的威廉玛丽大学、1701 年建立的耶鲁大学等,但都没有建立在英法荷等国的加勒比殖民地上。1710年英国殖民者于巴巴多斯建立的科德灵顿大学(Codrington College)是唯一一所,讲授"神学、物理学和外科"。

　　尽管在英法荷的西印度群岛殖民地难以讨论克里奥尔科学这

个话题,但随着定居点变得安全稳定,18 世纪下半叶来到加勒比地区探险的植物学家的特点发生了改变。与斯隆、梅里安甚至洪堡形成对比的是,18 世纪末的很多博物学家在热带地区定居,时间长达10 年、20 年甚至更久,而前述几位博物学家到这片陌生、神奇的土地上冒险顶多就是一两年的事。尽管这些常住居民通常还是会在欧洲结婚,最后落叶归根,但他们中不少人都将自己科学事业最好的时光奉献在了殖民地。他们关于这个地区的知识非常深厚,也并不是总效忠于巴黎、伦敦、阿姆斯特丹或爱丁堡的科学组织。其中一些人还在本地成立了科学机构,如 1765 年在圣文森特岛修建的植物园,兼为科学协会,拥有 6 英尺高的望远镜、温度计、气压计、显微镜和空气泵等设备;1784 年,巴巴多斯成立鼓励博物学和实用技艺协会(Society for the Encouragement of Natural History and Useful Arts);1786 年成立的诗歌朗诵组织苏里南信友会(Surinaamse Lettervrienden);1791 年,格林纳达(Grenada)成立的物理 – 医学协会(Physico – Medical Society)。1785 年在圣多明各成立的仁爱社,成员主要来自共济会的医生,与法国和费城的学术圈联系紧密,该组织支持各个领域的科学,从 1788 年开始发布《备忘录》(Memoires),但因为海地革命和创始人查尔斯·阿尔托(Charles Arthaud)的去世(据说他是 1791 年在法兰西角被谋杀的),该组织并未能存活下来。[62]

52

18 世纪,圣多明各和牙买加有几位声名远扬的常驻博物学家,包括尼古拉斯 – 路易斯·布儒瓦、让 – 巴蒂斯特 – 勒内·普佩 – 德波特、詹姆斯·汤姆森和约翰·基耶尔(John Quier,1739—1822),我将在后面的章节作更详细的介绍。本节关注的是不那么知名的动植物绘图员和植物学家,或者可以说他们是"陪同人员"。17 世纪晚期,法国已经成功地将马提尼克岛、瓜德罗普岛和圣多明各变成自己的殖民地,但直到法国在七年战争中失去加拿大,才在圭亚那建立了主要定居点。闻名天下的埃尔多拉多(El Dorado)①因其富泽而得名,据说帕里玛湖(Lake Parimá)一个岛上藏着神秘的黄金和珍贵的珠宝,西班牙和英国探险者对此趋之若鹜。然而到了18世纪,这个地区的探险者把注意力转向了金鸡纳、蔗糖、胭脂树、靛蓝、可可、咖啡和棉花等有利可图的植物。1764年到1799年,12 000名殖民者(大多是德国人)被派到该地区,但3/4的人抵达不久后便纷纷丧命。[63]

让-巴蒂斯特-克里斯托夫·菲塞-奥布莱自称以植物探险为事业,他先在法兰西岛印度公司任职,后又为圭亚那国王效力。典型的教育模式培养了他和其他远航植物学家狂热的科学追求,渴望到处游走。他年幼时就表现出了对博物学的兴趣,尤其是植物学。为了自己的博物学理想,他从普罗旺斯的家乡逃出来,跟着一队人马前往西班牙,到达西班牙殖民地格拉纳达,他在那里跟安东尼奥·桑切斯·洛佩斯(Don Antonio Sanchez Lopez)学习药学。奥布莱最后回到法国蒙彼利埃(Montpellier)学习药用植物学和化学,后又前往里昂,在那儿结识了克里斯托夫·德·裕苏(Christophe de Jussieu),即统治了法国博物学长达两代人的裕苏三兄弟的父亲。为了找份差事,奥布莱加入西班牙部队医院,度过了两年痛苦的战争生活。干完这段"极其骚乱又学不到什么东西"的工作后,他前往巴黎,很快在慈善医院找到了一份新工作,斯隆、普佩·德波特以及其他医生都曾在这里接受过训练。奥布莱历经辗转进入皇家植物园,并在此接受了7年教育,包含化学、药学、矿物学、植物学和动物学。其后,他原打算去普鲁士跟着发现锰元素的著名化学家约翰·海因里希·波特(Johann Heinrich Pott, 1692—1777)学习,但直到1751年

---

①　西班牙语,原意为"金色的;镀金者",后引申为"理想的黄金国"。

插图 1.4　奥布莱《法属圭亚那植物志》(*Histoire des plantes de la Guiane Françoise*, 1775)第一卷扉页插图。图中本地向导被刻画成女性化的男人,右手里拿着仪式化的战棍,表明他是一位酋长。有趣的是,这位加勒比人或加勒比酋长左手居然握着一支笔,估计是想表达其向导角色的重要性,因为他带着奥布莱去领略"法属圭亚那文化和商业中具有异域风情的有趣物品"。另外,他头顶上还有月桂树缠绕的装饰。这幅画中,奥布莱突出了美洲财富的象征——仙人掌和棕榈,画最前方是家喻户晓的美洲产油棕榈——马里帕棕榈和其他棕榈植物的果实。

奥布莱31岁时，法国海军部长和法兰西岛印度公司签署文件任命他为"植物学家和首位药物学家兼排字工人"，这个计划才得以实现。[64]

贸易公司在沿途各站点都雇有奥布莱这样的内外科医生，药用植物学家和药剂师，他的工作和荷兰东印度公司的雅各布斯·邦蒂乌斯一样，奉命建立实验室和植物园，提供雇主所需的食物和药物。奥布莱的首要任务是在法兰西岛上找到标准药物的本地替代品，否则他们不得不从欧洲运送这些药物到本地医院，奥布莱还要将发现的植物寄给法属殖民地波旁岛（Bourbon）①和本地治里（Pondicherry，印度南部）的同行。奥布莱的第二个任务是发明供公司船长使用的药物检验方法，众所周知他们会将剩余药物重新销售谋取私利。[65]第三个任务是，养殖动物（比如牛）和种植植物（比如水田芥，他声称这种食物格外清爽）并将种子分配给岛上的居民，条件是他们将自己的一部分收成回馈给公司。印度公司相当赏识奥布莱，不仅提高了他的待遇，长官还送了他一小船的洋葱和其他欧洲植物种子，让他引种到岛上。

奥布莱定居下来后，爱上了塞内加尔奴隶阿梅勒（Armelle），便付钱给公司为她赎身（见第三章），他们生育了三个孩子。奥布莱强烈反对奴隶制，还强调在该地区找到新植物时要保留其本土名（见第五章）。

然而，奥布莱的日子过得并不容易，他得罪了法兰西岛有权有势的长官皮埃尔·普瓦夫尔，因为奥布莱向公司负责人揭发普瓦夫尔从荷兰东印度公司的班达群岛（Banda Islands）为公司走私的肉豆蔻是假货。据奥布莱称，普瓦夫尔的肉豆蔻和真的肉豆蔻看着可能很像，但毫无商业价值。肉豆蔻相当珍贵，早在1191年，罗马人就曾

---

①　印度洋岛屿留尼汪岛（la Réunion）的旧称，以法国波旁王朝命名。

用这种香料为亨利六世大帝的加冕仪式烟熏街道。普瓦夫尔后控 55
告奥布莱,罪名是他使原打算引种到法国殖民地的肉豆蔻幼苗死
亡。奥布莱与本地药剂师也发生了冲突,他们投诉奥布莱不提供其
所需的药物。最终,他不得不离开法兰西岛,在临近的波旁岛上安
顿下来,也将他的植物安顿下来。尽管有权贵人士从中斡旋,普瓦
夫尔依然占据上风,奥布莱只得返回法国,才得以平息纠缠自己的
那些是非。[66]

　　回到法国5个月后,奥布莱被任命为皇家药剂师和植物学家,奉
命到南美"荒凉的海岸"圭亚那考察植物。他的任务是清查该地区
的动植物,寻找任何对法国来说有利可图的东西,还要为军队测绘
河流和水道。奥布莱跟随德·贝阿格(M. de Behague)登上爱国者
号轮船,贝阿格全权负责为法国工业寻找棉花的任务,以结束法国
从印度进口棉花的束缚,并寻找肉桂、肉豆蔻和丁香等作物。计划
当然对荷兰保密,因为荷兰当时还垄断着这些香料的贸易。[67]

　　1762年到1764年的两年间,奥布莱一头扎进工作中,足迹遍布
圭亚那的每寸土地。上级赏识他的斗志和精力,但却不喜欢他的性
格,奥布莱喜欢争长论短,很难相处。他第一次与人发生争执是因
为耶稣会士拒绝为他提供鲁库宴(Roucouyenne)①印第安人当向导,
以阻止他深入这个国家腹地的计划,他则谴责耶稣会为了自身目的
奴役和剥削印第安人。尽管困难重重,奥布莱还是在一年内就将第
一批科学材料寄送到法国,大批植物学战果分配给了海军和财政部
长,以及印度公司的官员们。德·邦巴尔德医生(A. M. de Bom-
barde)收到了一份手写日志和圭亚那的植物标本(甚至可能有一些
活体植株),凡尔赛的德·舒瓦瑟尔(de Choiseul)公爵和巴黎皇家植

————————————

　　①　今天的瓦亚纳(Wayana),位于巴西、苏里南和法属圭亚那之间的圭亚那高地
东南部。

物园的布丰收到一箱草药,他还送出去了一箱箱根茎、果实和种子,两桶植物和一些动物。[68]

奥布莱和梅里安一样,抱怨身处殖民地的同胞眼里只有钱。他声称钱并非博物学家真正的动机,对他们而言,"只要能体现自己的价值足矣,如果成功了,倒可以庆祝一下"。他和梅里安在另一点上也相同,即留在热带很短的时间就因健康原因和生活上的极度不便而离开。[69]

一回到法国,奥布莱就在巴黎建了香水厂,生产一种玫瑰精油,56 深得路易十五喜爱。他想收回之前送出去的标本,尤其是给邦巴尔德的那些,但被告知邦巴尔德去世后其大量博物收藏散落于各处。历史学家让·沙亚(Jean Chaïa)认为邦巴尔德可能把他送的大量藏品转送给了其门徒米歇尔·阿当松,奥布莱去世前整理的标本后来卖给了约瑟夫·班克斯。[70]

足不出户的植物学家

欧洲许多顶尖的博物学家,如林奈、安托万和贝尔纳·裕苏兄弟、布丰等从未离开过欧洲,但他们靠遍及全球的殖民地网络主导着大规模的植物贸易。如林奈,年轻时虽在拉普兰有过一次深入的陆地探险,但 1737 年他回绝了位于苏里南的荷兰东印度公司的医生职位。尽管如此,他大量的分类学研究却仰仗于殖民扩张事业。实际上,他一直身居庞大的科学帝国核心位置,守在乌普萨拉舒适的家和花园里,接收来自 570 位瑞典和其他国家的通信者新发现的标本和植物学信息,成就了宏伟事业。类似地,在阿姆斯特丹植物园的让·科默兰(Jan Commerlin, 1629—1692)及其侄子卡斯帕·科默兰也有一个全球通信网络,莱顿的保罗·赫尔曼和赫尔曼·布尔哈弗（Herman Boerhaave，1668—1738）、法国皇家植物园的裕苏兄弟、博福特公爵夫人以及邱园的约瑟夫·班克斯都也拥有这样的网络和资源。布鲁诺·拉图尔（Bruno Latour）给这些纷繁的欧洲机构贴上了"计算中心"（centres of calculation）的标签，通过这些机构，科学成为帝国主义扩张的战果。[71]

拉图尔和玛丽－诺埃勒·布尔盖（Marie－Nöelle Bourguet）详述了欧洲博物学家们如何给旅行者们制定规则和提供指导，好让船长、传教士和其他业余人士也能以统一的方式采集、记录和保存标本。例如，林奈培养了一代学生，他们以植物学家的身份登上荷兰、英国和瑞典的东、西印度公司以及其他科学机构派出的轮船，前往世界各地。这些学生就像分散在全球的"大使"，通常会根据具体的指示，提供特定的考察成果、种子或植物。经过训练和规范的野外实践，博物学家们在欧洲的家中就可以远距离"看到"这一切。[72]

欧洲植物园是珍奇柜植物学家的大本营，这些植物园在16世纪创建时主要是作为大学和医院附属的"药用"植物园，栽培可以入药的"药草"，为培养医生和药剂师而开设药用植物学课程。到了18世纪，大量实验性的殖民地植物园涌现，从西印度群岛的圣文森特到马拉巴尔（Malabar）、斯里兰卡、好望角再到爪哇等地，与欧洲的植物园一起，形成巨大的植物园网络。在植物园网络里，植物朝着各个方向流通，其中有大量流向了欧洲的植物园。例如，查尔斯·普吕尼耶从西印度群岛向欧洲引入900个植物新种，约瑟夫·德·裕苏在南美洲的36年间采集了无数的标本，洪堡从南美洲回来时带了差不多6万株植物，大约有6200个种，都是埃梅·邦普朗采集和制备的，这些标本让欧洲植物学的标本收藏增加了5%。[73]

博物学家的标本不仅丰富了植物园和欧洲科学，也成为博物学家交流的媒介。按历史学家斯维尔克·索林（Sverker Sörlin）的话

57

说，在科学商品的"交易所"里，标本就是这个新市场的"通用货币"。[74]梅里安公开售卖她的标本，法国采集员如拉孔达米纳、蒂里·德·梅农维尔和勒布隆等则用标本换取赞助，国王植物园的聘用条件里甚至规定，博物学家必须定期将采集的科学物品运回巴黎。

斯隆和林奈的网络都可以充分展示标本交换经济是如何操作的。斯隆短暂的牙买加探险之旅确立了他作为博物学知识"掮客"的身份，他从野外积累的 800 种植物存量（大部分是新种）就是他的生物资本。一回到伦敦，斯隆就将这些植物及其相关信息倒腾到欧洲采集员、植物园和知识的大网络里。他有意将自己的宝贝"慷慨"地展示给所有爱好者，但主要交易伙伴都是欧洲的贵族阶级和科学精英。在英国，他的交易对象包括威廉·科尔腾（William Courten，也写成 W. Charlton，1642—1702）、亚瑟·罗登爵士（Sir Arthur Rawdon，1662－1695）、博福特公爵夫人的园丁威廉·谢拉德（William Sherard），以及其他很多人，罗登在弗吉尼亚有专门的采集员，例如园丁詹姆斯·哈洛（James Harlow）就从那里用船给他运来了一箱又一箱的树木和草药。在法国，斯隆和图尔内福成为他终身的交易伙伴，这让斯隆与法国的植物园建立了交易联系，从中谋利。在但泽（Danzig，波兰港口），他与雅各布·布雷内（Jakob Breyne，1637—1697）做交易。斯隆余生都在努力扩充自己的植物收藏。科尔腾去世时，斯隆得到了他全部的藏品，包括一个很大的标本馆，价值达 5 万英镑。他还从女王的植物学家伦纳德·布鲁克内（Leonard Pulkenet，1641—1706）、拥有世界各地标本的药剂师詹姆斯·佩蒂瓦（James Petiver，1665—1718）、在锡兰采集过植物的赫尔曼、到中国采集过的詹姆斯·坎宁安（James Cunningham）和到菲律宾采集过的乔治·约瑟夫·卡迈勒（George Joseph Kamel，1661—1706）等人那里购入共 8000 份标本。1753 年，去世的斯隆成为前林奈时期最大的博物收藏家,包括干燥的种子、根茎、木材、树脂、果实和植物标本等,这些藏品成为后来的大英博物馆的核心部分。斯隆的私人财富和如此巨大的标本收藏,让他一跃成为英国科学的塔尖人物。[75]

而林奈既不是富人,也没有显赫的社会地位,但他在植物学网络里异常活跃,从遍布全球的通信者那里获取了大量抢手的植物标本,作为交换,他把这些人引荐到自己的国际联络网中。更重要的是,他让拥护者们怀有这样一种信念:他们的付出是为了实现更高理想——建立普适性的分类体系。他也时不时地让通信者们获得最尊贵的礼物:将他/她的名字镌刻在林奈科学的植物命名体系中,永载史册(见第五章)。

甚至在社会阶层的底端,外来植物也成为一种交换资本。1719 年,一位法国逃亡者从苏里南写信给圭亚那的殖民官员,恳求将他赦免并遣返到法国殖民地,作为交换条件,他需要从荷兰殖民地苏里南走私"正在发芽的咖啡种子"。法国人不久前发现咖啡应该可以在其殖民地栽培,1716 年,皇家植物园就将种子寄到了马提尼克岛(前文已述)。当权者急切地想抓住机会在圭亚那种植这种可以带来暴利的作物,答应了逃亡者的请求。此人也因此得到赦免,他交给海军德阿尔邦(M. d'Albon)的种子苗壮成长,该植物被分配给整个圭亚那的法国种植园,咖啡很快成为法国值钱的出口产品。[76]

女性也收藏和贩卖标本。例如,博福特公爵夫人在 17 世纪晚期到 18 世纪早期拥有巨大而奢华的花园,她和现代早期其他女科学家一样,得益于"贵族网络"(Noble Network),加上自己显赫的社会地位,她能够进入世界各地的植物学交流网络中。18 世纪晚期,个人拥有的资源很少能与国家支持的植物园相抗衡,如巴黎皇家植物园和邱园这类机构。与科学的其他领域一样,植物园成为公共机构时,女性就再也无法像此前那样主导标本交易。[77]

59　17世纪90年代，博福特公爵夫人开始在格洛斯特郡（Gloucestershire）巴德明顿（Badminton）的植物园和切尔西博福特庄园（紧邻切尔西药用植物园）收集植物。她收集的奇花异卉来自世界各地：巴巴多斯、牙买加、弗吉尼亚、几内亚、加纳利群岛（Canaries）、好望角、马拉巴尔、斯里兰卡、日本和中国，以及欧洲大陆和大不列颠岛等。作为亲力亲为的主顾，公爵夫人和当时重要的植物学家通信，交换"外国"的植物标本和种子。如斯隆，他著名的标本馆里有20卷异国植物干燥标本来自公爵夫人的植物园。1700年到1702年，威廉·谢拉德给公爵夫人的儿子当家庭教师，他写道，公爵夫人的植物园将很快"超越欧洲任何一个植物园，能想象得到的漂亮植物应有尽有，我也给她的收藏增添了1500种植物，而且我每天还从通信者那里得到更多的植物"。[78]

公爵夫人作为园艺师绝不业余，她的植物名录与其他顶尖植物园和主要的植物学著作之间相互参考。但和那个时期许多植物学家一样，公爵夫人对分类学的兴趣仅限于管理自己的花园和植物名录。她的植物园主要用于引种、驯化外来植物，她精心培育珍贵的异域植物，经常是在英国恶劣的气候条件下把植物从种子照料到开花。她不仅接收从世界各地寄给她的种子和植物，也会提出请求，索要自己喜欢的植物。威廉·艾顿（William Aiton, 1731—1793）的《邱园植物辑录》（Hortus Kewensis, 1789）第一版向公爵夫人致敬，感谢她将64种异域植物引种到英国。公爵夫人是同时代女性的典型代表，她的植物"生长良好、井然有序、漂亮优雅"。[79]

据历史学家道格拉斯·钱伯斯（Douglas Chambers）称，公爵夫人主要的园艺师是约翰·亚当斯（John Adams），但斯隆却注意到，有"一位老妇"在公爵夫人的监督下工作。1703年，斯隆称赞她的植物园时说："尊贵的公爵夫人有一个被她称为疗养院或'绿色小屋'的地方，她将病快快或奄奄一息的植物移栽到那里，一位老妇在她的指导下精心照料它们,让植物恢复生机,以便能完美地展示在汉普顿宫或其他地方。"[80]

公爵夫人的兄弟们也是优秀的园艺师,图克斯伯里勋爵亨利·卡佩尔(Henry Capel, Lord of Tewkesbury, 1638—1690)专攻果树,他在基尤庄园(Kew House)附近有一个栽培柑橘和"蓝莓"的玻璃温室,靠婚姻继承而来,此处房产便是后来的皇家植物园邱园所在地。[81]

与博福特公爵夫人相似,阿姆斯特丹的贵族阿格尼丝·布洛克在费赫特(Vecht)河边的纽艾斯路易斯(Nieuwersluis)也有一个乡村庄园,距阿姆斯特丹约30公里,靠异域植物和种子与全欧洲的各个植物园建立联系。她委托荷兰众多知名画家将自己令人惊叹的藏品画下来,包括梅里安和约翰娜·海伦娜母女。[82]

然而,有些女性却拒绝进入上层社会的科学交流圈。18世纪最初的十年里,梅里安和伦敦药剂师、皇家学会会员詹姆斯·佩蒂瓦之间有过一次有趣的交流。斯隆曾估计,佩蒂瓦的博物收藏价值达4000英镑。佩蒂瓦和梅里安的交流约始于1703年,他给梅里安寄了"一份昆虫礼物"。翌年春天的一封通信中,梅里安恳请佩蒂瓦帮忙将自己的《苏里南昆虫变态图谱》翻译成英文。梅里安建议在英文版附上献给英国女王的赞词,这样做应该"没有问题,毕竟是来自一位与她性别相同的人"。佩蒂瓦至少翻译了一部分,但却重新归类了梅里安的动物图谱,第一章是蜥蜴、青蛙和蛇,第二章是蝴蝶,第三章是蛾类,这样的归类让她有些恼火,不过最终并没有于18世纪出版英文版。[83]

梅里安给佩蒂瓦写的信充满商业气息,后者预订了精美的《苏里南昆虫变态图谱》,梅里安便安排寄给他。对开本的图谱单价为18荷兰盾,她在信中说道,"但因为你预订了7幅,我可以给你15荷兰盾的优惠价格",并强调说要用荷兰盾预付书款,然后在阿姆斯特丹取货。他一付过书款后，梅里安继续告知，"我会寄给你……我处理完其他人的订单就寄给你。"这封信写于 1705 年，梅里安还在信中感谢他最近送给自己的"小动物"礼物，但却把东西寄还给他，说她只想找那些可以揭示"动物繁殖、发育和成熟的标本，可以了解它们如何从一个繁殖出另一个，以及它们的食性。"不过，梅里安还给他寄了一些装在广口瓶里的苏里南甲虫，因为这些虫子对她来说已经"没什么用处"。[84]

佩蒂瓦和梅里安的交流并不那么快速直接，一封信需要 3 周到 5 个月不等的时间才能送达，有些信还根本就收不到。佩蒂瓦让秘书写英语信给梅里安，后者则用荷兰语和德语答复，需要其他人翻译成法语和英语。译者并非总能让梅里安满意，如克里斯托夫·阿道夫（Christopher Adolph）将 1705 年 10 月 19 日的信翻译成英语时，擅自加了一句，"按您的指示，我尽可能将这封德文信翻译成英语，61 如果不尽如人意，敬请海涵。因为原信就并非写得多好，表达也不是很清楚，不过是一位妇女写的普通书信"。[85]

搜寻亚马孙女战士

在本章结束前，我想提供一个有趣的知识传播案例，该案例展示了知识如何从欧洲的想象传播到南美洲并推动了欧洲的研究项目。安东尼·格拉夫顿（Anthony Grafton）和其他学者曾强调，新大陆的知识碰撞动摇了欧洲古代文本的根基，有助于唤起欧洲人对经验知识的重视。然而我们却看到，在对亚马孙女战士长达一个世纪的追寻无果后，古书中战神阿瑞斯（Ares）好战的女儿形象在欧洲依然深入人心。古代文本阻碍欧洲科学发现的例子不在少数：老普林尼"食人族"（Anthropophagi）驱使不少人到新大陆，尤其是加勒比地区去搜寻传说中的食人族。类似地，因为老普林尼关于"洞穴人"（*Homo troglodytes*）的描述，瑞典一支考察队在林奈的激励下专门去追寻传说中的这个物种，将其当成某个地方可能存在的第二类人种。甚至，连洪堡也搜寻了神秘的亚马孙女战士多年，尽管他清楚地知道，欧洲人时不时从新大陆得到的那些消息，不过是将"古书描述（亚马孙女战士）的一些特征"进行"添油加醋"罢了。[86]

　　欧洲人对新大陆亚马孙女战士真实性的考察报告几乎可以追溯到哥伦布本人。现今，我们所称的亚马孙河是由1541年西班牙士兵弗朗西斯科·德·奥雷利亚纳（Francisco de Orellana）所取的，因为他当时恰好碰到沿河女战士部落之间的激烈战争。他把这些女勇士当成真正的亚马孙女战士，将其描述得勇猛非凡、以一敌十。18世纪30年代和90年代，以拉孔达米纳和洪堡为代表的博物学家们依旧努力搜寻，想确定这些神秘女勇士是否存在，或者永远打消她们真实存在的设想。搜寻亚马孙女战士的科学探险显示了欧洲人对新大陆自然界的了解程度，欧洲自身的文化架构和性别观念不仅预设了研究的优先选项，也常常让探险者难以理解迥异的新知识，这一话题将在第二章作进一步阐述。

　　拉孔达米纳对新大陆的评价颇低，他认为"大部分的南美洲土著人都爱撒谎，轻信他人，还时常做些骇人的事"，并经常感觉到他们"智力低下、愚笨不堪"。尽管如此，拉孔达米纳在考察南美洲的8年间，还是不时向"各民族的原住民"收集证据，调查新大陆亚马孙女战士传说的真实性，将她们描述为"与男性分道扬镳的一个女儿国"。在他看来，所能获得的众多关于亚马孙女战士的消息最终将焦点引到"一个共同的中心，就是圭亚那腹地的山上，那里有一个帕拉（Para）的葡萄牙人或卡宴的法国人都不知道的国度"，这才是关键。[87] 拉孔达米纳认为这些报告有共同的指向，重要的是没有被其他欧洲人篡改过，因此可信。

62

　　法国数学家从一块绿色的石头上找到了有力证据,号称可以证明亚马孙女战士的存在。那块石头叫"亚马孙石"①,是微斜长石或长石一类的宝石品种。居住在塔帕若斯河(Topayos)沿岸的美洲印第安人从祖先那里继承了这块石头,而祖先手里的石头又是来自"没有丈夫的妇女"(Cougnantainsecouima,当地语言),据传她们有很多这样的石头。拉孔达米纳还从"道德伦理"上为这些妇女的存在以及她们对男人的厌恶进行了解释。他推论,要是亚马孙女战士真的存在于某个地方,最可能的就是美洲,因为那里的妇女经常陪同丈夫参加战争。家庭虐待或许会激发她们的斗志,以"摆脱暴君的枷锁,建立独立的社会,挣脱被奴役的底层地位……那曾是她们糟糕的生活处境"。[88]他认为她们反抗暴戾丈夫的斗争与奴隶的抗争相似,奴隶们在饱受欧洲人的虐待后,经常会从主人那里逃跑,躲到丛林里,结伴生活在一起。

　　拉孔达米纳兴致勃勃地找到了一位老人,据说他的父亲见过亚马孙女战士。他前往现今位于巴西中部亚马孙州的科阿里(Coari),去寻找这位可能的目击者(虽然隔了一代人)。但一到那里他就发现老人已经去世,甚至其子都已经70岁了,人家很肯定地告诉他"祖父确实见到'女战士'跨越库齐拉(Cuchiura)河口,她们从卡亚美(Cayamé)河来,那条河在南边从蒂斯(Tesé)和科阿里中间汇入亚马孙河,祖父和她们中的四个人说过话"。这位目击者将四名妇女的名字告诉了他的儿子,但没提到传说中的女战士习俗,即她们会割下乳房,这样她们的弓就可以平放在胸前,精准射击。拉孔达米纳认为,"这么壮观的一幕不应该没看到",这个法国人猜想,妇女为

―――――――――

　　①　现在通常称为"天河石",是微斜长石的蓝绿色变种,呈蓝色和蓝绿色,半透明至微透明,与翡翠相似。

精准射击而牺牲乳房的故事估计是"喜欢猎奇"的欧洲探险者编出来的。拉孔达米纳推测,欧洲人讲的这些故事,甚至可能与印第安人"看到"亚马孙女战士后重构的故事混杂在一起了。[89]

63

拉孔达米纳最后定位到莫蒂加(Mortigura)的原住民区,那是帕拉附近的一个传教士定居点,他们给他指了一条叫伊利亚(Irijo)的河,并告诉他朝上游走几天就可以找到亚马孙女战士了。拉孔达米纳一看要历经千辛万苦,穿越高山丛林,吓得打了退堂鼓,放弃了成为第一个看到亚马孙女战士真身的欧洲人的大好机会。他为自己的决定找了一个借口,说这些女战士有迁徙的习惯,即使走到那里她们十有八九也搬走了。他还揣摩说,甚至很可能这个没有丈夫的女性部落已经抛弃了古老的习俗,因为她们可能被另一个民族征服,或者最终"不再像母亲那代人一样讨厌男人"。[90]

差不多40年后,洪堡还纠结于这些神奇女性存在的可能性,但他并不认同拉孔达米纳的结论——这些妇女确实在圭亚那的荒野里游荡。他断言,拉孔达米纳为"没有丈夫的妇女"的真实性辩护,不过是为了满足巴黎人对传奇故事的兴趣。但是,洪堡自己又给这些亚马孙女战士的传说加入了一些有趣的情节。例如,她们会制作一种风管(sarbacans),可以在吹它的时候发射毒箭,并且会将其作为礼物送给同房过的男人,但仅限于四月份。她们还找到了藏在绿石头里的药物,并用它成功地治好了癫痫和肝肾衰竭等疾病。

不过比起传说本身,洪堡更关心的是欧洲人如何创造了这个传说。欧洲人如何在美洲"找到了"取悦自己和仅存于想象中的事物?洪堡将此过程总结为几个阶段。他认为最早于16世纪,探险家的作品开始流传这些神话,如阿梅里戈·韦斯普奇(Amerigo Vespucci 1454—1512)①、克里斯多夫·哥伦布、贡萨洛·奥维德奥(Gonzalo

---

① 意大利商人和探险家,美洲新大陆就是以此人的名字命名的。

Fernández de Oviedo y Valdés，1478—1557）以及其他探险家。他们喜欢在描述新大陆时加入典籍里的内容，"只不过是在这些新发现的国家中找到了世界最原始的样子，希腊先哲早已教导过这些历史"。他还认为航海家是在奉承赞助人：奥维德奥用亚马孙女战士的故事去恭维卡迪纳尔·本博（Cardinal Bembo）知识渊博，而瓦尔特·雷利爵士（Sir Walter Raleigh）是为了讨好"童贞"女王伊丽莎白，才跟她描述"由没有丈夫的妇女组成的战斗民族"。[91]

令洪堡担心的是，原本只是为了"附庸风雅"和"怡情悦性"的传说却成为18世纪严肃的讨论话题和研究对象。他解释说，美洲印第安人可能亲眼见到亚马孙女战士这件事即便不是蓄意欺骗，也被欧洲人以讹传讹了。当欧洲人问及好战的妇女是否存在时，印第安人很乐意帮忙，描述说"来自美洲不同地区的妇女，厌倦了被丈夫牢牢控制并奴役的生活，就像逃亡的黑奴那样联合起来"，为了确保其自由，这些流亡之人就成了战士。洪堡推测，这些逃跑的妻子，被欧洲人误以为是传说中的"亚马孙女战士"。他也批判把那些奋力守卫自家小屋的印第安妇女和保卫修道院的修女们想象成欧洲人梦寐以求的亚马孙女战士。最后他总结说："这就是男人的心态，前赴后继的探险者们不断向彼此炫耀自己的发现，吹嘘新大陆的探险奇闻，每个人都假装自己看到了前辈宣扬的东西。"19世纪，驻留圭亚那的埃弗拉德·尹图尔恩（Everard Ferdinand Im Thurn，1852—1932）认为，美洲印第安人其实是从欧洲人那里得知亚马孙女战士"存在"，就把她们的传说融入关于该国无人之境的神秘故事里。[92]

英雄叙事

亚马孙女战士的故事是探险者旅途中关涉性别的一个讹传。

玛丽·特拉尔(Mary Terrall)曾提出,18世纪的科学探险者在讲述他们的丰功伟绩时,会突出新奇、难能可贵的男性英雄气概。这些探险叙事的主角——"探险家兼科学家"面临着来自大自然、野蛮的土著人和满怀敌意的殖民地居民等各种生命威胁,全然是为了崇高的科学目标。特拉尔认为,与英勇的探险者角色相对的是"女性化"的国内观众,这种叙事放大了18世纪科学研究中性别的两极化,至少在某个层面上,将女性进一步排斥在科学外。爱玛·施帕里(Emma Spary)在对巴黎植物园的历史研究中也曾强调浪漫探险家的"英雄"本色:"吃苦耐劳的男人心甘情愿为科学冒生命危险。"那个时期,女性被认为太过柔弱而不能从事严谨的科学工作,对英雄品质的讴歌只会强化科学最适合男人的论调。事实上,18世纪的旅行文学确实对探险家的英雄形象夸大其词。林奈在《植物学评论》(*Critica Botanica*)中强调,植物的属名应该以植物学家的名字命名,以纪念他们追求科学时的英雄气概;图尔内福"翻越阿尔卑斯之巅,跨过比利牛斯山(Pyrenees)的峡谷"去寻找植物;特奥多鲁斯·克拉迪斯(Theodorus Clutius, 1546—1598)①越过"巴巴里(Barbary)的沙漠";皮耶尔·米凯利(Pier Antonio Micheli, 1679—1737)②在暴风骤雨里采集植物,死于胸膜炎和肺炎;威廉·谢拉德"夜以继日"地编撰《植物大观》(*Phytopinax*),"因此染病,日渐消瘦,最后去世";等等。某种程度上,连现代探险者到了热带都对这些地区遭遇的艰难险阻深有体会,对于运气不佳或准备不够的人来说,探险依然困难重重。[93]

　　旅行文学中其他的性别指向也很明显。18世纪的旅行文学在很多时候又将欧洲男性塑造成欧洲人传统观念里可能比较女性化的角色,很像法国大革命爆发前的法国上层阶级。这种情况下,他

---

① 荷兰药剂师。
② 意大利植物学家。

插图 1.5　一位靠"背夫"翻越安第斯山的欧洲绅士。背夫、椅子和这位绅士从陡峭的山腰往下移动，但他只需要在后背的椅子上一动不动地坐着，为了打发无聊又漫长的时间，他手里正拿着一本书读着。洪堡抱怨说"人力背夫"往往对自己的能耐过于自信，总是冒冒失失，专挑陡峭狭窄的山路走，穿过湍急的河流和阴森的沟谷。洪堡虽然描述了这个场景，但很少会坐在背夫后背的椅子上，他更喜欢长途跋涉，他甚至在荆棘和石头磨坏了鞋子后赤脚走了很远的路。

们所到之处的"本地向导"才能充当男性化的角色(至少以欧洲的社会标准可以这么看),而欧洲人讲究各种繁文缛礼,博物学家坐在背夫(cargueros)椅子上翻越安第斯山的形象众所周知。例如,1801年10月,洪堡、邦普朗以及一干助手和背夫翻越坤地峰(Quindiu),据说这是安第斯山脉最难翻越的一座山。洪堡在文章中夸张地描写了当时的困境:"天气恶劣,大雨滂沱、山路泥泞,漫漫长路上食物匮乏,也无栖身之所。"如果博物学家没有"靠背夫",满路的荆棘会很快把靴子划得稀烂,他们就只能赤脚长途跋涉,"在这种糟糕的境地,没人想徒步翻山"。这位德国博物学探险家旨在向读者表明,这种地方大家说"靠背夫"前行跟其他时候说骑马前行不过是一个意思。

在洪堡看来,背夫可以背着探险者穿越骡子都走不了的地方。这些"混血儿"①和白人背夫据说可以负重六七阿罗瓦(arrobas)②攀登陡山,最强壮的背夫可以负重9阿罗瓦。洪堡的报告里称,西班牙政府曾计划修一条好走的路,但对背夫来说,搬运已经成为一种生活方式,他们反对这个计划。比起在一个村子里定居的单调生活,他们更喜欢穿越森林,原始落后却自由自在。[94]

拉孔达米纳描写印加人高悬的绳索桥时,也生动地描绘了欧洲探险者"无助的"画面,他看着眼前的绳索桥踟蹰不前,"当地人",他写道,"并非天生就这么勇猛无畏,他们一个接一个走过这样的索桥,肩负沉甸甸的货物……嘲笑旅行者太胆小,磨磨蹭蹭不敢冒险。"[95]

的确,文雅的欧洲绅士不习惯弄脏自己的双手去干体力活,殖

---

① Mestizo,具有欧洲人和美洲印第安人混合血统的人。

② 西班牙和葡萄牙的重量单位,1阿罗瓦在西班牙为11.5千克,在葡萄牙为14.7千克。

民者与本地人主仆关系的建立让欧洲人在热带地区过度依赖他们的向导。18世纪50年代，米歇尔·阿当松在塞内加尔旅行时，就是仆人背着他过河的。走到尼日尔河（Niger）边时，阿当松踟蹰不前，生怕过河时踩到河底的洞里。他的"黑人"去试探河底时，他在一棵树上休息，又开始"懊恼河里的蛇和湍急的河水"。最终，阿当松在连哄带骗下总算过河了，"我爬上他的肩膀"，他写道，"手里拿着枪、几只鸟和一捆植物"。河水逐渐漫过向导的脖子，"我只好把自己交给他娴熟的技能，或者毋宁说全凭自己的好运，放任他随心所欲。他吃力地在水里挪步……他的毅力令人惊讶，毫不畏惧，尽管他被猛灌了三大口河水（刚好没过他的嘴巴和鼻子），有一小会他根本喘不过气来。"[96]

女性探险者也常常描述她们遇到的困难。梅里安描写了令人窒息的炎热、无路可走的荆棘丛林和致命的疾病。因为患上热病，为了这些昆虫，"我差点搭上了性命"，她写道。苏格兰的珍妮特·肖也夸张地描写了在西印度群岛旅途中遇到的困难，汹涌的大海和连日的大雨差点掀翻了他们超载的船只，等暴风雨过去后，浸透的床和箱子渗着水，她所有的补给都被冲走了，只剩下一个忠实的茶壶和一大块火腿。[97]

正如历史学家们所解释的那样，如果科学家将自己打造成英雄角色，他们也会以这样的方式去描述探险的女士们。1735年，巴黎科学院南美洲探险队的官方测量员让·戈丹（Jean Godin des Odonais，1713—1792）重述了他妻子的旅途，她从秘鲁的故土沿着亚马孙河顺流而下，然后前往他所在的法国家中。这个故事有着18世纪英雄叙事的所有元素：伊莎贝尔·戈丹（Isabelle de Grandmaison Godin des Odonais），出生于秘鲁的西班牙贵族妇女，眼睁睁看着同行的7位旅伴因凶残的野兽、毒蛇，饥渴和疲惫而命丧途中，最终只有她一个人活下来。

　　法国赤道探险队离开基多（Quito,厄瓜多尔首都）时,让·戈丹留了下来,于1739年在基多大学（College of Quito）谋得了一个天文学和自然科学的教职。他在这里认识了年仅15岁的伊莎贝尔并娶她为妻,1749年戈丹前往卡宴,筹备一家人返回法国的旅程。然而葡萄牙人拒绝发放通行证,不准他回基多接他的妻子和一大家子人,因为前往这个大西洋港口的旅途充满艰险。直到1758年,戈丹才拿到许可文件,此时他病得厉害,便带话给妻子让她前来卡宴相见。1769年,她卖掉家具,在两个兄弟、一个医生、一个"黑人"、三个"穆拉托或美洲"女仆的陪同下离开基多,同行的还有31个美洲本地背夫,负责背她本人和行李。一路上,各种困难接踵而至。这一行人到一个村子去取船的时候,天花肆虐,所有背夫都跑光了,尽管她已经提前支付了工钱。他们发现村子里有两个印第安人没有染病,就请他们帮忙造船,然而两人划船往下游行驶了两天后就弃她而逃。戈丹夫人一行里没有人会操控这艘船,他们只好上岸搭了个小屋,期望能等来一艘船,然而过了差不多20天,连个独木船都没有。最后他们造了一个木筏,但一下就翻了,所有东西全掉进河中。被这条河搞得疲惫不堪后,他们走进森林。他们走得精疲力竭,双脚也被尖刺划伤,弹尽粮绝。一行人倒在地上,等着死神降临。三四天后,伊莎贝尔在兄弟和其他同伴的尸体旁挣扎着从地上爬起来,决心继续前行。她恍恍惚惚中总算找到一些水和野果,还有新鲜的松鸡蛋。最后,印第安人发现了她,划着小船将她送到卡宴。戈丹夫妇后来踏上返回法国的航程,1773年总算抵达法国。作为一名女性,戈丹夫人享有特权,也是罕见的旅行者。当然,她的动力与科学无关,而是出于对丈夫的爱。[98]

　　在热带地区探险确实很危险,大自然对闯入热带的欧洲探险者们一视同仁,毫无性别偏见,男人并不会比"女士"更幸运。非洲以"白人男性的坟墓"闻名,印度也是"欧洲人的墓地"。18世纪,卡尔·通贝里前往东印度群岛时谈到,欧洲人的身体在陌生环境就如同"泥坯房子"一般,不堪一击,400个船员中有158个在船队绕过好望角前就死了,其中很多是死于败血症。据菲利普·柯廷(Philip Curtin)估计,整个18世纪,西非的欧洲商人和军人每年的死亡率高达48.3%。西印度群岛、圭亚那和苏里南的境况虽然没有那么糟糕,但也不乐观。牙买加的欧洲人每年的死亡率在4%—9%之间,但在18世纪早期,牙买加首都金斯敦的死亡率高达20%。各种地方性疾病——尤其是黄热病非常致命,导致牙买加的欧洲人口一直没有增长。在斯隆和梅里安探险的一个世纪后,洪堡在加勒比地区依然深陷蚊虫和食物匮乏的危险之中,潮湿的热带雨林里植物标本根本没法烘干,而最讨厌的还要数臭名昭著的"犁地虫"(ploughman insects)①钻进他的手指和脚趾。苦苦挣扎了两天后,洪堡找到一位穆拉托妇女,将小棍削尖戳进他的皮肤,把虫子及其卵袋一个个掏了出来。洪堡发现这种解决办法比被虫子叮咬更痛,后来他从一个杰瓦塔(Javita)印第安人那里得知,一种叫 uzao(一种树叶很像肉桂叶子的灌木)的树皮浸泡后可以快速杀死这种害虫。这种奇怪的毒虫让洪堡心有余悸,那之后,他和他的队伍总在船里存放这种树皮以备不时之需。[99]

旅行文学里充斥着军队在新大陆被未知疾病折磨的故事。即使处于北部温带的新法兰西(即加拿大),未知的疾病也夺走了新来者的性命。一位上尉试图把队伍里生病的人藏起来,"我们的确非常担心这个国家的人知道我们的弱点",并加以利用。士兵饱受"膝盖肿痛、鼻窦炎、龋齿、牙龈溃烂和恶臭"等各种病痛折磨,上尉请教

---

① 根据洪堡的描述,这种昆虫会钻进皮肤,留下平行的发白沟纹,就像犁地后的一排排田垄,因此而得名。按他的描述和西班牙名字 aradore,这种昆虫可能是人疥螨(Sarcoptes scabiei),感谢蒋澈博士的查证。

向导,向导推荐说用某种树叶熬成的汁液可以治病,当地称这种树为 ameda(黄樟?)①。两名妇女被派去采了些树叶回来,向导给上尉演示怎么将树叶和树皮一起熬煮,每隔两天服用熬好的药汤,并用残渣包扎肿胀的腿部。士兵都拒绝服用来历不明的药物,直到有两个比较胆大的人喝了之后很快痊愈,其他人才敢喝。喝了这种汤药后五六天便可治愈,众人大为惊叹,"要知道,蒙彼利埃和鲁汶(Louvain)的所有医生……试过亚历山大港的所有药物",花了一年时间也没治好这些病症。[100] 这个故事的结局很圆满,但很多故事并非如此。

即使是条件优渥的精英科学家也面临重重困难,拉孔达米纳讲述了科学"殉道者"们的故事:18 世纪中叶,皇家科学院北极考察队派出去的 5 名队员,只有一名幸免于难;尼古拉斯 - 路易斯·德·拉卡耶(Nicolas - Louis de La Caille, 1713—1762)于好望角的旅途中丧命,成为一名"天文学殉道者";耶稣会士沙普·达奥特罗什(Abbé Chappe d'Auteroche, 1722—1769)是皇家科学院院士,1769 年死于加利福尼亚。拉孔达米纳也记录了 1735 年赤道探险队里死去的同伴:最强健、最年轻的队员之一库普莱(Couplet)在抵达基多时染上可恶的热病,三天后便去世了;外科医生塞涅尔盖(Seniergues)在厄瓜多尔的昆卡(Cuenca)死于混战;皮埃尔·布盖死于肝脓肿;路易斯·戈丹比布盖更年轻,幸存下来,但也只多活了两年;莫兰维尔(de Morainville)一直待在基多,从他设计的教堂里一个脚手架上坠落,摔死了;雨果(Hugo)在基多结了婚就再没有任何消息。约瑟夫·德·裕苏则和马利比昂(Malibbion)一样,疯了。拉孔达米纳自己则是耳朵聋了,下肢瘫痪,探险队大量的白人和有色人种仆人也死了,有两个还死于暴力。[101]

70

————————

①　原文如此。作者猜测是黄樟。

除了恶劣的气候和危险的路途,人为制造的障碍也给旅行带来了麻烦。为了搭船和获取通行证以通过那些不友好国家的领地,旅行者要等待漫长的几个月时间。拉孔达米纳在卡宴等了6个月才回到欧洲,为拿到低地国家到法国的通行证,又在荷兰海牙(Hague)等了两月。蒂里·德·梅农维尔也在哈瓦那等了6个月,才搭上船前往墨西哥的韦拉克鲁斯。

自然和人为造成的困难还妨碍了很多博物学家的珍宝抵达欧洲。1753年,阿当松在非洲丢失了他的植物,他哀怨地告诉读者,它们才是"这趟旅行最重要的目的所在"。他那些珍贵的植物插条和种子遗失在布雷斯特(Brest)到巴黎的途中。1777年,因沉船被围困的蒂里·德·梅农维尔痛失大批宝贵的植物,他原本是要将其派送到国王的植物园里。最可怕的更莫过于约瑟夫·德·裕苏的遭遇,他在基多和利马(Lima)为法国国王的植物园采集植物长达30年,回到法国后贫困潦倒、疾病缠身,生命的最后几年还失去了记忆。他采集的一箱箱植物标本,在干燥打包后准备运回法国,无奈全留在了异国港口,多年的努力除了几本回忆录外全部佚失。[102]

博物学家采集的标本往往难以完好无缺地被运回欧洲。采集
71　地通常离港口较远,采集的时间又不一定合适,加上保存不佳,难以经受漫长的海运折腾,而且因为商业利益还会掺入一些次品,各种原因导致大量标本在抵达欧洲后毫无用处。[103]例如,约翰·雷曾抱怨,斯隆得意洋洋带回英国的800种新植物标本都没有根,而植物的根部在他看来是植物分类的重要标准。

出于各种目的或单纯的憧憬,欧洲各国政府、贸易公司、科学机构派出大批博物学家前往加勒比地区。他们调查殖民地的自然资源,搜寻和驯化本土植物,以期能增加国家财富(或他们个人的财富)和国力,将植物引种到欧洲的土壤。如果气候对植物来说太恶劣、无法适应,则引种到某个热带殖民地的沃土里。在这一过程中,

对热带植物缺乏经验的欧洲人常常需要依赖本土居民的知识。欧洲人如何挖掘热带地区的自然秘密？他们如何煞费苦心地从本土知情者那里打探机密？欧洲人会从中筛选什么样的知识？他们离开后又留下了什么？

72

第二章　生物勘探

关于这些"药物"特性的知识，我们只能在非常偶然的情况下从野蛮的民族那里获取，医生们并不知晓这些知识。

——莫罗·德·莫佩尔蒂,1752

柏林－勃兰登堡科学院(Berlin－Brandenburg Akademie der Wissenschaften)主席皮埃尔－路易斯·莫罗·德·莫佩尔蒂(Pierre－Louis Moreau de Maupertuis)显然夸大其词，竟宣称欧洲发现的新药物或得自"偶然机会"，或得自被他们当作"野蛮人"的非欧洲人。18世纪的欧洲人如何鉴别新药？吐根树、药喇叭和秘鲁树皮(金鸡纳)等有效的新药物是如何来到伦敦的药店和巴黎的医院？

18世纪寻找有利可图的新药物过程和今天的生物勘探没什么两样。那时和现在一样，欧洲人不过是在巨大的利益驱使下寻找有效的药方。我们应该还记得，斯隆最初是将巧克力作为一种药物推销给英国，声称它对胃病和肺痨有疗效。70年后，斯隆的同胞爱德华·隆提醒读者说，移民到西印度群岛的男男女女并不是为了收集博物学知识，而是"明目张胆奔着钱去的"。隆继续补充说，大多数欧洲移民都不过是短暂驻留，他们对这些岛屿毫无兴趣，唯一让他们感兴趣的是从这里攫取财富而已。[1]

重商主义也极大地推动了欧洲人的新药物探索，因其不仅可以满足欧洲国家在医药上的自给自足，也抑制了白银大量外流，并最终创造有利的贸易顺差。法国医生和植物学家皮埃尔－亨利－伊波利特·博达尔(Pierre - Henri - Hippolyte Bodard, 1758—1874)谴责法国上层阶级对"奇珍异宝"趋之若鹜,加剧了每年流向其他国家的财政损失。据他估计,法国仅仅是购买藏红花就要流失 20 万里弗,购买新药秘鲁树皮的费用则高达 738 万里弗,其他异国产品如大黄、茶叶、可可和药喇叭等,也同样侵吞着欧洲的国库。在英国,医生们号召病人不要一味迷信"东印度群岛的药物,自家花园里采的药反而更好"。[2]

但很多时候,一些有效的药物(如秘鲁树皮)并不能在欧洲生长,只能想办法在殖民地栽培这些植物。尼古拉斯 - 路易斯·布儒瓦在圣多明各担任农业部长官长达 28 年,他在 18 世纪 80 年代呼吁使用本地药物治本地病。"(在安的列斯群岛)明明有这么多大家都信任的药物可用",他反问道:"为何偏要舍近求远去找国外的药?"他继续说道,圣多明各有"大量的"药草,只要仔细调查"就能从中找到有用的药物,疗效比代价高昂、远道而来的那些药更好"。殖民地的大量药物在进口到欧洲时,政府都会征收高额的关税,而且成功找到国外药物的本土替代植物还有其他好处。法国植物学家米歇尔 - 艾蒂安·德库尔蒂(Michel - Étienne Descourtilz, 1775—1835)1799 年抵达圣多明各时正值海地革命高潮,其他欧洲人被屠杀时他却幸免于难,因为他是为数不多懂得用本土疗法替代进口药物的人之一,而这种知识在医院的药房被付之一炬后显得尤为珍贵。[3]

然而,调查热带药物最迫切的动机是保障欧洲军队和种植园主在殖民地的生存。殖民地植物学是欧洲成功控制热带地区的关键所在,因为大量来自温带的探险者患病或死亡的人数惊人。布儒瓦提到,寻找新药物不仅仅是出于好奇,更是"为了治病,提供新援助"的迫切需要。欧洲人到了热带地区之后,遭遇了前所未闻的疾病,他们常用的药物在潮湿破败的船舱里,经过长途跋涉与颠簸之后,变成了无用的旧物,对新的疾病完全无效。布儒瓦抱怨说,"药剂师和医生从法国船长那里购买药物,但本草药物的疗效很难保持到一年,它们变得陈旧之后,有害而无一利"。他还抱怨说,在法国受到"严密"检测的药物到了殖民地不受任何监管,任何人都可以开个药店。[4]

本章试图探讨美洲印第安人、流动的阿拉瓦克人(Arawaks)、泰诺人和加勒比人的知识和实践——他们在加勒比腹地的各个地方之间传播大量的知识和植物,也会探讨非洲博物学家(包括男性和女性)将非洲植物及与其用途相关的知识带到西印度群岛的过程。这些博物学家大多数都默默无闻,我们只能从欧洲文本中偶得的只言片语去了解他们的故事。在整个18世纪的博物学研究中,几个世纪以来我们都面临着文献资源缺失的问题。这一问题在关于加勒比奴隶和美洲印第安人的研究中表现得尤为突出,因为他们从未留下任何文字去记载其文化、医药知识,或者他们对植物的广泛使用。我们几乎完全依靠欧洲博物学家留下的文本去了解这一切。

本章探讨的是美洲印第安人和非洲奴隶的医药实践,并继续探索欧洲博物学家在西印度群岛的野外探险,他们搜寻的不是经济作物就是药用植物。是欧洲人经过科学训练的双眼才让他们发现新药的吗?如本章开篇引文中莫佩尔蒂所言,在西印度群岛的欧洲人依赖非洲奴隶和美洲印第安博物学家提供的信息,才找到了后来那些著名的热带药物。这种依赖程度究竟有多深?欧洲博物学家从被欧洲人征服和奴役的人那里获取了大量知识,他们依靠这些知识才得以在热带生存,那他们又是如何处理这些知识的?

西印度群岛的药物勘探

在19世纪猖獗的种族主义爆发之前,许多欧洲人很重视美洲、非洲、印度和东印度群岛的本土知识。理查德·德雷顿（Richard Drayton）认为，18世纪的英国人已经意识到，不管是西印度群岛人、美洲印第安人、非洲移民，抑或非洲克里奥尔人和欧洲克里奥尔人，这些殖民地本土居民常常掌握着有价值的知识，而这种意识调和了种族主义倾向。在更早的几个世纪也是如此：哈罗德·库克（Harold Cook）讨论过17世纪牙买加的荷兰医生对本土医疗知识的重视；理查德·格罗夫（Richard Grove）的文章曾写道，东印度公司在马拉巴尔的行政长官里德·托特·德拉肯斯坦所著的《印度马拉巴尔花园》是一部"广博的本土知识著作"，在南亚植物学中"无出其右"者。可能有人会争辩说，博物学在16、17世纪发生了认识论转向，欧洲人不再那么依赖"古代智慧的结晶"，如迪奥斯科里季斯（Dioscorides）、普林尼（Pliny）和盖伦（Galen），在全球扩张中开始重视（或者说至少认可）本土居民的知识权威。欧洲的医生们不再将自己的使命局限于验证古代药物的有效性，或者单纯寻找本地的替代药物，而是将本土"知情人"提供的药物、染料和食物等信息作为经验调查的起点。[5]

欧洲人是如何为生物勘探远征做准备的？从欧洲启程前，渊博的博物学家们会翻遍欧洲的文献，寻找他们可能在探险途中遇到的植物信息，斯隆就是个典型例子。在启程去牙买加之前，他整理了在欧洲所能获取的关于东、西印度群岛热带植物的全部资料，以便在碰到新植物的时候能认出它们来。一抵达西印度群岛，斯隆就转向当地搜寻信息，"从书本和本地居民，不管是欧洲人、印第安人还是黑人"那里收集关于这个国家自然产物的"最有用信息"。玛丽亚·梅里安在苏里南也积累了大量本土信息，在记录一些特殊植物的医药用途时，她会在条目末尾处备注一句，"这是他们自己告诉我的"。[6]

在欧洲人寻求有用的食物和药物信息时，谁可以作为当地的信息提供者? 1492 年克里斯多夫·哥伦布抵达伊斯帕尼奥拉岛时,这个岛上居住着大约 100 万泰诺人和加勒比人,他们都是公元前 400 年以前从南美洲迁到此地的。他们将最重要的食用和药用植物种在园子里,泰诺人将这些园子称为 conucos。西班牙医生有时候特别喜欢跟这些远道而来的美洲印第安博物学家后裔保持密切的联系,如安东尼奥·德·维拉桑特(Antonio de Villasante,1477—1536)就从他的妻子那里了解伊斯帕尼奥拉岛本地植物的特性,而她原是泰诺酋长(本地称为 cacica),名叫卡塔利娜·德·阿亚西伯克斯(Catalina de Ayahibx),皈依了基督教。[7]

　　到了 16 世纪,加勒比地区的泰诺人和加勒比人因侵略和疾病大幅度减少。加勒比人将阿拉瓦克人赶出了小安的列斯群岛(Lesser Antilles),西班牙人则将这两个民族一同驱逐了。1666 年英法西三国和平协议则将剩下那些正在交战的加勒比人赶到了圣文森特和多米尼亚岛上。1687 年的一个报告发现,马提尼克岛上仅生活着 111 个加勒比人,而大一些的岛屿如牙买加和伊斯帕尼奥拉岛,基本上都居住着欧洲人和非洲人,剩下的美洲印第安人可能比马提尼克岛还要少。[8]尽管如此,欧洲医生还是想方设法从这些幸存者中挖掘信息。

　　18 世纪和早期一样,医药和植物学密不可分,植物学依然是欧洲医学训练中必不可少的内容。皇家医生让-巴蒂斯特-勒内·普佩-德波特从 1732 年到 1748 年去世前一直在圣多明各法兰西角,是定居加勒比地区的探险博物学家的典型例子。为了提高自己的医疗水平,他将本地的"加勒比草药"与巴黎慈善医院(Hôpital de la Charité)寄来的主流药方结合起来。普佩-德波特写道,因为最初到美洲的欧洲人常被一些闻所未闻的疾病折磨,在治疗中采用"被称作野蛮人的本地居民所用的天然药物"非常必要。这位常驻医生的《圣多明各疾病志》(Histoire des maladies de Saint Domingue)第三

插图 2.1　一棵番木瓜树下的"美洲安的列斯群岛原住民,被称为野蛮人"。让 - 巴蒂斯特·迪泰尔特没有进一步确认他们的身份,只是称他们为"野蛮人",地球上最满足、快乐、和平、诚实和健康的人。他们扁平的前额和鼻子对他们而言不是天生的缺陷,而是被当成一种美,母亲还常常故意让孩子长成这样的前额和鼻子。迪泰尔特补充说美洲人比欧洲人要愚昧,但更善良。请注意画中女人左手提着的防水篮子,那是在独木舟上用来存放食物的,多米尼加岛上的加勒比和阿拉瓦克人的混血后裔现在还会编这样的篮子。另外要注意的是男人左手拿的木头战棍,以及右手上的弓箭。

卷被他称为"美洲药典"，列出了详尽的加勒比疗法。为了确保治疗
方法有统一标准，欧洲一些主要城市在16世纪就开始出版官方的药
典（Pharmacopoeia）。普佩－德波特的这部药典是第一部记录美洲
印第安人疗法的著作，与当时通行的药典类似，他相互参考了拉丁
文、法语和加勒比方言等各种语言的植物名字。提供不同语言和文
化中植物的异名是欧洲普遍的医药实践做法，尤其是在前林奈时
代；但将美洲印第安人所用的植物名字系统地归纳还非常罕见（见
第五章）。[9]

插图2.2　一位加勒比妇女指着胭脂树，这种树的花能制备非常昂贵的红色染料。
查尔斯·德·罗什福尔曾报告说，加勒比人在他们的花园里栽种此树，把树根放
在肉和酱料中，会有鲜艳的橘黄色，并增添香味。这个时期的欧洲人急切地收集
关于植物的信息，关注加勒比本地的男人和女人如何利用植物。

比采用美洲印第安人的医疗方法显得更重要的是,普佩－德波特也呼吁欧洲人效仿加勒比原住民的生活方式。他写道,生活在圣多明各的欧洲人如果"像野蛮人一样简朴恬静地生活",就不会生病吃药。不过他所提倡的也就只适用于在殖民地服役的医生,因为大多数的欧洲人(当然他指的是男性,因为西印度群岛的欧洲殖民人口以男性为主)"不仅饮食过度,也饮酒过度,他们常常需要强效的疗法"。普佩－德波特在岛上的 16 年里,他一直都在采集和试验当地的药物,然后根据药用特征对植物进行分类。[10]

然而,美洲印第安人依然在减少,到 18 世纪 80 年代布儒瓦抱怨说,"(据西班牙年代记录者称)本地人里的绝大多数都没有纯正的印第安血统,而是混血后裔"。到了 90 年代,圣多明各一位记录革命的历史编撰者惋惜道,连"一个土著"都已经找不到了。[11]

18 世纪上半叶在种满甘蔗的诸岛上,非洲人并没有比欧洲人更像本地人,因为至少 80% 的奴隶都出生在非洲,但随着本土人口的下降,西印度群岛上的奴隶在医药方面显示出惊人的重要性。与欧洲人不同的是,非洲人了解热带疾病及其预防和治疗方法。例如,苏格兰雇佣兵约翰·斯特德曼(John Stedman,1744—1797)副官管理着一批奴隶,一位叫卡拉玛卡(Caramaca)的"黑人"老头就向他传授了在热带活下来的三个秘诀:(1)不要穿鞋子,要打光脚,让双脚变得结实,斯特德曼于是光着脚不停地在船上的甲板上走来走去;(2)脱下欧洲人笨重的军装,穿得越轻薄越好;(3)每天扎进河里洗两次澡。欧洲人对其中一些秘诀深表厌恶,尤其是最后那条,让不爱洗澡的人很头疼。斯特德曼与苏里南的非洲人联系紧密,但他和阿拉瓦克人和加勒比人只有少量的生意往来,而这两类人都被赶到了远离荷兰人定居点的大山深处去了。[12]

布儒瓦是在圣多明各长期定居、并认可奴隶医药的欧洲人之一。他将健康视为国家大事,称赞岛上有大量"了不起的疗法",并评价说黑人"几乎是唯一知道怎么使用这些药物的人"，他们比白人更精通这些医药知识。[13]

很难精确地知道远航的奴隶博物学家究竟给新大陆带去了多少本草知识，无家可归的非洲人在美洲热带地区肯定会找到熟悉的药用植物，通过与美洲印第安人的商业往来或者自己的反复尝试，他们也定会找到一些与家乡植物药性相似的本地植物（见结论）。布儒瓦确信非洲人之中有不少"医生"（médecins），"他们把自己国家的一些治疗方法带到了这里"，但他并没有细谈。[14]

布儒瓦对奴隶医生的技术也表示赞赏，他写道，"我亲眼看到黑人比我们更懂得身体保健……我们的殖民地有无数行医的黑人男女，不少白人对他们都充满信心。最毒的植物在一双巧手下也能制备成最有效的药物，所见的这一切让我惊讶不已"。最让布儒瓦惊讶的是，非洲人断然拒绝使用欧洲人最常用的两个治疗方法：放血和催吐，"如果换成是黑人自己，他们绝不会给病人放血或者使用灌肠剂"。[15]

欧洲白人对非洲博物学家的医术如此信任，以至于牙买加副总督亨利·摩根爵士（Sir Henry Morgan, c. 1635—1688）对斯隆的治疗不满意，转而求助于一位"黑人医生"。在 18 世纪晚期，牙买加人依然普遍找"黑人医生"治病，詹姆斯·奈特（James Knight）写道，"我认为黑人医生掌握的很多医药秘方不在我们的医生之下，毕竟他们同为人类，这些医术对他们有非常大的帮助"。[16]

甚至到了 1799 年海地革命的战乱期间，米歇尔-艾蒂安·德库尔蒂也从一位穆拉托妇女那里学到了不少治疗方法。到了 19 世纪也是如此，法国医生对圣多明各非裔妇女广博的医药知识大为赞赏。刚开始时那位妇女对德库尔蒂并不信任，什么都不告诉他，但最后他拿着自己绘制的阿蒂博尼特（Artibonite）峡谷植物去求她，"她非常喜欢那些画"，这才告诉他很多药方。德库尔蒂再不断去做测试，"修正"这些疗法，他写道，自己的努力"产生了非常圆满的结果"。他也是收集避孕药和催情药信息的几位博物学家之一，人们可能会怀疑他在这方面的大部分信息都来自这位妇女（见第三章和第四章）。[17]

当然，并非在加勒比地区的所有欧洲人都是这样的态度。法国皇家医生皮埃尔·巴雷尔（Pierre Barère，1690—1755）1722 至 1725 年在卡宴期间，一直在圭亚那沿海地带行医，他就不怎么相信美洲印第安人的医疗。他举了 24 位生活在那里的印第安人的例子，认为他们健康良好是因为谨慎饮食、经常洗澡和适度享乐。"换句话说"，他写道，"我们这里的印第安人完全没留心过怎么制备药物，他们知道的几种治疗方法也是从葡萄牙人和其他欧洲人那里学来的"。尽管如此，他还是记录了美洲印第安人用的几种植物名字及其药用价值。18 世纪晚期在苏里南附近工作的犹太医生大卫·科恩·纳西（David de Isaac Cohen Nassy，1747—1806）评价说，"黑人"靠他们的"草药和声称的疗法"对殖民地的健康问题发挥了较大的作用，但他认为"基督徒比犹太人更重视"这些医疗方法。类似地，斯隆对奴隶的医药也不怎么看好，尽管他在牙买加会特意采集非洲人告诉他的那些草药，他依然没觉得这些疗法有任何"合理或成功之处"。他写道，他们所知道的不过是从印第安人那里学的。[18]

奇怪的是，即使在大量欧洲人都很重视美洲印第安人和非洲博物学家的知识的时代，药物发现的传说故事体现出来的却是：知识沿着人类中心主义和欧洲中心主义观念下的存在之链传播。按拉孔达米纳的话说，知识是从动物（它们靠本能发现了疗法）传给美洲印第安人，再传给西班牙人，最后传给法国人。拉孔达米纳在今天的厄瓜多尔和秘鲁游历了很多地方，说古代神话故事讲的是南美洲的狮子发了高烧，咀嚼了金鸡纳树的树皮后便好转。印第安人看到这种树皮的神奇疗效后，也开始用这种树皮治疗疟疾和"四日热"

81　(quartan,反复发作的高烧)。然后西班牙人从印第安人那里学到了这种方法,而在启蒙时期自命为普遍知识守护者的法国人,最后从西班牙人那里习得此知识。[19]

　　18世纪的大量医药志都认为很多有效的疗法最初是野兽发现的。拉孔达米纳的同胞普佩－德波特进一步提供了两个类似的例子,分别发生在马提尼克岛和圣多明各。在第一个例子中,一种不起眼的草蛇发现了对蛇毒有奇效的解药,他写道,"在毒蛇成灾的马提尼克岛上住着甚为烦恼",这种蛇在被剧毒蛇袭击后学会了用某种草药,效果非常好,当地人便把这种植物称为蛇毒解药草(*herbe à serpent*)。在第二个例子中,美洲印第安博物学家看到野猪在受伤后会去用獠牙啃一种树皮,然后用树皮里的汁液摩擦伤口,从而发现了这种被称为"糖树"的植物有神奇疗效,这种树皮的汁液也因此被称为"野猪镇痛膏"。牙买加的爱德华·隆曾说"野兽是靠本能的植物学家",并以此推论到人类,在"未开化阶段"人类也拥有类似的本能,可以识别草药、汁液、药膏等可以保护自身的一些必要药物。伦敦的罗伯特·詹姆斯(Robert James)和莫佩尔蒂一样,蔑视欧洲在开发救命药时的无能。他写道,药物是被"野蛮人"或"疯子"发现的,前者靠着"人和野兽与生俱来的本能",而后者——他指的是炼金术士一次次在偶然之中"误打误撞"找到一些疗法。[20]

　　爱德华·隆对待本土疗法的态度表现出十足的种族主义者姿态。他也承认,黑人的方法在欧洲人都束手无策时常常有"奇效",但他不认为非洲人有任何创见。他鄙夷地说,"黑人"只是"碰巧"学会了用那些草药,他们就像猴子一样习得这些技能,而那不过是"造物主毫无偏见地赋予了所有动物保护自身的方法而已"。[21]

生物接触地带

　　学者们为欧洲人在征服新大陆时所取得的巨大胜利提出了多种解释，从欧洲人先进的枪炮、强壮的马匹、凶恶的军犬，到偶然和战略性的疾病扩散，如天花，甚至还有欧洲人高度发达的记录方式。爱玛·施帕里（Emma Spary）在法国博物学史研究中采用了拉图尔模型（Latourian model），巴黎皇家植物园的植物学家和园艺师如安德烈·图安（André Thouin，1746—1824），指挥和操控探险者，加速了新物种向欧洲城市中心的流动，以增进国家的实力和财富。如果想要成功驯化植物并为农业、医药和贵重商品贸易所用，向法国输送植物时还需要提供栽培、药效和用途等方面的精确信息。施帕里提出了一个基本假定：位居欧洲中心的植物学家们需要一套"有严格架构、恒定不变且普遍化的方法去描述和记录（植物）"，有用的植物通过这样的方式才能在欧洲的农业和园艺学框架内为人所知并被合理归类。[22]

　　然而，不管是来自巴黎皇家植物园、阿姆斯特丹药用植物园，还是后来的伦敦邱园的博物学家，都难以掌控"接触地带"（contact zone）的一切并将其标准化，欧洲人在那里与形形色色的信息提供者交涉，尤其是那些具备医药和博物学专业知识的人。玛丽·普拉特（Mary Louise Pratt）将这种"殖民遭遇空间"定义为"原本在地理和历史上隔离的人相遇的空间，并在此建立持续的相互关系，通常会涉及压迫、种族不平等以及难以调和的冲突"。[23]在此，我将该概念具体化为"生物接触地带"（biocontact zones），以探讨欧洲人、美洲印第安人和非洲人这几类博物学家的互动，并突出该语境下植物以及它们在各种文化中用途信息的交换和传播。

82

当然,如通常理解的那样,接触地带的提法也并不那么完美。将欧洲人和非欧洲人的接触空间隔离出来,作为主要的分析场域,过于僵化地将非欧洲人设定为"他者",这种做法有些欠妥。而且,他们的接触其实并没有限制在某个特定空间,欧洲人在旅途中任一个地方都有很多机会接触非欧洲人,而且就算在欧洲,不同阶级和职业的人亦会有各种相遇的情况。例如,饥饿的年轻人在港口城市为了寻求庇护,结果被诱拐,成为贸易公司轮船上的水手,这种情况下的相遇必然发生过。爱德华·隆把拐骗者称为"人贩子"(man-traders),卡尔·通贝里称他们为"人口盗窃犯"(man‑stealers)。而在国外,欧洲人和欧洲人相遇时的矛盾冲突可能比他们与非欧洲人之间还糟糕。例如,梅里安在苏里南就与荷兰种植园主发生了不愉快,"他们都嘲笑我",她写道,"因为我感兴趣的是其他东西,而不是蔗糖"。她还批评这些种植园主除了甘蔗什么都种不好,他们还虐待美洲印第安人。[24]

在此我将聚焦于西印度群岛的生物接触地带(尽管我作了以上说明),审视欧洲人引诱本土的信息提供者获取有用植物的信息所采取的策略,以及他们反过来如何被自己试图操控的人所制约。众所周知,在欧洲内部,博物学家们精心策划了复杂的资助体系,在不同程度上成功形成了互惠互利又相互制约的模式。而在野外的欧洲人常常发现,他们越利用和控制信息提供者,这些人就越不愿意合作。[25]我们将会看到,在这些跨文化地带,植物学的交流常常遇到各种困难。

在生物接触地带,知识冲突中的"噪声"常常震耳欲聋,最刺耳的可能来自语言的不和谐。欧洲人往往只是隔靴搔痒,仅能获取一点本地人关于植物和医疗的皮毛知识,因为他们通常不能或者不愿意说本地语言。爱德华·班克罗夫特(Edward Bancroft, 1745—1821)是马萨诸塞州一位私掠船船长,曾在美国革命战争期间扮演双面间谍,传送用隐形墨水写的密文。18 世纪 60 年代,还年轻的他在圭亚那工作,他惋惜地感叹,自己"对印第安人的语言几乎一无所知",这对"获取关于各种动植物的特性和效用的信息"非常重要,"那些知识都是本地人经过长期经验积累下来的"。尽管他努力靠翻译去克服语言上的困难,但他认为在很大程度上都"无济于事"。[26]

　　拉孔达米纳、普佩 - 德波特和洪堡都对本土方言非常感兴趣。拉孔达米纳会说他所谓的"秘鲁语",他甚至还有一本 1614 年的盖丘亚语(Quechua)词典,用来研究词源学,如金鸡纳树皮(quinquina)或者奎宁(quinine)的词源。在 16 世纪晚期,已经有多种南美洲的语言词典问世,如塔拉斯卡语(Tarasco)、盖丘亚语、纳瓦特尔语(Nahuatl)和萨巴特克语(Zapoteco),主要由西班牙耶稣会士编写。这些词典是给"为了商业、开垦土地和寻找灵魂而前来这些地区远游的人"而编写的,常常很厚。拉孔达米纳对照古代秘鲁人的语言,发现他那时(18 世纪三四十年代)的秘鲁语已经"大量混杂"着西班牙语了。除了博物学家的身份,拉孔达米纳还是一位数学家,在他看来,南美洲的各种语言甚为粗陋,"很多词语充满活力,也有典雅之气,但这些语言都缺乏抽象和普遍思想的表达词汇,例如时间、空间、实体、物质、物质性……不仅是形而上学,连道德方面的词汇也完全没有"。不过,估计有人会怀疑拉孔达米纳是否具备足够的知识做出这样的评价。洪堡曾在今天的委内瑞拉和哥伦比亚到处探险,编撰了查伊马斯语(Chaymas)词典,里面只有 140 个单词,包括发烧、吊床、男孩、女孩、新郎、火、太阳、月亮等,以及"他喜欢杀戮"或"我的小屋里有蜂蜜"这样的短语。[27]

　　洪堡非常清楚地意识到,在优先使用一种语言而不说另一种语言时,会带来交流困难,也会隐含着权力关系在里面。他称赞了美洲印第安人学习新语言的能力,尤其是西班牙语,并评论说,因为卡

84

西基亚雷人（Casiquiare）、瓜伊博人（Guahibo）、波伊格纳夫人（Poignave）和其他人在布道时都听不懂彼此的语言，他们不得不都开始说西班牙语，于是西班牙语不仅成为传教语言，也体现着统治权。洪堡很佩服耶稣会士试图将盖丘亚语变成南美洲的通用语言，他知道大多数美洲印第安人都不懂具体的盖丘亚语词汇，但他猜想他们可能了解其语法和结构。他认为这个建议至少比墨西哥某个省议事厅的做法明智得多，因为后者居然想让所有的美洲本土人都用拉丁语交流。[28]

在西印度群岛，语言问题不只存在于文化迥异的群体之间。让-巴蒂斯特·勒布隆在去圣多明各的旅途中偶遇一位 30 岁的英国医生叫约翰斯顿（Johnston），他一句法语都不会说，而勒布隆又一句英语都不会。"我本想跟他用拉丁语交流"，勒布隆写道，"但我们都听不懂对方在说什么，因为发音不一样"。从此之后，他们便把拉丁语写在纸上进行沟通，才能完全理解对方的意思。勒布隆和约翰斯顿在一起待了两年，帮他经营医院和药店，并学习岛上的本土医药知识。[29]

加勒比地区的本地人是活跃的语言学家，有时候会解除跨文化交流的障碍。例如，加勒比人创造了一套"行话"，同时混杂着"西班牙语、法语和加勒比本地语言"，用来和圣多明各说法语的人交流。[30]苏里南的非洲奴隶也创造了一种语言作为他们通行的交流用语，被称为"黑人英语"，主要来自英语，但还混杂着荷兰语、法语、西班牙语和葡萄牙语。

加勒比地区的混血后裔作为接触地带的生物学新个体，也促进了两种不同文化之间的交流。18 世纪 60 年代在圭亚那执业的医生皮埃尔·康佩（Pierre Campet），急切地想收集美洲印第安人关于破伤风的知识。在整个加勒比地区，初生的非洲婴儿都容易感染此病，破坏了欧洲人壮大克里奥尔奴隶人口的美梦。康佩 1767 年的

"破伤风专论"(Traité du tétanos)详述了他治疗的 25 个破伤风病例。这些病例基本都来自法国人的奴隶,而"印第安人"的新生儿从来不会染上该病,关于这点他向印第安男人和女人都确认过。他怀疑他们的秘诀是涂在脐带上厚厚的药膏,于是找到了"一对印第安夫妇"想跟他们请教,但他听不懂对方的语言。在一群刚从内陆来的美洲印第安人中,他总算找到一位"穆拉托"可以帮忙翻译,这个人的母语毫无疑问是克里奥尔语和印第安语的混合体,而他父亲这边的语言可能是法语。[31] 在这个例子中,早期的征服行动以及殖民地混杂的文化,让康佩得以解决医药上的疑惑。

86

插图 2.3 加勒比地区典型的欧洲防御工事(chasteau),这个是在圣克里斯多夫岛(Saint Christopher,即 Saint Kitts,圣基茨岛)上。这个岛当时被菲利普·德·庞西(Philippe de Lonvilliers de Poincy, 1584—1660)总督占领,他在 1647—1660 年间掌管法属殖民地安的列斯群岛,本书的主角植物金凤花(Poinciana pulcherrima)就是以他的名字命名的。城堡后面是厨房和游乐园,现在其残存的遗址还可以看出这些布局。在围墙内靠左的地方有一个小礼拜堂,围墙外的塔楼里(左下角)是军械库,请注意要塞围墙外奴隶住的小屋(画面的右边)。德·庞西在其各种植园里养着 600 个(有时更多)奴隶。

　　但交流困难并非仅仅源自知识的匮乏，查尔斯·德·罗什福尔1658 年将语言问题置于战争和侵略的背景中，"一些法国人发现"，他写道，"加勒比人讨厌英语；而且是相当厌恶，以至于有些人连听都不想听到，因为他们把英国人当敌人"。他注意到，加勒比人其实把大量西班牙语融入自己的语言中，但这种情况只发生在两国关系比较友好的时候。德·罗什福尔还发现加勒比人刻意拒绝教欧洲人学自己的语言，"因为害怕他们自己的战争机密可能会被发现"，[32] 植物学知识的交流估计也遭遇了类似的阻碍。

　　生物接触地带的"噪音"还来自欧洲人顽固不化的理论框架，让他们难以接受截然不同的新知识。医学史家指出，以盖伦的疾病和药物分类为主要解释框架时，欧洲人更容易理解新大陆的药用植物。只有将药物置于体液理论的语境中，了解它们对体质冷热变化的影响，欧洲人对从加勒比、泰诺、阿拉瓦克或非洲移植来的草药的认知才变得有意义。如此一来，欧洲博物学家更倾向于采集标本及其相关的具体事实，而不是世界观、惯用模式，或理解世界、对自然排序的方法。他们将标本存在收藏柜里，展示在博物馆的玻璃橱窗里，种在植物园或放在标本馆里。他们采集了大量的自然珍宝，但只把"剥离了背景故事"的标本送到欧洲，用林奈或裕苏的分类方法进行归类，从而再次印证了那句话，"旅行者们从没离开过故土，只是带着他们对这个世界的认知和解释工具，扩展了自己原本的世界"。[33]

　　欧洲人在牙买加遇到奥比巫术和在圣多明各遇到伏都教①时，这种冲突尤为明显。欧洲人对自己的经验方法越来越引以为傲，常

---

　　① 奥比巫术（Obeah）是白人对西印度群岛西非奴隶中发展起来的修行和医疗实践的称谓，没有确切的定义，本土人也并不这么自称。伏都教（Voodoo），又被译为巫毒教，源于非洲西部的原始宗教，崇拜祖先，相信万物有灵和通灵术。

常忽视、嘲笑、奚落奴隶医药实践中突显的仪式和灵修内容。奥比
巫术和伏都教都将各种草药与某种灵魂出窍或神灵附体的修行混
在一起,不仅用以治疗身体疾病,也用以解决社会问题。[34]欧洲人的
记载很负面,历史学家试图理解这类主题时倍觉沮丧,因为无法获
取18世纪西印度群岛上这类实践的直接证据。

可以保守地认为,英国医生并不了解奥比巫术。在爱丁堡接受
教育的牙买加居民詹姆斯·汤姆森认为,很多奴隶之所以生病是因
为奥比巫师昂贵的“符咒”和不可理喻的“成见”。他写道,“一个医
生”很难在奥比巫术造成的混乱中去治愈病人。与其去理解这些
操作中“医药和巫术的密切联系”,汤姆森宁愿“靠理性去摧毁奥
比巫术对病人的操控”,但他往往以失败告终。他得出结论,“幻
想基督教可以摧毁奥比巫术的影响力实在是个错误”。[35]甚至像
查尔斯·斯普纳(Charles Spooner)这样的医生,尽管他认可奥比巫
师的技能,还用他们的方法“非常成功”地医治了病人,但他也不
愿去探究他们所用的草药,而且拒绝在行医中采纳奥比巫术的神
灵仪式。

18世纪晚期牙买加的总医官本杰明·莫斯利留下了一段详尽
的文字,描述了“奥比科学”(science of Obi)中利用头发、牙齿、鸟类
心脏和老鼠肝脏等物治病的方法,他相信“黑人国度”的移民会将各
种思想综合在一起,奥比巫术和赌博就是这样的例子。尽管他认为
奥比巫术无异于江湖庸医的把戏,但令他困惑的是它似乎有无法推
翻的魔力。如果一个奴隶“鬼迷心窍”,他/她必死无疑,欧洲药物对
奥比符咒无能为力,殖民法案也无力制止其存在。按莫斯利的说
法,非洲男人是世界上一流的奥比巫师,“甚至可以操控罗杰·培根
(Roger Bacon,约1214—1293),让托马斯·阿奎那(Thomas Aqui-

nas，1225—1274)①都害怕"，用"久病缠身"去折磨人类或野兽，比善用毒箭的美洲印第安人可怕得多。莫斯利还补充说明道，奥比男巫比女巫的巫术更高明：男巫处理生死问题，女巫只能解决情感问题，仅仅是折磨见异思迁或好猜忌的情人。[36]

到了18世纪末，牙买加当局对奥比巫术的态度变得强硬，试图将其取缔。1760年，立法机构通过了法案，将"奥比巫术或魔法"定为重罪行为；1789年，立法机构进一步规定，任何奴隶"装模作样"有任何超自然能力，"企图影响他人生活或健康，或者有任何谋反阴谋者，将被执行死罪"，[37]其他诸岛在19世纪上半叶也随之推行类似的法案。尽管欧洲人自认为在医术上更高明，但不得不说他们当时的主要疗法如放血、灌肠、催吐、发疱、发汗等，常常有害无益。

在生物接触地带除了语言、概念体系和医学上的难题，欧洲人、美洲印第安人和奴隶还有各自的经济利益和文化目标，这也进一步阻碍了跨文化交流。洪堡抱怨他的印第安人向导只关心可以造船的树木，毫不关心树叶、花朵和果实。对此，他怒不可遏，"简直就像植物学家老古董，否定一切他们懒得去观察的东西，对我们的问题很不耐烦，也耗尽了我们的耐心"。[38]

欧洲人与美洲印第安人或非洲奴隶的接触不仅仅涉及平等问题，双方在交流中都夸大其词，充满敌意和冲突。洪堡嘲弄跟自己说西班牙语的"印第安人"向导，说他夸大水蛇和老虎的危险，"跟本地人一起晚上行走时，总会有这样的对话"，洪堡写道，"印第安人以为吓唬欧洲旅行者就能显出他们自己更有存在价值，并获取陌生人的信任"。拉孔达米纳早些年曾提出，欧洲人把新大陆医疗最令人惊讶的特点归结于"因为无知和偏见，严重夸大其词"。[39]

---

① 培根是中世纪英国哲学家和方济各会修士，强调用经验方法探究自然；阿奎那是中世纪经院哲学家，多明我会修士和神学家。

即使在条件非常理想的情况下,要了解新大陆植物的药性特征依然是个艰巨的任务,令人大伤脑筋。拉孔达米纳在基多某个精疲力竭的时刻写道,要穷尽亚马孙盆地的所有植物需要"最有毅力的植物学家……和绘图员……不折不挠奔波多年。我这里说的还仅仅是简单描述所有的植物,将它们分类到纲、属、种而已,如果还要了解本地人如何使用这些植物的特性,那任务之艰巨,只会令人却步,虽然这的确是探究亚马孙大自然最有意思的部分"。[40]

但事实上,生物接触地带的条件很糟糕。洪堡将美洲印第安人的夸大其词归于"在所有地方富裕和文明程度不同的人之间都会发生的欺骗行为"。18 世纪 90 年代,殖民统治的暴政激发了圣文森特岛的加勒比人叛乱,以及圣多明各和其他地方的奴隶起义。因为担心种植园主受到毒害,18 世纪 30 年代英国殖民地禁止了奴隶的医药,法国殖民地则是 60 年代禁止的。甚至早在 17 世纪 80 年代,斯隆就曾警告在诸岛上采集植物的危险性,"逃亡的黑人会埋伏起来,一旦白人靠近就杀掉他们"。[41]

秘密与垄断

欧洲人常常对美洲印第安人和奴隶的医药感到好奇,也急于想了解;但本地人和奴隶们却没有那么想把这些知识透露给新主人,严守着这些神奇疗法的秘诀。对此,圣多明各医生布儒瓦的评价颇有代表性,尽管"黑人能成功治疗他们自己的大量疾病……但大多数人,尤其是技艺高超的那些人,都对他们的疗法严格保密"。荷兰医生菲利普·费尔曼(Philippe Fermin, 1720—1790)也持有同样的观点,"苏里南的男女黑人都知道植物的药性,了解治疗方法,以此让欧洲医生们感到惭愧……但是",他接着说,"我从来没能说服他们指导我"。[42]圣克里斯托夫岛上的詹姆斯·格兰杰（James Grainger，约1721—1766）发现一位"被放逐的黑人"用本地疗法治好了一位麻风病人，但他没"找出他的治疗秘诀"。[43]

向殖民侵略者保守秘密在世界各地都有发生。尼古拉斯·莫纳德斯（Nicolás Monardes，1493—1588）的《新大陆的新鲜事》（*Joyfull Newes Out of the Newe Founde Worlde*，1577）颇有影响力，他在书中讲了一个故事：一群在秘鲁巡逻的西班牙士兵对牛黄很好奇，牛黄就是牛的胆囊结石，在欧洲它经常被用来解毒，治疗蝎螫伤、虫咬、忧郁症和瘟疫。士兵们就询问"某些印第安人"，让他们提供这样的石头，但印第安人拒绝透露任何消息，因为他们把西班牙人当成敌人。过了一会儿，一个12岁的印第安男孩觉得士兵们是真心想了解这些石头，就告诉他们石头是从"野兽胃里"来的，结果他的印第安同胞们立即杀了这个男孩，因为他"泄露了秘密"。一个世纪之后，情况也没改变多少，智利的耶稣会士阿朗索·德·奥瓦列（Alonso de Ovalle，1603—1651）写道，"这里有大量疗效很好的药用植物，但只有叫马奇斯（Machis）的印第安人认识，他们……是医生。他们隐瞒这些植物的秘密，尤其不想让西班牙人知道。如果他们愿意跟西班牙人透露一两种植物的知识，毫无疑问他们已经成为朋友了"。在18世纪的秘鲁，拉孔达米纳曾批评"这些白痴"（他指的是印加人）在差不多140年里都拒绝向西班牙人透露金鸡纳的秘密（另一说是200多年）。[44]

90

西印度群岛的博物学家们想方设法地从不情不愿的本地人那里套消息。布儒瓦在圣多明各试图与奴隶做朋友以博取信任，失败之后又想用钱收买，"让他们透露自己知道的所有细节"，但还是以失败告终。苏里南的菲利普·费尔曼急切地希望将殖民地从成本高昂的国外药物和奴隶居心叵测的渎职中拯救出来，试图向"黑奴"学习他们的植物知识，"但这些人生怕泄露自己的知识，不管我怎么做",他写道,"给钱也好,好心好意对待他们也罢,都无济于事"。[45]

西印度群岛的欧洲人在跟其他欧洲人打交道时也常常要心眼。蒂里·德·梅农维尔一边奉承西班牙人,一边不择手段地窃取他们的秘密。刚登陆古巴时,他就让人家知道自己是植物学家,来这里采草药。听到此消息后,该国的人便问他,法国人自己的祖国没有植物吗?蒂里·德·梅农维尔答道,法国及其殖民地倒不是没有,但为了迎合"西班牙人的虚荣心",他补充道,"哈瓦那的草药以其优良的品质声名远扬"。欧洲人还威胁和强迫不配合的知情者,斯隆曾讲述过欧洲人是如何获得黑魔盘(contra yerva)①的秘密的,据说那是有效解箭毒的良药。这个故事是一位叫斯莫尔伍德(Small-wood)的英国医生告诉他的,这位医生在危地马拉为了躲避西班牙人时中了美洲印第安人的毒箭而受伤。情急之下他抓住一位印第安人,绑在柱子上,威胁他说如果不透露解药的秘密,就用毒箭对付他。这位不知道姓名的印第安人为了活命,就把黑魔盘嚼烂了敷在医生的伤口上,很快就治好了他的箭伤。[46]

18世纪企图收买、乞求和窃取医药秘密最恶名昭彰的例子,发生在英属殖民地印度,那里的欧洲医生常常雇用"黑人医生"采集草药。70年代在印度行医的英国医生爱德华·艾维斯(Edward Ives)对"一位贫困的葡萄牙寡妇"很感兴趣,因为她能够治疗连艾维斯都束手无策的性病。艾维斯就指使东印度公司的外科医生,花"大价钱"去收买这个秘方,但这位妇女拒绝了,说这个秘方可以保障她家现在和后代的经济来源。收买无果后,艾维斯又指使医生监视她的

---

① 在西班牙语里有"以毒攻毒"的意味,之所以有这个名字,据传是因为南美印第安人用制备箭毒的植物和解该毒的植物是同一种。通常会连起来写成 contrayerva,指的是美洲热带几种桑科琉桑属(*Dorstenia*)植物的根茎。

91　"一举一动"，在持续一段时间的跟踪之后，他们总算发现她采了一种被称为"奶树篱"（milky hedge）①的肉质灌木。艾维斯猜想，她一定是用这种灌木的汁液治病，才产生了这么神奇的疗效。[47]

　　并非只有被殖民征服的这些人才会奋力保守自己的秘密，不让敌人或竞争者知道，欧洲人当然也有不少自己的秘密。历史学家威廉·埃蒙（William Eamon）探讨过中世纪和现代早期文本，据说可以揭示"自然的奥秘"，这些文本里可能隐藏着秘传的技术以及自然的神秘力量。这些书中有不少透露了技艺的方法、配方和相关的"实验"，例如用水冷淬火让铁和钢变硬的方法、染料和颜料混合的配方、烹饪方法以及珠宝商和锡匠实际应用的炼金术等。[48]

　　更为常见的是，整个欧洲都存在各种商业机密，人们严守有利可图的知识秘密。在医疗领域，医生和药剂师都会严守药方秘密，以保护自己的医疗方法，直到可以卖个好价钱才会公开。一个有名的例子是埃塞克斯郡的罗伯特·塔尔博（Robert Talbor，1639—1680），他靠治愈热病的各种"神奇秘方"名利双收，他那本《英国疗法》（remède de l'Anglais）不仅让他在英国封爵，还让他从路易十四那里获得 2000 里弗的年薪，足以像富有的贵族那样生活。[49]

　　现代早期较大的贸易公司小心翼翼地维护自己的垄断地位从而保护自己的投资。跟随荷兰东印度公司远航的卡尔·通贝里描述了该公司在这个时期对香料和鸦片贸易的垄断，"任何人只要被抓到走私"，他警告说，"通常都会丢了性命，或者至少会被红热的烙铁打上烙印，在监狱里过完余生"。虽然不少博物学家会搭贸易公司的顺风船，但荷兰东、西印度公司都会警告他们不要在出版论著的时候泄漏公司的机密。法国公司则阻止英国人去买米歇尔·阿当松关于塞内加尔博物学的论文，在 1758 年英国人接管了西非口岸

---

　　①　金刚纂（*Euphorbia neriifolia*），原产印度，为大戟科肉质灌木，有丰富的乳汁。

圣路易斯后,法国人几乎没有发表过关于塞内加尔的学术论文。亚当·斯密曾指出贸易公司的垄断行为无异于"贸易或产品机密",历史学家弗朗西斯科·格拉(Francisco Guerra)认为,"医学一直都是人类的遗产,但纵观历史,药物贸易从来都是经济垄断的产品",而且是暴利产品。当然,今天的公司依然会保守自己的秘密。美国各大药物公司依靠专利,每开发一种新药平均可以收回 802 万美元的成本。[50]17、18 世纪和今天一样,个人和合资企业都会因为商业交易和追求利润而取缔新兴的免费科学交流活动。 92

国内的药物勘探

从 17 世纪晚期开始到整个 18 世纪,欧洲的学院派医生们都一直在自己的国家进行药物勘探,采用的方法与他们的殖民地同行相差无几。来自瑞典的林奈评论道,"我们必须得感谢老百姓,他们才知晓大多数特效药物的秘密"。在英国,约瑟夫·班克斯在 18 世纪 50 年代就开始对植物学感兴趣,少年班克斯会观察采"草药"的妇女,她们把草药卖给药商。在西印度群岛的情形极为相似,欧洲医生对乡下的村民连哄带骗,就为了了解本土的一些治疗秘方。他们有时靠嘴,有时靠钱包,去套取那些传说中神秘而灵验的配方。跟殖民地医生一样,国内的医生们开始研究民族植物学原理的一些线索,有时候会发表他们的发现,托马斯·西德纳姆(Thomas Sydenham, 1624—1689)为医生的新实践讲了一个通俗的道理:任何"好公民",他写道,如果掌握治疗秘方,就应该义不容辞地"告知全世界,这对他的族群来说是一大福祉"。医学实验是为了大众谋福利,而不仅仅是为了填满医生的钱包,他继续道,"对善良的人来说,名利远不如美德和智慧重要",估计并非所有人都会认同他的说辞。[51]

　　和在殖民地一样，国内大量的生物勘探也是国家资助的。17 世纪 70 年代有一种"非常不错的药方"，即人们熟知的"止血剂"，就是以这种常见的方式引入欧洲的。一位身份不明的"怪人"在巴黎旅行时，听说了一位叫丹尼斯（Denis）的医生有"止血剂"秘方，"无需包扎伤口"也可以神奇地将血止住。用了这种止血剂后，不但可以马上止血，伤口治愈后也"不会留下任何伤疤或化脓"。之后，医生就开始在人身上"做实验"，为了"实验目的"切开动脉或划破脸、手，实验证明这种止血剂对人和对狗一样管用。[52]

　　在法国试验成功后，这种止血药被送到英国军士兼医生理查德·怀斯曼（Richard Wiseman，1672—1676）那里。怀斯曼不失时机，赶紧用了这种神奇的药物：刚好他有一位病人因做完手术后流血不止又被送回来了，在马车上"鲜血湿透了整个床单"。责任血管①位于颈部很深的地方，很难触及，怀斯曼"用两个棉球蘸上这种止血剂，涂到冒血的两个伤口处"，立刻就成功止血了，也不需要一大堆绷带缠在脖子上了。怀斯曼在同一天又将该药拿去给一位做了乳房切除手术的年轻妇女止血，也再次成功，"血止住了，动脉的伤口也闭合起来"。

　　这些成功的尝试让丹尼斯医生受邀到伦敦，在皇家学会一个会议上用一只狗和两头牛犊演示了这种药物。于是，国王买下了这个药方，并在自己的实验室配制了"大量"药品。英国配出来的药品也很管用，成功为三头牛犊腿上的伤口止血，"得到了所有围观者的啧啧赞叹"。圣托马斯医院（Saint Thomas's Hospital）还做了更多的实验：有两个大腿截肢的病人——一位妇女和一个水手，医院没有像往常那样在断腿上实施痛得撕心裂肺的烧灼术，而是用了法国人的止血剂，让病人"远离疼痛"。国王派去观看手术的内外科医生都可

①　压迫神经产生疼痛的血管被称为"责任血管"。

以作证，他们的报告声称，"所有人都承认"，病人在手术后"看上去再好不过了，气色很红润"。

就在那一年，这种药被冠名"皇家止血剂"，准备用作战时之需。在与荷兰人的几次小冲突中，外科医生在战场上使用这种止血药给奥弗里伯爵（Earl of Offory）、爱德华·斯普拉格爵士（Sir Edward Spargg）、约翰·贝里爵士（Sir John Berry）和其他人疗伤，"取得了极大成功"。[53]

江湖庸医和合法医者在金钱利益面前相差无几。斯隆在这方面可谓如鱼得水，他一方面保障医药秘密带给自己的金钱利益，另一方面大谈为了"人类福祉"制备有效疗法供公众使用的道义。晚年时他出版了《最灵验的眼病药物之论》（*An Account of a Most Effacacious Medicine for Soreness... of the Eyes*）一书，讲的是他早年购买的秘方，这个 54 页的小册子售价 6 便士。和他早期在牙买加一样，斯隆在英国也总是非常留意"真正的治疗方法"，以及可能找到这些疗法的地方。身处英国医疗帝国的中心，斯隆经常会收到世界各地主动提供给他的"药方"；他也会积极寻找其他的药方，卢克·鲁奇利（Luke Rugeley）的眼炎药方就是这样的例子。为了避免和鲁奇利直接打交道，斯隆试图从"一位非常有洞察力的药剂师"那里获取治疗眼病的秘方，这位药剂师认识斯隆也认识鲁奇利，但他并不知道该秘密，自然也不会把秘密传出去。在鲁奇利去世后，斯隆设法获得了他所有的书和手稿，包括他的《药物志》（*meteria medica*），但依然"一场空"。最后，"某个"帮鲁奇利配药的人将眼药膏的秘方卖给了斯隆，条件是在这个无名人士去世前不得把药方泄露出去，因为他（她？）还在靠这个药方赚钱。这个药方含有氧化锌、青金石、赤铁矿、芦荟、"加工过的珍珠"，用毒蛇油脂或其他油脂混合在一起。看了这个配方后，斯隆意识到这个药方最初应该是来自医师学院的马修·利斯特（Matthew Lister），他推测应该是利斯特告诉了鲁奇利的

94

父亲托马斯·鲁奇利(Thomas Rugeley)医生。[54]

斯隆的小册子延续了当时的标准模式,内容包括配方、他自己的实验和经验、其他医生的发现、药膏起效的证据(来自遥远的东印度群岛的证据都有),以及它在治疗中的用法等。而且,他和其他人一样(现在常常依然如此),可能过度宣扬了药物的成功疗效——对失败的例子只略微带过(见第四章)——斯隆的药膏如此神奇,500个病例中,居然治愈了500例!他警告病人要谨慎应对用药后的状况,其中一个状况是"耳朵后面的脖子上会出血和起疱,(通过这种疗法)可以把眼睛里的液体吸出来"。[55]

1745年,斯隆觉得像他这样有地位的医生有必要解释下,为何对一个有效的药方保密多年。于是,他把了解的一些事项公之于众,辩解说自己不该被谴责向公众隐瞒了宝贵的信息,因为就这事来说,当初他为了拿到这个药方曾被迫发誓保守秘密,"像宗教信仰般保密至今"。他也不该被指责"把行医搞得神神秘秘",因为他与其他"德高望重"的医生不同,他并没有刻意"隐瞒"或"垄断"真正有用的药物。[56]斯隆的致歉清楚地表明,直到18世纪中叶,对医生而言,考虑公众福祉已渐渐变得比保守医疗秘密更重要了。

95   国内的医生为了寻求有效的治疗方法常常会广撒网,出版了各种指南,以鼓励在欧洲内外的旅行者们要向各地的男女老少们问询和学习,政治家、学者、艺术家、手艺人、船员、商人、农民和"接生婆"全都不可错过。在16、17世纪,妇女依然是被公认的医者,医药是上层女士们的常规学习内容。例如,英国人托马斯·摩尔(Thomas More,1478—1535)的女儿们接受的教育包括宗教、古典文学、实用医药等,如制备蒸馏水和其他化学提取方法,以及矿物、草药、植物、花卉的使用。关于家政的图书和日记都显示,妇女掌管了大部分的家庭医疗事务,如包扎伤口、管理医药、从花园采集草药并归类、参与接生等,有几位妇女还写书介绍常用的家庭药方。下层阶级的妇女则常常扮演未经许可的医者,处理各种病症。据外科医生托马斯·盖尔(Thomas Gale, 1507—1586)估计,1560 年伦敦总共有 60 名活跃的女医生,当时伦敦人口是 7 万。在 1550—1640 年间,被伦敦医师学院起诉的 714 名无行医资格的医者中,妇女超过 15%。这些妇女对男女病人一视同仁,她们也常常像下文会讨论的乔安娜·史蒂芬斯(Joanna Stephens)一样,尤为精通某种治疗方法。女性行医者通常会从药店买药,与卖草药给药店的采药妇女截然不同。[57]

18 世纪的女性在医学和科学中的角色摇摆不定,现代早期欧洲较为自由的科学氛围让女性成为助产士和医生,从事各种科学,如天文学和物理。在 18 世纪的医学发展中,女性医者依然没有机会上大学,而大学教育越来越成为进入医学和科学领域的基本条件。尽管如此,医生们很希望能收集那些女性所掌握的知识,包括她们的传统治疗方法。16 世纪在维也纳和莱顿行医的卡罗勒斯·克卢修斯(Carolus Clusius, 1526—1609)称赞乡村采药妇女①为他提供植物的药效信息和本地名称。17 世纪伦敦很受欢迎的内科医生托马斯·西德纳姆宣称,"我认识科芬园(Covent Garden)的一位老妇,比[任何专家]都还精通植物学"。[58]

向采药妇女、老妇或者尤为成功的女性医者收集信息的过程其实跟海外的生物勘探非常相似,主要的策略是花钱购买,通常是政府来出这笔钱。独身的乔安娜·史蒂芬斯夫人在这点上做得非常好,她出生于英国伯克郡一个富裕的绅士家庭,在 1739 年 5 月 17 日国王的财政部向她支付了 5000 英镑,购买她的药方——将鸡蛋壳和肥皂混合在一起,据说可以溶解膀胱结石。她治疗"病痛"的方法备受推崇,不然的话就只能动手术"切掉结石"。伦敦的外科医生威

96

---

①　原文为"妇女采根者"[women root cutters(*rhizotomae mulierculae*)],作者认为她们其实就是采药的妇女,只是可能更青睐于采药用植物的根茎。

廉·切泽尔登（William Cheselden, 1688—1752）可以在不到一秒的时间内摘除石头，但那毕竟是在死人身上才能完美完成的操作，实际上这个手术极为痛苦也非常危险。[59]

根据对这件事的各种记载，史蒂芬斯不仅精通医药知识，而且制备药方的技法娴熟，虽然并没有她接受过训练的记载。她自己的叙述称，"大约 20 年前"，她"偶然"发现了一个药方可以治疗"结石"，其中一个成分是在炉子里烤干的蛋壳，配好后她给几个病人服用。她做了多年"尝试"，试过把蛋壳烧过后使用，以及添加不同量的肥皂进行实验。在成功治愈邮政局长爱德华·卡特里特（Edward Carteret）之后，史蒂芬斯名声大噪。到 1737 年时，她那著名的治疗故事很快被发表出来，报刊评价称，"对人类来说意义重大"。她的支持者"征得她的同意"后试图向社会募集 5000 英镑作为"她发现药方的奖励"，但最后宣告失败，于是有人建议她向下议院申请这笔钱。[60]

在 1739 年早期，史蒂芬斯自己向下议院请愿，她的请愿被纳入议案，上下议院都通过此请愿，并在同年的 6 月 14 日得到了御准。然而，要得到这笔钱，她的药方还必须交上去"经过专门的鉴定人检验"。国会为此任命了裁决委员会，配备这个药方，并让四位长期被结石折磨的男性（年龄从 55 岁到 79 岁不等）服用。大约一年后，这些病人接受了多位外科医生、内科医生和药剂师检查，每个人都证实这四位结石病人在服药后都没有结石了。这些证人出现在 22 人组成的国会委员会面前，其中包括坎特伯雷大主教（Lord Archbishop of Canterbury）、大不列颠上议院议长（the Lord High Chancellor of Great Britain）、众多的公爵、教士和医生们，除了两个依然表示怀疑之外，其他人都认可了史蒂芬斯药剂的疗效。[61]

史蒂芬斯拿到了巨额奖金，将她多年配药经验所得的"制备方法和施药方法"以及"每个细小的注意事项"都公布了出来，可以让

"学医的人"更为成功地应用她的治疗方法。[62]

在法国也有类似的例子，一位瑞士外科医生的遗孀努弗（Noufer）夫人，因为使用一种绦虫的驱虫秘方而享有盛名。这个秘方引起了很大的重视，巴黎几位重要的医生得到皇室许可，对其疗效进行了全面的试验。当这个药方被证明与传言的那样令人满意时，法国国王下令买下了药方并公布于世。[63]

然而，就算治疗方法最后被采纳并收录在欧洲各种药典中，掌握这些方法的女性大部分并没留下名字，就同西印度群岛上提供药方的大部分本地人和奴隶一样。毛地黄的开发利用过程是医药史上一个著名的例子。我们今天依然在使用的毛地黄，据传是来自一位无名的"老妇"。伯明翰医生威廉·威瑟灵（William Withering，1741—1799）曾告知，他从"一位老妇"那里了解到，毛地黄（*Digitalis purpurea*）的叶子可以有效治疗水肿，即人体内过量的体液潴留。威瑟灵描述道，"1775年，我听说有一种家用药方"，这位妇女严守着该药方的秘密，"她时常会在一些惯用方法失败之后施用该药方"，他继续道，"这个药方由20种甚至更多的草药配成，但精通医药的人不难发现其中有效成分非毛地黄莫属"。之后，威瑟灵为了找到最佳的剂量，花了十年时间不断试验，因为过量的毛地黄会导致呕吐和严重的腹泻。值得一提的是，他最初都是在生病的穷人身上做实验，他每天会花一小时为他们免费看病，每年大概医治2000到3000名贫困病人。"我发现毛地黄是药性很强的利尿剂"，他记录道，"但在之后相当长的一段时间里，我将剂量加得太大，导致其药性持续时间太长"。多年后，他才对剂量有了完美的把握，并知道如何确保在施用该药时能达到理想的疗效，并尝试在里面混入一点鸦片以免腹泻。直到他研究出这种药物安全而合适的用法后，他才给付费的病人开药方。自威瑟灵的时代以来，已经从毛地黄分离出来30多种强心苷，包括洋地黄毒苷、异羟基洋地黄毒苷原和洋地

98　黄毒苷元等。[64]

　　就如同西印度群岛的信息提供者们一样，我们几乎无从得知女性在与欧洲学院派的博物学家们交涉过程中她们的感受。历史学家利斯贝特·柯纳(Lisbet Koerner)曾强调，1769 年斯德哥尔摩的一篇杂志文章宣称要让"接生婆"发声，在 18 世纪男性用女性假名写这样的文章并不少见。尽管如此，在这个时期的其他女性作品中，时常会发现"接生婆"表达她们的怨气。如果一个医生站在孩子的病床前，宣布"除了找一位有经验的接生婆，这里也没有其他人能帮上忙"，这些女性会为此感到"快乐和满足"。她们抱怨说，医生们"自己凑过来，对我们的药袋、药膏和绷带又闻又尝的"，试图找出这些药方的秘密。这些女性和那个时代大多女性一样，最终都希望能接受专业训练，在这个例子中是到斯德哥尔摩医学院学习，"因为我们毕竟和邀请我们到家里的绅士们（即医生）一样被当成有身份的人"。[65]

　　瑞典的男医生想花钱买下接生婆的秘方，但和其他民间医者一样，这些妇女通常不会把看家本领卖掉，而且她们的后代也常常靠垄断这些医疗方法谋生。例如，发明瓦尔德药丸的瓦尔德(Ward)医生，拒绝泄露这个药方的秘密，"因为这个药方每年都会给他和后人带来财富"。[66]斯隆将伦敦的医生归为相互冲突的两类：一类是非正规的医者，靠垄断医药秘密谋生；另一类是经过更专业医学训练的医生，做医药研究是为了"人类的福祉"，或者说至少有这样的意识。之后几个世纪，通过专利，保障了大学和公司在药物开发的投资，才调和了这种矛盾。

　　并非所有人都会赏识药婆或民间医生的技能。为了加强自己在医疗上的垄断地位，伦敦皇家医师学院在 1583 年讨论过如何阻止"四处漂泊、缺乏经验的老妇行医"。皇家医师学院在很多年里不断起诉药婆，将她们描述为"年老""贫困""瘦弱""无知""无耻""盲目"和"顽固"的形象。1632年，一位伦敦的药剂师托马斯·约翰逊（Thomas Johnson）谩骂奥尔德斯盖特街（Aldersgate）和布罗德街（Broad）园艺市场上"贪婪肮脏"的老药婆们，据说她们随意将一些老根茎当药"扔给"药商和医生。一个世纪后，皇家学会会员帕特里克·布莱尔也同样攻击"药婆像可怜兮兮的小母马"，"欺骗"贫穷无知的药剂师，任凭自己高兴，将不知道是何物的草药卖给他们。但这些药婆并没因此改变，弗利特（Fleet）和其他市场的记录显示，她们在整个18世纪上半叶一直都在兜售"草药"。约翰逊和布莱尔的攻击也明确表示，药婆是很多药店的主要供货者，而且学院派医生们的处方其实终究还在依赖这些妇女的草药知识。[67]

跨国知识的掮客

我在本书的关注焦点是西印度群岛和欧洲的生物勘探，此处我想暂时脱离该主题，转而讨论一个将中亚医疗技术传播到英国，并最终传遍欧洲及其海外殖民地的例子。在种痘术传到欧洲的故事中，我感兴趣的是玛丽·蒙塔古（Mary Wortley Montagu，1689—1762）夫人在其中扮演的角色，在这个案例中，可以说她充当了女性知识的国际掮客。[68]让人尤为感兴趣的是：谁有资格引进新知识，谁又没有？

在18世纪初期，天花疫情暴发，殃及了社会各阶层，包括英法王室成员（玛丽女王和法国王太子分别在1694年和1711年死于天花）。此时种痘术传入了欧洲。挑破"患者身上熟透的天花脓疱"并"将里面的毒素嫁接"到另一个人的身上，相传这种做法来自中国、非洲巴巴里（Barbary）沿岸。[69]而最深入人心的是君士坦丁堡的种痘术，引起了受过良好教育和有影响力的欧洲人的注意。

插图2.4 身穿土耳其服饰的玛丽·蒙塔古夫人。蒙塔古在18世纪早期协助了天花种痘术向西欧的传播,画家给她画了眼睫毛,事实上染上天花后她的眼睫毛已经脱落。

　　自18世纪起,历史学家们就开始争论,谁才是将天花种痘术引入西方的人,是帕多瓦大学的高材生埃马努埃莱·蒂莫尼(Emanuele Timoni, 1670—1718)和雅各布·费拉里尼(Jacob Phlarini)吗?因为他们在《哲学汇刊》(*Philosophical Transactions*)中最先报道了天花种痘术。还是玛丽·蒙塔古夫人?她在自己儿子身上种痘成功,引起了英国人对这个手术的兴趣。或者是皇家医生斯隆和查尔斯·梅特兰(Charles Maitland, 1668—1748)?他们监管了英国首次种痘术。[70]

　　历史学家吉纳维芙·米勒(Genevieve Miller)对这段历史进行了综合全面的研究,她认为斯隆站在科学的角度见证了这个疗法传入英国的过程。斯隆从西印度群岛回到英国,对异域药物充满浓厚兴趣,他向希腊医生蒂莫尼讨要了关于该疗法安全性的资料,因为蒂莫尼1714年在欧洲首次发表了关于种痘术的科学论文。米勒认为蒙塔古夫人在种痘术引入中的贡献被"夸大了",他在一篇同名文章中强烈呼吁对她的评价应该"恰如其分"。[71]

　　米勒试图削弱蒙塔古在这事中的威望,是为了回应18世纪伏尔泰、拉孔达米纳和梅特兰等人的称赞,认为他们可能出于对蒙塔古社会地位的尊重,大为赞赏她在这项挽救生命的种痘疗法中的贡献。例如,拉孔达米纳把蒙塔古描述为"温柔的母亲",她担忧孩子的安全,借助威尔士公主的影响,为全体英国人树立了最好的榜样。因为威尔士公主作为"女中豪杰",在1722年让自己的家人接受了种痘术,"通过这种方式,殿下不仅挽救了大家的生命,也保住了欧洲最可人的公主们的美丽容颜"。[72]

　　玛丽·蒙塔古的丈夫在阿德里安堡(Adrianople,土耳其城市埃迪尔内 Edirne 的旧称)担任英国黎凡特公司(Levant Company)大使期间,查尔斯·梅特兰是蒙塔古家的外科医生,他也相信是前女主人将天花种痘术引入到欧洲。蒙塔古夫人自己很不幸染上了天花,眼睫毛掉了,脸颊深陷,他的哥哥则死于天花。1717 年,蒙塔古和梅特兰开始打听种痘术,在"完全确信"其安全性后,她决定让唯一的儿子(6 岁)接受种痘术。在这次手术成功之后,她又恳求让刚出生的女儿也接受种痘术,抵御"这种致命的瘟热病"。梅特兰拒绝了,告诉她应该等女儿长大一点,回到英国后再说,他写道,希望"在英国树立第一个伟大的榜样,让世人看到这个手术是绝对安全的,尤其要让最高贵的人相信"。[73]

所有关于发现种痘术的叙事都强调,是有学识的欧洲人将知识从君士坦丁堡传到欧洲,却鲜有人提及年迈的希腊妇女,其实是因为她们,地中海一带才一直在使用这种治疗方法。1706 年的瘟疫中,有位神秘妇女在君士坦丁堡及其周边地区为 4000 名(有些说法是 6000 位)男女老少种痘而名声在外。但我们所知道的只是一位"摩里亚半岛(Morea)的希腊妇女",最开始她只是为底层百姓施用这个疗法,但随着瘟疫的蔓延,贵族家庭也开始流行种痘术,尤其是旅居此地的英国、荷兰和法国商人。多年后,拉孔达米纳高度赞扬了这位妇女的功绩,将其归功于她准确细致的手术操作。[74]

这位希腊妇女肯定就是给蒙塔古儿子种痘的那位"老妇",她随身带着针和用来盖住切口的坚果壳。这位老妇并没有发明"天花缝合术",只不过在实践中将古老的知识传承下来。天花嫁接术的起源不得而知,但据拉孔达米纳 1754 年在《种痘史》(*Histoire de l'inoculation*)中所称,自古以来世界上有很多地方的人都在使用这个疗法。据法国耶稣会士殷弘绪神父(Father Dentrecolles,1664—1741)称,中国"缝合"天花的方法是将痘痂磨成粉,撒在棉花上,再塞进小孩的鼻孔。而在切尔克西亚(Circassia,位于黑海东北岸)和格鲁吉亚(Georgia),据说人们担心天花会毁了容颜,在"远古时期就用了这种技术"。别忘了格鲁吉亚美人(尤其是女性)具有的神秘色彩,这里的女性常常被高价卖给土耳其人当妻妾。18 世纪著名的医生和人类学家约翰·布鲁门巴赫发明了"高加索人"这个种族词汇，甚至将高加索誉为人类文明的摇篮，称这里的人是最完美、也是最原初的人类。中亚和非洲的种痘术则是用三根针一起刺穿皮肤，拉孔达米纳从其中的相似之处推测种痘术是奴隶从切尔克西亚传到埃及，卖给了开罗的军队，然后从那里再传到了利比亚首都的黎波里（Tripoli）、突尼斯、阿尔及利亚，以及非洲内陆地区。奴隶们又跨越大西洋将这种知识从非洲带到了美洲，最后让他们的主人了解了种痘术。但明显毫无关联的是，据说唯独在威尔士兴起了"天花买卖"，两三便士一颗，这里"上学的男孩"从患病孩子的胳膊上弄来脓疱，送给彼此，在健康的男孩胳膊上不断摩擦，直到出血为止。[75]

　　除了阿德里安堡这位种痘的老妇，拉孔达米纳还提到了其他会种痘的希腊妇女，一位是来自保加利亚的菲利普波利斯（Philippopolis），另一位是来自希腊中北部的塞萨洛尼基（Thessalonica）。按他的说法，这些妇女通常会混合使用"江湖郎中"偏方和"迷信"手段。塞萨洛尼基妇女声称她的技术来自圣女（Holy Virgin），然后她在自己身上划了 8 道口子，排成十字架形状，包括前额、脸颊、下巴、一双手腕和双脚。

　　英格兰和新英格兰的很多医生都拒绝承认妇女在种痘术上发挥了如此重要的作用。伦敦圣巴塞洛缪医院（Saint Bartholomew's Hospital）的医生威廉·瓦格斯塔夫（William Wagstaffe，1685—1725）强烈反对种痘术，甚至被种痘术的传入吓坏了，"只不过是几名愚妇的把戏，一时间用在没头脑的文盲身上，就靠那么点经验，现在居然在世界上最文明的国度也流行起来，还引荐到皇宫里去了"。在新英格兰，扎布迪尔·博伊尔斯顿（Zabdiel Boylston，1679—1766）也认为这么重要的手术不应该由"老妇和保姆"实施，只有"医术高明的内外科医生"才能操作和掌控，顶多是找不到医生的情况下，才能让妇女操作。[76]

103

如果说希腊老妇有自己的迷信的话,欧洲医生其实也有。他们宣扬,接受种痘的人不仅要健康状况良好,种痘前还需要无数次放血和通便,"做好准备"。蒙塔古不喜欢这些医生,反对他们霸占私人学到的疗法,例如接种这样"有用的发明"。她决心用最简单的方式将种痘术引入英国,但她担心这样会显得自己在与医学行业"作对"。可能因为这个原因,她的外科医生梅特兰强调他的种痘实验是为了"大众福祉",而不是自己的腰包,他还说自己不希望对此保密,垄断这个疗法。然而,梅特兰自然不会亏待自己,为了从新疗法中获利,保密在所难免。身为皇家医生,他给汉诺威的腓特烈王子(Prince Frederick)种痘得到的奖赏就高达 1000 英镑银币。[77]

科学史家常常会把新知识的创造呈现为无拘无束追求真理的过程,可以开诚布公地交流最优异的成果。然而,如我们所见,欧洲内外的生物接触地带的状况远没有那么理想,死亡率很高,知情人士也不情不愿。寻找潜在的救命新药常常受困于征服、商业和奴隶制的复杂关系中,欧洲殖民扩张依赖于热带药物知识的探索,同时也推动了这种探索。同时,殖民主义滋养了征服和剥削的欲望,阻碍了这类知识的发展。

很难确定谁能享有将种痘术引入欧洲的殊荣,蒙塔古夫人是少有的几位女性传播者之一,这些女性将一些疗法引入欧洲,最终成为整个欧洲及其殖民地普遍采用的医药方法。在下一章我们将会看到,尽管梅里安生动地描述了西印度群岛的堕胎药,然而她并没能成功将其引入欧洲。

第三章　异国堕胎药

> 我原本想去采摘水果，却发现果园里除了刺柏一无所获。
> 我猜[奴隶们]种这么多柏树，估计是想毁掉果园吧。
>
> ——托马斯·米德尔顿，1624

> 这些可怜的人已经丧失了生育的本能欲望，母亲违背所有
> 的天性，杀死自己的孩子，让他们免遭奴役。不幸的奴隶是多
> 么憎恨剥削者，他们已听不见本能的召唤。
>
> ——佚名，1795

对 17 世纪的欧洲人来说，从欧洲的西印度群岛殖民地进口异域产品是一宗大买卖，80 年代时就已经有蔗糖、字木（因木材上的黑斑形似象形字而得名）、棉花、烟草、甜椒、各种树胶和树脂，以及美洲印第安商品如吊床和木薯，都是利润丰厚的产品。[1]到 1688 年，苏里南每年出口 700 万磅蔗糖，一个世纪后法国殖民地圣多明各每年的蔗糖产值高达 2 亿 2700 万里弗。

相比之下，药物贸易不过是涓涓细流，但依然有着重要意义。18 世纪 60 年代，圣多明各药物如愈疮木（红木和苏木等也包含在内）的贸易值为 14620 里弗。[2]在运往欧洲的的大宗商品中，异国的避孕药和堕胎药是否也被混入草药？这类植物的贸易是为了暴利，还是欲望使然？在某种意义上，欧洲主要的堕胎药之一刺柏就是由地中海盆地向北传入欧洲的异国药物。在很早的时候，它就被栽种在欧洲各地的花园里，随手可采，很廉价。也许没必要从欧洲的热

插图 3.1 1660年的糖厂。背景中画了甘蔗地（靠左#5）和用牛拉的碾压机（#1），熬糖浆的灶。熬糖浆的碾压机在滚筒里榨出汁液，从小沟渠流到一个大缸里，再流到四个锅里，用柴火加热熬制（#2），浓缩的甘蔗先在碾压机的滚筒里榨出汁液，从小沟渠流到一个大缸里，再流到四个锅里，用柴火加热熬制（#2），浓缩的糖浆盛放在圆锥形容器（#3），最后再晾干（图中未展示）。一个欧洲监工正拿着棍子驱赶奴隶们，让他们一刻不停地劳动。图中右下角还有一间奴隶的小屋子（#10）。

带殖民地引入新的避孕药？然而，欧洲一直都在全世界搜罗自然界最好的药物，而且很多人同现在的人一样，只服用外国药。那么，博物学家为寻找新的避孕药究竟付出了多大的努力？　　　　　105

梅里安的孔雀花

我最初注意到堕胎这个主题，是因为玛丽亚·梅里安在《苏里南昆虫变态图谱》中生动描述了奴隶妇女（这里包括美洲印第安人和非洲人）如何打掉自己的胎儿。梅里安直接将堕胎置于殖民地冲突的语境中，认为奴隶杀死后代是一种政治反抗的方式。按梅里安的说法，奴隶妇女杀死腹中胎儿与她们中的很多人上吊或服毒自杀有着相同的原因：从新大陆奴隶主忍无可忍的残暴中解脱出来。

博物学家是否将他们在加勒比殖民地遇到的任一种异域堕胎药引入欧洲？为了回答这个问题，我决定追溯梅里安的孔雀花的历史，按林奈的拉丁命名法，其学名为 *Poinciana pulcherrima* 或者 *Caesalpinia pulcherrima*。法国人称为"天堂花"（*fleur de paradis*），英语国家的人称为"红色天堂鸟"（Red Bird of Paradise）、矮凤凰木（Dwarf Poinciana）、花篱（Flower Fence）和"巴巴多斯的骄傲"，因为它是巴巴多斯的国花，与短叶榕（*Ficus citrifolia*）一起成为国徽图案。中国南部省份如广东、云南、福建等地引种较多，通用叫法为金凤花。[①]金凤花广泛分布于佛罗里达、中美洲、南美洲、印度和非洲，在这些地方至今还有人将其作为调经剂和堕胎药，有些是用花，还有些是用种子或树皮当作有药效的部分。和大多数植物一样，金凤花有多种用途，例如在危地马拉和巴拿马，人们用叶子来毒死鱼类，用种子

---

① 中文版在此处补充了此句，以契合中文语境，后文主要以"金凤花"相称。

来处决犯人。这种植物也用来治疗咽喉肿痛、胃病、高烧、眼病、肝病、便秘、皮疹等,以及制备黑色染料和墨水,据说是"世界上最漂亮的黑墨水",[3]艳丽的花朵还让它成为受欢迎的观赏植物。

　　我关注金凤花是因为梅里安对它的评述打动了我,也因为不同的人在西印度群岛的不同地方各自发现这种植物堕胎的药性:梅里安在荷兰殖民地、斯隆在英属殖民地、米歇尔－艾蒂安·德库尔蒂和其他人在法属殖民地,德库尔蒂用自己的观察证实了斯隆和梅里安的发现。斯隆在梅里安到苏里南的前些年就在牙买加行医,曾提到过一种植物,他称为"巴巴多斯的花篱(flour fence)、野生番泻叶或西班牙康乃馨",后来他在著作中将其鉴定为梅里安描述的孔雀花。斯隆在前林奈时代拥有最大的植物标本收藏,现保存于伦敦自然博物馆,仔细翻阅他的标本,会发现他们两人所指的就是同一种植物。回望金凤花的历史,它与那个时期的其他植物一样,经常让人含混不清:不清楚该名字指的是同一种植物,还是具有相似药性的不同植物,而且标签上写着同一名字的标本采自世界各地,都存放在巴黎种子植物实验室,它们的外形和特点却多种多样。[4]

　　欧洲人对金凤花最早的记录来自菲利普·德·庞西总督,他曾在 1647 至 1660 年间掌管法属殖民地安的列斯群岛(见第五章)。庞西并非博物学家,而是一名军官,他关心的是士兵的健康,自己还试过将金凤花用作退烧药,"疗效不错"。但过了很久,直到 1799 年,被政府派往圣多明各的法国医生德库尔蒂才开始强调金凤花作为堕胎药的用途。他写道,这种漂亮的带刺灌木,引种栽培在欧洲的一些花园里,但其原产地在安的列斯群岛。他也重申了其他法国医生所报道的其他药用价值,说它能有效治疗肺病和热病。在详述了金凤花的化学特性和医药制备方法后,他还提到大剂量的花(而不是梅里安说的种子)可以用来通经,但使用时要尤为谨慎:"不怀好意的女黑人",他补充道,"会用它毁掉罪恶爱情的果实"。[5]

有趣的是,梅里安和斯隆都各自将金凤花作为堕胎药而采集了这种植物。尽管斯隆在《诸岛旅行记》里提到了梅里安,但并非从她的书中得知这种植物的堕胎功能,反过来她也并不知晓斯隆关注到这点。斯隆在写完《诸岛旅行记》的主体部分后,又写了一个附录作为补充,在该附录中引用了《苏里南昆虫变态图谱》。两人从未有过学术交流,虽然有人猜想斯隆可能读过皇家学会会员詹姆斯·佩蒂瓦1705年买的那本《苏里南昆虫变态图谱》,那时候斯隆刚好是学会主席。尽管金凤花从东印度群岛引入欧洲的时间比斯隆和梅里安去西印度群岛的时间早得多,但据我的发现,梅里安是第一个报告其堕胎药性的欧洲人(见第四章)。

尽管斯隆、梅里安和德库尔蒂三人都提及了堕胎药一事,但他们却将金凤花置于迥异的社会背景中。梅里安和德库尔蒂都将其定位在殖民地冲突范围内,前者强调这种植物对于西印度群岛奴隶妇女身心健康的重要性,后者则强调使用它们的“女黑人”“不怀好意”。我先讨论下斯隆在牙买加与遇见这种他称为“花篱”的植物的经历。

108

约翰·斯特德曼为加勒比殖民地奴隶所遭受的极端暴行提供了第一手记录。18世纪70年代,他在苏里南亲眼看见一个“造反的黑人”被活活吊死在绞刑架上,铁钩穿过他的肋骨,另外两个被绑在柱子上用火慢慢烧死,六名妇女在拷问台上被打得皮开肉绽,还有两个奴隶女孩被斩首,法属殖民地奴隶的遭遇也没比这好多少。1685年的《黑人法典》宣扬对奴隶的“人道主义”,奴隶如果叛逃长达一个月,就会被割下耳朵,并在一边肩膀上烙上百合花;第二次叛逃会被打成残废,还要在另一边肩膀上也留下烙印,如果还有第三次,就只能被处决了。斯隆描述了牙买加逃亡奴隶被烧死的过程,“用弯曲的棍子把他们的腿脚固定在地上,用火从手脚开始烧,逐渐烧到头部,这样才能让奴隶感受到极致的痛苦”。如果犯罪动机不是那么明显，可能会用斧头砍断一只脚；如果一时疏忽，监工会用"枪木①鞭子"鞭打他们，然后撒上胡椒粉或盐，甚至将熔化的石蜡倒进伤口里，"好让他们放聪明点"。18世纪70年代牙买加总督约翰·达林(John Dalling, c. 1731—1798)估计，"在对待奴隶这件事上，西班牙人应该比我们好点；我们比法国人好点；而法国人比荷兰人更好点"。[6]

虽然斯隆清楚地意识到奴隶宁愿"割断自己的喉咙"也不想被施暴，但他却没有以同样的视角去看待他的"花篱"植物，而是索然无趣地写道，"它尤其能刺激经血，会引起流产等，但任何刺柏和通经剂都有这样的效果"。他在探讨金凤花时并没有站在殖民地暴行的角度，而关注的是医生与妇女在寻求人工流产时日益加剧的冲突。在这样的情况下，斯隆将一大堆关于堕胎的资料带到了牙买加，他对堕胎的态度也反映了当时大部分男医生的态度，关于他为牙买加总督当医生这事，他如此写道：

109　　如果妇女用别人的名字假装来看病，有时候还自己带水，假装这里痛那里痛的，我会怀疑她们怀孕了。当然，她们打算巧妙地诱骗医生开药，用原本要治病的药引起流产。这种情况下，我要么完全拒绝，根本不开药，要么告诉她们自然而然会好，不需要治疗，或者开些无关痛痒的药，直到我进一步确认她们真正的病症。

在堕胎文章结尾时，斯隆义正辞严地提出警告："如果妇女了解流产是件多么危险的事，她们估计永远不会去尝试……有人可能想当然觉得流产不会伤害母亲，就好像从树上把未成熟的水果摇下来并不会伤害或侵犯这棵树一样"。在这点上，斯隆并没有提及他在

---

① Lance wood，澳洲酸枝木(*Acacia shirleyi*)，豆科，一种坚韧的热带树种。

牙买加医治的女病人的社会或政治地位,没有关心她们是英国人、克里奥尔人还是奴隶,只是在笼统地谴责"装病"的妇女企图对医生隐瞒实情,骗取堕胎药物。他的态度也代表了当时很多欧洲医生。德国医生约翰·施托希(Johann Storch,1681—1751)也曾提到过孕妇"诡计",他怀疑对方要求开温和的泻药,其实是想用来引起流产。有些医生还宣称有孕妇甚至甘愿接受天花疫苗,以期种痘术能引起流产。产婆、医生和药剂师被警告不要给未婚女性服用可能引起流产的药物,这个现象至少可以追溯到 16 世纪。[7]

　　17、18 世纪的欧洲医生在讨论流产问题时总会强调其危险性,这可能恰好反映了他们出现时的真实场景,因为男医生总在情况变得糟糕时才被请来救人。在斯隆看来,如果不得不人工流产的话,他更倾向于"靠手"而不是草药。17 世纪巴黎名医弗朗索瓦·莫里斯奥(François Mauriceau,1637—1709),在其大量关于生育和女性疾病的描述中记载了这种古老的方法,此法可以追溯到公元 1 世纪或者可能更早。医生会让孕妇平躺在床上,旁边有三位妇女按着她,让她屈膝,膝盖往胸口贴。医生则坐在凳子上,在手上抹上油——新鲜黄油或无盐猪油,"温柔"地将手指一根根伸进子宫颈,最后整只手滑进子宫。赫尔曼·布尔哈弗建议让孕妇事先服用鸦片,使这些部位放松。一旦医生的手伸到了子宫,撕破羊膜,抓住胎儿的脚"将它拖出来",然后再将整个胎盘取出来。有的医生提出,在怀孕初期的几周内,只要一根手指像"钝钩"弯着,就能把胚胎从子宫里拉出来。欧洲医生还有其他非药物堕胎的方法,如大量放血、各种灌洗、激烈跳跃、骑马,以及在大腿动脉上施压,最后这种方法被称为"汉密尔顿法"(Hamilton)。[8]

　　既然斯隆对流产这么失望,他将如何获取牙买加堕胎药物的知识? 梅里安告知读者,她是直接从苏里南奴隶妇女那里得知金凤花具有这个功效的。我在研究初期曾以为流产和避孕都是女性的事,

110

所以梅里安对金凤花流产药性的关注，就如她在博物探险历史上的
先行者地位一样独特。药学史家约翰·里德尔(John Riddle)的著作
也让我坚定了这个观点。他著有两部古代和现代早期欧洲避孕和
堕胎的优秀历史著作。医学史家爱德华·肖特(Edward Shorter)也
在他的妇女健康保健历史研究中指出，生育控制是女性的知识。而
且不管在加勒比地区还是在欧洲，生育的确通常是女性的事情。奴
隶妇女通常会在奴隶产婆或者护士以及亲朋的帮助下，在自己的小
屋子里生孩子。1780年后，大量加勒比种植园都会建医务室或所谓
的"暖房"，里面有供奴隶使用的产房。这些医院通常是由一名女性
奴隶打理，在法属殖民地上管理医院的是不能下地干活的奴隶老
妇。医院通常会接生，由几个年轻护士(基本都是女性)和一名厨师
帮忙，有时还会有产婆，可能是奴隶，也可能是自由人。18世纪90
年代的一位监工注意到，负责种植园奴隶接生的都是"女黑人"，只
有难产时才会花钱请医生。在整个17、18世纪，当地的白人医生一
周只到种植园一两次，去指导奴隶护士，种植园女主人(如果在的
话)可能会监督药物的配制。[9]

　　不只是欧洲医生不参与奴隶分娩，在加勒比地区行医的医生也
111　曾提到，他们根本不用去医治妇女儿童的疾病。牙买加医生托马
斯·丹瑟(Thomas Dancer, 1750—1811)在《牙买加医疗手册：针对家
庭和种植园的实用知识》(*The Medical Assistant*; *or Jamaica Practice of
Physic*: *Designed Chiefly for the Use of Families and Plantations*, 1801)
中写道，在西印度群岛谦逊羞涩的女性无法向医生寻求帮助，因为
医生大部分都是"年轻单身汉"，他鼓励女性尤其是主妇们学习"如
何自助应对各种病症"。18世纪中叶，在苏里南的医生菲利普·费
尔曼进一步证实，医生"对女性疾病的医治甚少……除了头痛便秘
这类，她们几乎不会告诉医生自己的疾病"。据费尔曼说，除了一起
非常严重的闭经病例，"几乎无法治愈"，苏里南的女性不会寻求医

生的帮助。[10]

西印度群岛的欧洲医生远离奴隶分娩也就罢了，生活在城镇上的欧洲助产士也不会帮她们接生，直到 18 世纪末都几乎没有欧洲助产士在殖民地行医。例如，1704 年到 1803 年间，圣多明各有过102 名法国医疗人员，包括内外科医生和药剂师等，其中只有 5 名助产士，她们通常需要接受一位男性皇家医生和男助产士（accoucheur）的监督。这 5 名助产士都在法兰西角行医，其中一位德莫塞尔·雷诺特（Demoiselle Renouts）在自己家里照顾产妇，收费很高，但她也会教种植园的"女黑人"接生技术。然而，查尔斯·阿尔托曾指出，即使有法国助产士，"白人"妇女反而更喜欢"有色妇女"的服务。在有些岛上，如巴巴多斯，有大量欧洲贵格会助产士，她们偶尔会被叫去给奴隶接生，但通常是在找不到奴隶妇女接生的情况下。[11]

很显然，关于避孕药和堕胎药的知识大多在女性之间、邻居之间以及助产士和顾客之间传播，但实际情形远比表现出来的复杂得多。约翰·里德尔（John Riddle）的研究表明，一些男性，包括有文化和没文化的，也知道这些秘密。还有些情况是男性伴侣为女性提供避孕草药，但他可能会保守秘密，以免伴侣背叛自己和其他人在一起。还有些记载表明，女性会去药房、理发店甚至找牧师情人要避孕药。弗朗索瓦·莫里斯奥写道，"古人、阿维森纳（Avicenna，伊斯兰医生）和埃提乌斯（Aëtius）传授了必要时候采用的多种堕胎方法"，以及如我们所看到的斯隆和德库尔蒂的例子都表明，欧洲医生其实对流产都有第一手经验，斯隆在牙买加期间必定收集了"花篱"植物堕胎功能的可靠知识，因为他医治了无数女性病人，《诸岛旅行记》就提到了患有各种疾病的 38 名英国女性和 4 名非洲女性。旅途中经过马德拉群岛和非洲西北海岸附近的葡萄牙殖民地诸岛时，他还被修道院院长请去给生病的修女看病。因此，很多女性知晓堕胎

112

药并使用它们，很多男性其实也了解这些药物。[12]

　　我不想过多强调斯隆、德库尔蒂和梅里安在堕胎一事上态度的差异。据我所知，梅里安只谈到过一种堕胎药，她的主要兴趣在昆虫，就算是谈到植物，也主要是跟她关注的昆虫有关系的植物。金凤花亦是如此，在本书中的一幅插图中，药草天蛾（*Manduca sexta*）的蛹、幼虫和成虫停留在一株金凤花上。在目前的女性主义研究中，女性是否"用不同的方式研究科学"是一个热议话题，但却不应该刻意区分男女科学家个体。[13] 很多欧洲女性如种植园主或官员们的妻子，对刚移居的国家毫无兴致，她们中大部分人在旅居时不会向本地居民收集任何信息，也不会对这个地区的女性产生特别的同情心。

欧洲的堕胎

　　在进一步探讨欧洲人对西印度群岛堕胎药的认知之前，我先讨论下 17、18 世纪欧洲人对堕胎的态度。欧洲人是否有自己的堕胎药？或者说，不管是在法律上还是宗教上，堕胎简直"罪大恶极"，以至于不可能采集这类药物？欧洲女性是否需要海外的新型避孕药，或者说她们是否已经有了效果不错的堕胎药？

　　现今，"堕胎/流产"（abortion）一词通常意味着打掉孕妇不想要的胎儿，如果堕胎是为了挽救母亲的生命，我们称其为"治疗性引产"，英语国家还普遍将胎儿的自然殒堕称之为"小产/自然流产"（miscarriage）。但在现代早期的欧洲并没有这些区分，小产和堕胎混合着使用，指预产期前任何情况下的胎儿殒堕，也包括人工流产或取出死胎。现在和那时一样，"abortion"还有"夭折""失败"等含113　义，常用来指停止生长或徒劳的努力，如《牛津英语词典》（*Oxford English Dictionary*）所示，"雄性生物的乳房未发育完全，只剩下乳头"（the breasts of male beings are *aborted* teats）一句中就用了这个含义。[14] 1694 年,《法兰西学术词典》（*Dictionnaire de l'Académie Françoise*）中的堕胎（*avortement*）一词也有"发育缺陷"或者"失败的计划"之意,例如"最漂亮的树也常常会结一些有瑕疵的果",或者在文学中会说"只不过是流产的写作计划",就用了这样的含义。我们现在也常常会用这些术语的象征意义,例如"审判不公"（miscarriage of justice）或者"终止任务"（aborted mission）。

直到 18 世纪"堕胎/流产"（abortion, *abortus*, *avortement*, *Abtreibung*）和"小产/自然流产"（miscarriage, *aborsus*, *fausse - couche*, *Feblgeburt*）这两个术语才有比较明显的区别①。在狄德罗和达朗贝尔主编的《百科全书》中,"abortion"词条的作者于尔班·德·旺德内斯（Urbain de Vandenesse, 卒于 1753 年）注意到大部分普通医生和外科医生将 *avortement* 用于动物,而 *fausse - couche*（字面意思是在床上假装分娩）用于妇女,而内科医生则不会自寻烦恼去理会这些区别。近一个世纪前的弗朗索瓦·莫里斯奥曾反对将"abortion"仅用于动物,他将流产（不管是意外还是人工的）都用在孕妇身上,因为对他而言"小产"是将还未发育成胎儿的假胚胎（*faux - germe*）"胎块"从子宫中取出来。德·旺德内斯建议在妊娠的前两个月内,子宫里的任何东西都只能称为假孕（*fausse - conception*）或假胚胎,还完全称不上真正意义上的人,但在第二月后,任何妊娠终止的情况都应该叫作流产,也包括人工引产。《英语医药词典》（*English Medicinal Dictionary*, 1743）的作者罗伯特·詹姆斯认为"abortion"和"miscarriage"的区分没有根据,因为这两个术语其实都是指同一个现象。

————————

① 在中文中,小产、流产、堕胎也经常混用。英文中 abortion 主要是非自然终止妊娠的方式,miscarriage 更强调自然发生的妊娠终止现象,行文中为了契合原文的意思和符合中文表达,也未必总用同一个中文词汇去对应原文。在本节涉及大量关于生育词汇的区别和使用,也会尽量给出原文。

差不多 30 年后,《不列颠百科全书》(*Encyclopedia Britannica*)第一位主编、男助产士威廉·斯梅利(William Smellie,1697—1763)记录了当时两个术语所对应的技术差异:"小产"(miscarriage)通常发生在妊娠的前 10 天,取出的还只是液体状的胚胎;10 到 30 天期间终止的妊娠被称为"胎盘娩出"(expulsion);3 至 7 个月期间,孕妇就不得不靠"堕胎"(abortion)来终止妊娠了;更晚的流产则靠孕妇的"分娩"(in labor)来完成。斯梅利也注意到,在更一般意义上,孕妇从受孕到第九个月任何阶段终止妊娠,都可以被称为"小产"了。[15]

114　　到 19 世纪,"abortion"和"miscarriage"才有了它们现在的含义。1835 年版的《法兰西学术词典》将"*avortement*"定义为"犯罪性流产"(criminal abortion),利用"某些饮剂"的药性故意打掉胎儿。1790 年后,在术语学上"abortion"罪恶化的现象最为明显,而"miscarriage"逐渐仅用于意外流产。德语对这些术语的界定和区分相对较晚,之前一直都用拉丁文。德语直到 19 世纪才普遍使用"feblgeburt"(即 miscarriage)一词,泽德勒(Zedler)的鸿篇巨制《百科全书》(*Lexikon*,1732)并没有收入该词,而是收了"missgebärung"(流产)、"frühzeitige Gebärung"(早产)和"unzeitige unrichtige Geburt"(不分时间段的妊娠终止)这三个术语。泽德勒也没有将"abortion"的德语"abtreibung"列入索引,而是用了它的拉丁语"abortus"及衍生的"abortiren",尽管他在正文中用了"abtreibung"一词。"abtreiben"在 18 世纪早期有多种含义,主要用于林业和矿业,分别指的是砍光一片树林,以及洗掉矿物里的杂质如将银矿或其他贵重金属矿中的铅洗掉。对 19 世纪早期的格林姆(Grimm)兄弟来说,"abtreiben"首先指的是"将阿尔卑斯山高处的奶牛从夏季牧场赶到冬季营地"。在医学中,"abtreiben"的意思是用药物将身体的任何东西清除,如结石、寄生虫,或孕妇的"果实"。[16]

　　今天,人们在讨论堕胎(甚至是过去的堕胎)相关的话题时,首先关注的问题就是"法律怎么规定的",这是一个很现代的问题,充满争议,甚至只是针对北美的一个问题,这个问题也混淆了历史上的实践和思考方式。在19世纪下半叶,很容易回答堕胎在欧洲大部分国家的法律问题,例如德国《帝国刑法法典》(*Reichsstrafgesetzbuch*,1871)第218条规定,堕胎母亲和协助堕胎者将面临5到10年的牢狱之灾;在奥地利,如果父亲参与了这项"犯罪"行为,也将一并受罚。在19世纪,包括法国、英国、丹麦、意大利、比利时和荷兰在内的大多数欧洲国家,都制定了国家法律惩戒"犯罪性流产"。(见第四章)

在更早的几个世纪,情况却截然不同,现代早期欧洲并没有法律监管"堕胎"行为和避孕药的使用。堕胎在现代意义上是指人为引产,娩出活胎,很难得到教堂或国家原谅。很多城镇和小地方都有自己的法律和规定,但很多城镇上的规定并不能约束乡间的堕胎行为。《牛津英语词典》中关于堕胎的词条甚至还注明,古代很少有人会对堕胎行为怀有任何"深深的罪恶感"。古希腊先哲的医学知识很受现代早期医生和法学家的重视,希腊名医希波克拉底反对传授堕胎知识,著名的希波克拉底誓言(Hippocratic Oath)反对为妇女提供堕胎药物,尽管柏拉图和亚里士多德都赞成通过避孕和堕胎的方式限制人口增长。在古希腊和古罗马,通常可以"毫无顾虑"地堕胎,只有已婚妇女出于怨恨去堕胎才会被责罚,因为她们以此"欺骗丈夫,剥夺了他要当父亲的欣喜"。[17]

1600年左右,有几种法律传统在欧洲并存:罗马的、撒利的(Sal-ic)、日耳曼的(Germanic)、教会的(Cannon),以及各种"普通法"。几乎任何一个地方只要谈到这个问题,法律都会宣称蓄意堕胎就是犯罪,可判处死刑。德国查理五世的帝国法典(1532年)第133条规定,将"活生生的胎儿"流产将被判死刑,男性会被斩首,女性会被处以溺刑。教堂的法律更宽容一些,规定"在胎儿受灵前堕胎是合法

115

的，以免怀孕的女孩被杀害或中伤。估计可能是觉得胎儿只要还在子宫里就没有理性的灵魂，只有它出生后才开始有，因此必然不能说堕胎是杀人”。英国普通法将堕胎案子交由教会法庭处理，这种做法一直持续到差不多 17 世纪。而普通法规定，堕胎只有在母亲感觉到"胎动"之后才会被立案起诉，有时候只能以过失杀人罪而不是谋杀罪起诉；或者如著名评论家爱德华·柯克（Edward Coke，1552—1634）爵士所言，"这是严重的渎职罪，但不是谋杀"。18 世纪英国普通法的编纂者威廉·布莱克斯通（William Blackstone，1723—1780）爵士也指出，只有在母亲已经感觉得到"孩子在动了"之后，堕胎才会被判罪。法国的做法有一点不同，亨利二世的法令（1556/7 年）将弑婴（已经出生后的婴儿）定为重罪，并规定禁止隐瞒怀孕，在此基础上才规定了弑婴和堕胎的罪行。从 1556 年到 1810 年，所有的孕妇都要求向卫生官员登记怀孕之事，隐瞒怀孕的妇女将被列为嫌疑犯。[18]

　　当时孕妇寻求堕胎最有效的办法，是让教会、医疗机构和地方法律部门相信她没有怀孕，只要没有"胎动"或者"受灵"，就被认为116 没有怀上真正意义上的孩子。而通常认为胎动、受灵发生在妊娠中期，即第四个月末或第五个月初，或者按照亚里士多德的说法，是怀上男孩 40 天、女孩 90 天后。在欧洲精英阶级的律法中，在胎动前故意服用堕胎药物并不算犯罪，因为胎动前的婴儿还算不上真正的人，只不过是母亲自己身体的一部分。德国帝国法典是个例外，即使孕妇打掉未成形或"还不是活生生的"孩子，也会被当成重罪，但即便如此，判刑也可以酌情处理。[19]

　　有几位医学权威认为，"受灵"在怀孕时就发生了。巴黎的弗朗索瓦·莫里斯奥相信一旦受孕孩子就已经存在了，强烈的反堕胎者、巴黎医学院院长居伊·帕廷（Guy Patin，1601—1672）也如此认为，他借用了安东尼·列文虎克（Antony van Leeuwenhoek，1632—

1723）的"小人儿理论"（homunculus theory）①，该理论声称后代在精子里已经预先存在。有趣的是，帕廷却没有引用与此相对的一个理论，那就是晚些时候林奈提出来的，认为未来所有的子孙都预先存在于卵细胞。在这样的观点里，受孕就意味着已经具备了生命的本质特点，这常常导致医生和妇女在受灵和堕胎问题上难以达成一致。莫里斯奥在 1682 年报告了一名妇女的案子，她在"邪恶的助产士"协助下试图堕胎。这名妇女反驳医生说，"她当然想过，如果小孩已成形或者有胎动，就不会那么做，但在目前看来人工流产并没有多大的伤害"。这位医生便开始各种抨击堕胎，争辩说这种想法"毫无根据"，"而且很危险，她试图犯下这样的罪行太邪恶了"。"这种错误的信念"，他继续道，"历来已久……纵容了大量放荡的妇女一怀孕就打胎，或者就在怀孕最初的几个月去堕胎"。对他而言，"千真万确的是，一旦受孕，这颗微小的物质随即受灵，从第一天起它就拥有了灵魂"。在 17、18 世纪，认为一怀孕生命就开始还是少数人的观点，大部分人依然持有传统的想法，认为孩子直到胎动了才会"受灵"。[20]

　　直到 20 世纪早期才开始有可靠的怀孕检测方法，在此之前，持有此观点的少数人面临的一个问题是，医生、法官、牧师只能听任母亲说她是什么时候怀孕的。如芭芭拉·杜登（Barbara Duden）曾指出，唯有怀孕的妇女能感受到第一次胎动。[21] 这个时期想要起诉堕胎面临着一个实际的困难，当时并没有什么可以"确定"怀孕的征兆，如果不能证明一名妇女已经怀孕，又如何起诉她有堕胎之罪。

　　举个例子，医生们都知道"停经并不意味着就怀孕了"，因为停

117

---

　　①　启蒙时期的胚胎发育理论"预成说"（也称为"先成说"）中的概念，认为卵细胞或是精子存在生物体发育的雏形，具有各种组织和器官。对人而言，就是已经有一个"小人儿"存在于这些细胞中。

经也可能是其他原因造成的,如疾病。这个时期的很多医生甚至不认为停经和怀孕之间有什么必然联系。约翰·弗赖恩德在详实的《通经学》里写道,"母亲身体的任一滴血都没有流到胎儿体内,因为子宫和脐带血管之间根本就不通"。这些医生认为胎儿不是通过血液来吸收营养,而是靠从嘴巴吸入"乳汁"而获得营养。他们还进一步否认了"经血"的"终极目标"是供养胎儿的观点,"因为九个月的经血太少,不足以维持胎儿所需营养"。因此,即便非常杰出的医生也认为,几乎不可能确认停经与怀孕早期之间有必然联系。[22]

直至20世纪早期,医疗律师都认为以下这些情况带有"不确定性",在法庭上不能作为怀孕依据:停经、晨吐、乳晕变暗、乳房变大、腹部和子宫变大等。只有当医生可以在腹部能触诊到胎儿的四肢或用听诊器听到胎儿心跳(胎儿心跳与母亲并不同步,而是更快),才会被当成怀孕"确诊"的标志。[23]

在20世纪怀孕诊断技术发展起来之前,不确定的怀孕征兆让女性有相当大的自主权,可以自行判断胎动的时间,而胎动才意味着她们真正怀孕了。约翰·里德尔认为,女性因此不受约束,有大把"通经"的机会,而服用调经药物或通经剂未必就会"导致流产"。不管是在思想上还是法律上,这些药物与流产之间都没有必然联系,这样一来,通经剂就没有被当成"堕胎药",所以也无法确认服用通经剂的妇女是因为调理月经推迟,还是为了诱发现在所谓的早期流产,而且她自己并没有什么依据、也没有能力去区分这两者。1812年,一位反堕胎者哀叹道,"法律对堕胎只能沉默"——因为事实上几乎无从证明堕胎罪,除非母亲自己"认罪",但她们几乎从不认罪。[24]

为何现代早期的欧洲妇女会堕胎? 在很多时候是因为难产危及生命,为了保命不得已而为之,例如妇女的骨盆太窄、身体太差,或者其他阻碍她安全怀孕并分娩的因素。法国《百科全书》上"流产"的词条文章也提到,已婚妇女打掉孩子是为了保全家产,未婚女性流产是为了逃避通奸的严重后果。不过很多情况下，通奸怀孕被发现和药物堕胎对女性生命的威胁程度不相上下。18 世纪的医生们也指出，为了保持青春靓丽、逃避照看孩子和家庭责任，女性甘愿承受堕胎的痛苦。[25]

　　法律并不能告诉我们太多历史上堕胎的实际案例和堕胎药的使用情况，历史学家对现代早期欧洲堕胎的频率也远不能达成一致。诺曼·海姆斯（Norman Himes）和约翰·努南（John Noonan）宣称避孕药根本就不管用，在 20 世纪以前女性就没什么办法控制生育。药理学家路易斯·莱温（Louis Lewin）在 20 世纪 20 年代写了大量关于堕胎药的文章，与海姆斯和努南两人的观点相反，他和药物历史学家拉里莎·莱布罗克－普仑（Larissa Leibrock – Plehn）认为现代早期欧洲反堕胎法律的加强恰恰说明了堕胎药在广泛使用。里德尔同意此观点，而且反驳了安格斯·麦克拉伦（Angus McLaren）的看法，后者认为直到 18 世纪末期避孕药才开始广泛使用，他的论点是基于人口结构的证据，因为从 16 世纪到 18 世纪人口出生率一直趋于稳定。里德尔和爱德华·肖特对此评论说，在整个现代早期，避孕药曾经丰富的知识积累在"消失"，妇女继续偷偷去堕胎的同时，法律制裁阻碍了堕胎药的知识发展。社会学家甘纳尔·海因松（Gunnar Heinsohn）和奥托·斯泰格尔（Otto Steiger）备受争议的《摧毁助产婆》（*Vernichtung der weisen Frauen*）声称，妇女的避孕药和堕胎药知识在猎杀女巫的政治迫害中被摧毁了，堕胎药的知识同女巫一起被烧掉了，因为女巫中有大量助产婆。尤林卡·布鲁拉克（Ulinka Rublack）考证了 17 世纪流产在德国的盛行，有力而准确地反驳了只有妇女才了解和使用避孕药的观点。[26]

　　之所以有这些争议，原因之一是堕胎一向不是什么光彩的事，即使要做通常都是关起门来偷偷摸摸地做，还因为欧洲各个地方的堕胎方式迥异，以及上文讨论的原因，"堕胎/流产"这个术语本身就含糊不清。分歧还来自学者们所引证的材料,本草学、助产术手册、医案集、审讯记录、文学和诗歌等,不同的材料常常会让人得出截然不同的结论。

例如,里德尔和莱布罗克－普仑取证的是本草学中的堕胎线索。这类植物学概要是草药医生、医生、药剂师和有文化的民众用来鉴别有特定用途的植物,通常提供拉丁名和俗名、植物用途、特定植物可能生长的地区,重要的是配有插图,确保草药医生可以采到正确的植物作为医用。大量欧洲的本草学仅仅是从迪奥斯科里季斯(直至 17 世纪,他的《药物学》都被誉为欧洲药典中的圣经)、阿维森纳、盖伦、希波克拉底、塞奥弗拉斯特(Theophrastus)或者非洲的康斯坦丁诺斯(Constantinus Africanus)等人的著作中逐字逐句翻译过来的。里德尔和莱布罗克－普仑指出,这些药典中提到了各种药剂和阴道栓剂,如刺柏、薄荷油、桃金娘、桂竹香、苦羽扇豆、芸香（“生殖的敌人”）、淫羊藿和马兜铃属植物、毒胡萝卜①、杜松(juniper)②、喷瓜,以及其他一些物质,包括蜂蜡。尽管这些药典经常提到堕胎药,但它们的配制和剂量信息却常常含糊不清。约翰·杰勒德(John Gerard, 1545—1612)《杰勒德草药》(The Herbal or Generall Historie of Plantes, 1597)的词条就是典型例子:“用酒煮刺柏叶子,大量喝下直到想排尿,然后用力排尿,使经血流出,胎盘胎膜脱落,产下死婴,胎动停止。”要想这些植物产生疗效,需要弄清楚植物有药性的部位,根、汁液、树皮、花、种子还是果实。也需要了解恰当的采集时间（春天、夏天、秋天）,并根据月经周期和同房时间选择服药时间、剂量和

---

① 拉丁学名 Thapsia garganica,一种地中海伞形科植物,可以提取毒胡萝卜素。
② 拉丁学名 Juniperus communis,与本章讨论最多的叉子圆柏（刺柏）同被归入刺柏属。

频率等问题也要注意。本草书很少会解释得这么详细，顶多就是植 120
物的某些自然知识汇编，并没有提供相关的药物配方。[27]

　　大部分本草书都是由专业的男性写的，相比之下，我们可能会
觉得助产学对了解避孕和堕胎来说是更好的资料来源。由于女性
的健康主要掌握在助产士手里，她们相比其他人必然积累了丰富的
堕胎药的实用知识，这样说来也不无道理。然而，内容的真实程度
却很难讲，因为助产术是一门靠师徒之间言传身教传承的技艺。总
体来讲，助产士写的书直到 17 世纪才开始出现，其中有不少是为了
反驳新出现的"男助产士"而写的论战书。[28]

　　尽管有证据显示助产士的职责要求她们具备治疗性引产的可
靠药物和流程规范的技术，历史学家就助产士在实施堕胎时扮演的
角色再次产生分歧。一本中世纪的助产术手稿提供了一个这样的
治疗方案，手稿作者将母亲的生命置于胎儿之上，这也是当时普遍
的观点。作者也显然懂得"堕胎"是意味着在胎动之后才会发生，在
这个案例中，需要大费周折："因为孕妇很虚弱，小孩根本生不出来，
无奈之下只能牺牲小孩，这总比母亲也跟着送命的好"。为了将死
婴引产并排尽胎盘、调理月经，这种治疗方案里包含了多种看起来
有效的堕胎药物：

　　半磅的鸢尾根和半盎司的刺柏，在白酒中熬煮，加上半盎司的
药草天蛾粉，1 盎司蜂蜜。熬制好后取适量与 1 德拉克马①牛胆汁混
合配成一份阴道栓剂，再将 2 德拉克马的没药②药片加入汤药中。
阿米糙果芹（bishop's weed）③、车叶草、欧芹种子、香脂油、葛缕子、莳

————————

① 　Drachm，古希腊重量单位，1 德拉克马约重 4.37 克。
② 　橄榄科没药属（*Commiphora*）植物的干燥树脂，有治疗痛经闭经的功效。
③ 　伞形科植物阿米糙果芹（*Trachyspermum ammi*）。

萝、鸢尾和艾蒿各 1 盎司和 3 盎司白酒一起熬煮,再切香薄荷、牛膝草、车叶草和白藓各 1 盎司加入 4 德拉克马汤药中混合。

其他女性的药方书,如埃拉西亚·塔尔博特(Alathea Talbot,1585—1654)女士写的,还包括通经的一些药方,共计 11 条,这些药方中有些活性成分,如芸香,当然也会导致怀孕早期流产。[29]

121　　这样看来,至少有些助产士了解那些堕胎药是有效的。然而,助产士也经常公开谴责堕胎药,"该死的恶药……相当邪恶"。到了 14 世纪晚期,助产术在欧洲大部分地区成为一项公职,有执业许可的助产士负责教会的接生,也越来越多为国家服务,报告秘密的生育及孩子的父亲。更一般来说,她们的职责就是保证分娩过程井然有序。16 世纪之后,"助产士誓言"禁止她们蓄意堕胎。1587 年的"巴黎誓言"(Parisian Oath)就是典型代表,禁止助产士"给妇女开任何处方,或给她们任何其他药物,让她们打掉孩子,不管是未婚还是已婚妇女,违者处死",[30]助产术的书则对堕胎和堕胎药的问题只字不提。17 世纪法国王后那位著名的助产士露易丝·布儒瓦(Louise Bourgeois, 1563—1636),没有公开指导过助产士堕胎,她的《秘方集》(Recueil de secrets)中提到了 9 种月经调节药方,虽然其中一些显然会引起流产,但没有一个药方被贴上堕胎药的标签。露易丝·布儒瓦的女儿后来也成为助产士,她警告女儿说,千万不要在自己家里接生,因为可能会被怀疑在帮人堕胎。男助产士,如 17 世纪的英国人尼古拉斯·卡尔佩珀(Nicholas Culpeper, 1616—1654),也警告助产士们不要给孕妇调经药物,"以免你变成杀人犯"。"故意杀人罪",他警告说,"在这个世界上很少能逃过罪罚,千万别让这种事发生"。简·夏普(Jane Sharp, 1641—1671)《助产士手册》(Midwives Book, 1671)详述了想怀孕或想顺利产下孩子的妇女应该避免的各种事项,按里德尔的说法,这可能是(也可能不是)如何引起流产的暗语。17 世纪的德国助产士贾斯汀·西格蒙德（Justine Siegemund，1636—1705）在她著名的作品中从未提及堕胎药，"国王的助产士"、大胆无畏的安热莉克·杜·库德雷（Angélique Marguerite Le Boursier du Coudray, 1712—1794）在 1777 年关于生殖的著述中也没有提及如何打掉不想要的孩子。然而，库德雷谈到了一些引产死婴的草药配方，也传授了"用手"引产的方法，这也是医生们常用的方法。她认为女性垄断助产士这门技术理所当然，因为在乡下根本就找不到男医生，通常都是她们去医治女病人。[31]

　　然而，不管誓言和手册怎么规定，实际操作并非如此。早在 16 世纪，助产士们就发展了一套周密详细的接生程序，待产母亲会在毫不知情的状况下被带走，有时候还会被蒙上眼睛，藏在助产士家里，直到小孩出生。之后助产士会自行处理小孩，要不交给一位奶妈，要不就送到育婴堂（大概 1740 年以后）。在 18 世纪，哥廷根新建的产科医院的医生和助产士也会给妇女秘密接生，收取食宿费，医院不给妇女堕胎，但她们可以在秘密状态下匿名生产。[32]

　　对助产士来说，保密和沉默无可厚非，因为在整个 17、18 世纪，当局对堕胎和藏匿孕妇的行为已经司空见惯，睁只眼闭只眼。实际上他们对这些事情知之甚少，但如果事情败露的话，就会面临死刑。在法国，时髦的上层妇女喜欢把避孕海绵系在腰带上，我们在激进的反堕胎者居伊·帕廷的作品中可以读到，1660 年有不少于 600 名巴黎妇女向神父忏悔，她们将"自己的孩子闷死在子宫里"。这些妇女并没有被起诉，给她们药物并教她们如何使用的草药医生也没有被起诉。相反，要是一位名门闺秀去世，则会在巴黎引起轰动，如德·盖尔希（de Guerchi）小姐。她不能安葬在圣厄斯塔什教堂（Saint Eustache），而她的助产士玛丽·勒鲁（Marie le Roux）即雅克·孔塔斯坦（Jacques Constatin）的妻子被起诉并判处死刑，她的两位男性医生助手也被审判了，但没有判罪。孔塔斯坦夫人并非业余或非法的堕胎者，而是在巴黎宣誓过的助产士之一，受人尊敬，她其实也否认自己给过德·盖尔希任何药物。可惜很不幸，她在实施堕胎时孕妇去世了，而这名妇女恰好是法国宫廷受欢迎的女性。审判都没有关注具体细节，如胎儿是否已经有胎动，而是讨论这位不幸的助产士是该被活活烧死还是绞死。最后，她被执行了绞刑并暴尸，尸体被鸟类、虫蝇啃食，直到"什么都不剩"。急需尸体的解剖学家都没有把尸体偷走，28 岁的路易十六从比利牛斯山（Pyrenees）回到巴黎时，她已经被暴尸 10 天了。[33]

从勒鲁案这样的审讯记录可以一窥曾经的医药实践。尤林卡·布鲁拉克（Ulinka Rublack）探讨了 17 世纪晚期德国的法庭记录，母亲、朋友、草药商、医生和情人让妇女吞下由月桂树、薄荷油、123 刺柏和其他各种本草配成的强效药物。[34]但是我们必须当心的是，切不可将这样的记载推而广之，因为这些法院的文本很显然都是堕胎失败的记录，虽然可以给我们展示一些离奇的案件，但并无法准确反映常态。

在讨论现代早期欧洲堕胎药的过程中，历史学家没有探索过药典（*Pharmacopoeia*）和医生的药物学（*Materia medica*），前者是官方为了保障治疗方法的统一性而编纂的药物典籍，后者是给医学学生编写的讲义，讨论这些药物的使用方法和疗效。欧洲最常用的堕胎药——刺柏、芸香和薄荷油在 16 世纪一问世就被药典收录，堕胎药的词条通常会警告读者在服用时要当心它们强效的药力。

药典往往只是药物名录，但医生们的药物学则会详细讨论药物的特性。17 世纪 80 年代，莱顿的植物学教授保罗·赫尔曼详述了堕胎相关药物的使用方法：有些草药可以预防流产；有些会刺激经血，诱发流产和分娩，也可以用来引产胎儿和排出胎盘；还有一些则会"杀死"胎儿。最后这种需要将斑蝥（Spanish flies）浸泡在莱茵河白葡萄酒中,1 吩(scruple)①斑蝥浸泡在 4 盎司酒中。他继续说道,刺柏也有同样的药力,"平民百姓(意思是底层妇女)都很了解这种药物"。尽管赫尔曼宣称自己不赞成使用该药,但他提供了两种刺柏药方以及足以引起流产的剂量:将刺柏和益母草混合榨汁,一次服用 2 打兰(dram)②;或者,用少量刺柏粉或新鲜刺柏加入蓖麻后一次服用 1 打兰。如果把这些药方放在亚麻袋里就制成了阴道栓剂,置于阴道,就可以将婴儿"引产排出"。赫尔曼还推荐用刺柏将婴儿从子宫中清除干净,他甚至注意到"邪恶的妇女"用欧细辛(asarabacca)③根诱发"流产",但同时又提供了这种药方配法:1 吩蓖麻、半吩硼砂、半吩欧细辛,磨成粉或制成药丸。植物学家和医生林奈在 1749 年的药物学中列举了 5 种堕胎药和 53 种通经剂,这5 种堕胎药包括喷瓜汁、药西瓜瓢、马兜铃、苔藓以及刺柏。[35]

　　本草学、助产术手册、审讯记录、药典和药物学等所有的材料都集中起来,就可以发现医生、助产士和妇女自己对诱发流产的药物都有广泛的了解。正如我们将在第四章中会看到的那样,从医生的病例历史也表明他们和病人都了解堕胎药的知识和用法。

　　最后,充满想象的流行文学也在一定程度上反映了现代早期女性使用堕胎药的情况。乔瓦尼·薄伽丘(Giovanni Boccaccio, 1313—1375)的《十日谈》(Decameron)中有两位修女,她们在讨论"世间乐事"和一名妇女如何享受与男人的欢愉而不会有后顾之忧。如果不幸怀孕了,"有一千种办法",她们宣称,"可以去处理这事,只要我们自己不说,没人会知道"。300 年后,17 世纪英国本·琼森(Ben Jonson)的"傲慢情妇"宣称,妇女如果想永葆青春靓丽,总有各种避孕

①　医衡质量单位,1 吩合 20 格令,1.3 克左右。
②　医衡质量单位,为 1/8 盎司,合 60 格令,3.89 克。
③　马兜铃科细辛属植物,学名 *Asarum Europaeum*,欧洲常用的药用植物。

的"完美药方"。丑闻缠身的萨德侯爵（Marquis de Sade，1740—1814）在《闺房哲学》（*La Philosophie dans le boudoir*，1795）中建议，一位好妻子"背着丈夫寻欢作乐"时，如果避孕失败，就要做好堕胎的准备，并推荐说刺柏是可靠的堕胎药。[36]

跨过英吉利海峡回到英国这边，玛丽·沃斯通克拉夫特（Mary Wollstonecraft，1759—1797）在小说《玛丽亚：女人的受罪》（*Maria：or，The Wrongs of Woman*，1798）中塑造了一位出身卑微、被男主人引诱的女仆，在两人偷情后，她受尽了考验和折磨，然后被嫉妒的女主人赶了出来。没有什么钱也没有朋友，这位自取灭亡的女孩决定去堕胎，打掉胎儿或者断送自己的性命：

> 我在慌乱中跑回住处，不再愤怒，绝望地翻箱倒柜找到堕胎药，吞下，盼着自己可以死去，新生命也能停止心跳，我对它的情感实在难以名状。头晕目眩，心跳紊乱，在死神逼近的恐惧里，内心的煎熬被一点点吞噬。这种药药性太强，我不得不卧床几日；幸好我还年轻，身体也很好，终究是挺过去了。我再次爬起来，问了自己一个残酷的问题，"我是否该离去？"口袋里只剩下 2 先令，其他的钱也被同屋的可怜女人花得精光，她拿去付了房租，买了生活必需品。

沃斯通克拉夫特并没有告知读者女仆服用的是什么药。正如我前面提到的，在现代早期的欧洲已经有多种堕胎药，刺柏（林奈将其命名为 *Juniperus sabina*）是使用最广泛的一种，其堕胎药性来源于其精油的成分：醋酸桧酯（sabinyl acetate）。18 世纪一位德国医生发现，这种无色或黄色的精油最常见的处理方法是蒸馏后做成药片，因为浸剂和熬煮的效果往往令人失望，这种精油可以刺激子宫平滑肌，导致子宫剧烈收缩。[37]

刺柏（savin，sabina，savenbaum，sadebaum）是欧洲妇女最常用的

堕胎药,古罗马的加图(Cato)就提及过它,迪奥斯科里季斯、盖伦、阿维森纳和非洲的康斯坦丁诺斯等古代名医都知道它可以作为堕胎药。刺柏原产于欧洲南部和黎凡特(生长在西班牙到高加索一带,甚至奥地利和瑞士的高山地区),是僧侣和修女将其带到了德国南部和中部、法国和其他北欧地区,人们将它种在庭院里。到16世纪50年代,刺柏为英格兰人和苏格兰人所知,并引种栽培:格拉斯哥大学副校长、医生马克·詹姆森(Mark Jameson)在园子里种满了妇产科药用植物,其中就包括刺柏和另外几种堕胎药植物。刺柏的名字萨文(savin)指的是拯救羞耻的妇女,流行的叫法还有"弑婴药"(kindermord)、"圣女药"(jungfernpalme,意思是只要妇女服用了这种植物,不管之前发生了什么,她都可以像处女一样站在婚姻殿堂)、"流产树""幸运草""生命之树""私生子杀手""被诅咒的植物"等。林奈信奉保守的路德教,评价刺柏是"娼妓妇女采用的药,尽管她们自以为神不知鬼不觉,但上帝看得见她们犯下的罪"。除了堕胎的功能,刺柏还被用作通经剂、利尿剂和"活血"药物。[38]

在整个18世纪,医生们都将刺柏评为"药物学中最灵验的药物,可以对子宫产生决定性的影响"。"在子宫内使用刺柏时,是否能确定无误、无法挽回地杀死胎儿并引产"? 1738年,在德国莱比锡附近的哈雷(Halle),医生们就这个问题表态,在咨询了医学"原理、经验和权威"之后,他们回答了一个响亮的"是"。尽管和今天一样,避孕药大部分都是女性在用,但在古代,老普林尼就推荐了男用避孕药,即行房前将杜松果碾碎后涂抹在男性部位。[39]

随着时间的推移,刺柏树在一些地方唾手可得,开始引起人们的警觉。在慕尼黑、苏黎世、图林根等地的植物园,刺柏树会用篱笆拦起来或者种在隐蔽的地方。到了18世纪晚期,一位"名声不好"的妇女曾被怀疑,因为她和一位"健壮的"猎人在一起多年也从未怀孕。最后,附近城堡花园里的刺柏树都被"挖掉了"(报告没说是谁做的),这位妇女很快就怀孕了,一个调查称这名妇女"固定"在经期用刺柏树的叶子泡水喝。[40]

在 18 世纪 90 年代晚期,柏林提尔公园(Tiergarten)里的刺柏树都被砍掉了,原因是游客对它们太感兴趣。当时一位德国教授评论说:"当我在乡间旅行或路过一个乡间花园时,如果看到种有刺柏树……我会怀疑那是某位江湖医生或者小镇助产士家的花园。"18 世纪末,奥地利严厉禁止栽培和贩卖刺柏。直到 1935 年,在纳粹分子鼓励生育的狂潮中,一位德国草药医生写道,刺柏依然被用作堕胎药,因此"在公共区域里栽种……应该被禁止"。他还补充说,在很多植物园刺柏树都用篱笆拦起来,以免公众采摘。在一些植物园的篱笆墙上确实有些迹象表明,有人偷偷闯入过。[41]

那么,关于现代早期欧洲堕胎究竟有多普遍,我们能得出什么结论呢?当然,不可能精确回答这个问题。17 世纪的居伊·帕廷认为堕胎人数高得吓人,并指出单单在路易十四的宫廷助产士凯瑟琳·伏埃森(Cathérine Voison, 1640—1680)的案子中,在执行绞刑前她被起诉差不多做了 2500 次堕胎手术。帕廷还提到,1660 年有600 起堕胎案,其中有 9 起对助产士提起刑事诉讼,帕廷无疑高估了堕胎数字。尽管如此,必须要意识到的是,即使违法,欧洲各国还是有相当多的弑婴和弃婴案发生,堕胎不过是抛弃不想要的后代的方式之一。1776 年《医学公报:欧洲外科与药学年度数据》(*État de médecine, chirurgie et pharmacie en Europe pour l'année*)显示,当年登记了 19353 次出生记录,有 3152 个男婴和 3181 个女婴被遗弃,占了将近 1/3。路易斯·德·若古(Louis de Jaucourt, 1704—1779)在狄德罗和达朗贝尔主编的《百科全书》中写道,在支持建立育婴堂的国家,堕胎和弑婴案件的发生明显减少。[42]

还有种可能是,欧洲上层阶级堕胎比例更高。亚当·斯密(Adam Smith)在《国富论》(*Wealth of Nations*, 1776)中谈到生殖率时写道，"食不果腹的苏格兰高地妇女"常常生 20 多个小孩，而"养尊处优的妇女往往一个都不能生，要么生完两三个就精疲力竭了"。 127
他继续说道，"奢侈的享乐虽然能激发女性的欲望，但似乎总会削弱生育能力，甚至常常让她们失去生育能力"。[43] 可能除了"奢侈"之外，还有其他更具体的原因抑制了这些性活跃的女性的生育能力。

尽管我们无法确定这个时期刺柏和其他堕胎药的使用有多普遍，但根据本草学、助产术手册、审讯记录、药典、药物学、古代小说以及其他一些物品所提供的证据，大量欧洲女性都在控制生育。路易斯·德·若古也许是对的，正如他所言，18 世纪敢于冒险堕胎的人数"相当多"，而且方法"多种多样"。[44] 现在，我要转向西印度群岛，探讨那里的堕胎实践。欧洲对堕胎的态度在多大程度上影响了这些殖民地的堕胎实践与政策？而这些实践与政策又在多大程度上影响了博物学家搜集异域堕胎药并贩卖到欧洲的兴趣？

西印度群岛的堕胎

在殖民地，关于堕胎的话题并不像在欧洲那样遮遮掩掩，部分是因为殖民地的堕胎主要涉及奴隶妇女（而不是欧洲女性），她们只不过是被当成一种资产，因此不会从道德角度去探讨其堕胎一事。1770 年后，废奴主义者开始威胁到奴隶贸易，奴隶妇女被抑制的生育能力便成了医生、立法者和种植园主越来越关心的话题。爱德华·班克罗夫特在《南美洲圭亚那博物学随笔》(*Essay on the Natural History of Guiana*, *in South America*, 1769) 里指出，在蛮荒的海岸，"经常发生这种不近人情的事，对种植园主的伤害最大，不然的话他们会取得巨大的财富"。[45] 堕胎，尤其是奴隶的堕胎并非我们今天以为的个人意识或"生育计划"，而是殖民地反征服斗争的有效方式，对经济和国家也至关重要。

　　在讨论奴隶堕胎的话题之前，我们先看看加勒比地区和南美洲本地人在多大程度上会进行避孕和堕胎。有确凿的证据表明，加勒比本地人口如泰诺人、加勒比人和阿拉瓦克人，在欧洲人来之前，已经很了解并广泛使用堕胎草药。来自新大陆最早的欧洲文本描述

128 了泰诺妇女在极端处境中如何堕胎，巴托洛梅·德·拉斯·卡萨斯（Bartolomé de Las Casas，1474—1566）1502 年与西班牙征服者尼古拉斯·德·奥万多（Nicolás de Ovando，1460—1511）一起远航到新大陆，他对西班牙人的惨绝人寰的描述可能有些夸大其词——如凶恶的军犬撕咬，用利剑开膛剖腹或者砍下胳膊、腿、鼻子甚至妇女的乳房——恐惧让泰诺母亲无比绝望，选择溺死婴儿。尽管如此，他还是描述了泰诺人对堕胎的态度。他继续道，其他妇女如果发觉自己怀孕的话，"会服用草药堕胎，让自己的后代胎死腹中"。意大利探险家吉罗拉莫·本佐尼（Girolamo Benzoni，1519—1570）1541 年抵达新大陆，记录了西班牙人在伊斯帕尼奥拉岛如何毁灭泰诺人，让本地人绝望地用自杀、弑婴和堕胎等方式寻求解脱："大量放弃希望的人跑到树林先杀掉孩子，自己再上吊……妇女喝下一些植物的汁液，终止妊娠，让自己不会生下孩子"。不管是在国内还是在新大陆，欧洲人对故意终止妊娠的堕胎行为，总是归结于绝望的处境。[46]

　　但堕胎药和避孕药的使用显然也是美洲印第安人日常生活的一部分。1799 年至 1804 年间，在新大陆旅行的洪堡，对印第安人有大量记载，他将其称为马库斯人（Macos）和萨里瓦人（Salivas），居住在奥里诺科河（Orinoco）沿岸，这条河流经今天的委内瑞拉和哥伦比亚。洪堡是第一位描述该地区植物的欧洲人，他谴责年轻的妻子不想成为母亲，以及她们的"犯罪行为……服用有害的草药让自己无法怀孕"。他继续说道，"喝这些药可以引起流产"，令他非常震惊的是，"这些药却不会伤害她们的健康"。洪堡怀着当时博学之士们的

典型想法,以为堕胎会丢掉性命,而他却惊讶地发现,自己观察的那些印第安妇女在用了这些草药之后依然可以怀孕。[47]

对于大加勒比地区的本地人何时或者如何发展了堕胎技术,我们所知甚少。洪堡发现本地妇女会靠堕胎来精确计划自己怀孕的时间,一些妇女认为在年轻时最好保持"青春靓丽",推迟到较大的年龄再怀孕,届时再让自己全身心投入到家务和农务活中。其他一些妇女更想在很年轻时就当母亲,认为这是"巩固健康""拥有更快乐老年生活"最好的方式。在更北边的弗吉尼亚,托马斯·杰弗逊(Thomas Jefferson)报告说,印第安妇女"知道用一些植物引起流产的方法",因为她们要跟男人一起打仗和狩猎,生孩子对她们来说很不方便。[48]

尽管欧洲男性整体上不认可堕胎一事,但从他们的记录看,他们其实比较关注美洲印第安人的堕胎情况。在整个这段时期,关于美洲印第安人堕胎的记载很多,时至今日,民族志里依然有不少堕胎的记载。在依然有本土居民的巴西、哥伦比亚、墨西哥、秘鲁和多米尼加岛,女性还在使用各种堕胎药,其中包括最初从欧洲带去的,如芸香,也有源自非洲的,如豆薯,还有一些明显是本地的药物,如沟草根(gully - root)①。

然而,在18世纪的西印度群岛,堕胎的真实抗争紧紧围绕着奴隶妇女。欧洲人很清楚加勒比的非洲妇女使用"特效药"治疗特殊的病症,并引起流产。17世纪晚期,在法属殖民地安的列斯群岛,牧师博物学家让-巴蒂斯特·拉巴宣称"女黑人"可以熟练地用"草药"终止妊娠,"效果惊人"。[49]

相比在欧洲,尽管人们在殖民地可以更公开地讨论堕胎话题,但在这里依然很难知道堕胎过程中的详细情况。实施堕胎的女性

①　蒜味草(Petiveria alliacea),商陆科。

都是私底下偷偷进行,也很少会把她们的详细经历写下来,根本无从知道种植园里实际发生的堕胎次数。和在欧洲一样,这里的堕胎很大程度上都是由女性主导,不受医生掌控。有时候会有交给立法机构的报告,主要是由多年在种植园工作和生活的欧洲医生执笔,里面提到了堕胎方法和数量。历史学家也会关注欧洲探险博物学家们写的笔记和观察记录,如梅里安、斯隆和洪堡,他们对这个地区的植物及其用途很好奇,除此之外,在这些地区旅行的众多欧洲人也会提到一些这方面的内容。历史学家迈克尔·卡顿(Michael Craton)在研究中发现了牙买加沃西·帕克庄园(Worthy Park Estate)的主人从 1795 年开始保留的种植园记录,他与其他种植园主一样非常关心奴隶的生育问题,该种植园每年出生的人口中,每 4.6 个就有1 个流产(包括自发性流产和堕胎)。排除当年的死胎、小产和堕胎失去的婴儿,他估计那年奴隶的出生率会增加 23%—28%,但这个出生率对种植园主来说依然达不到他期望的"人口增长"。[50] 像卡
130 顿用的这种材料非常罕见。

必须要注意的是,殖民地的欧洲医生也在很大程度上参与了殖民地的统治。如上文提到的,种植园主雇用医生的目的就是维持园内健康的人口,尽管对奴隶健康的日常管理通常是由不能下地干活的奴隶老妇负责。医生在需要的时候会看病,也会监督奴隶。1789 年,牙买加立法机构要求医生登记所有的人工流产,这个法案要求"每个种植园的医生……承诺提交年度报告给法官和教区,其中包括种植园主的奴隶人口的增减,以及减少的原因"。[51]

当然,管教奴隶是一项恐怖的工作,而这项工作常常落到种植园医生头上。18 世纪 70 年代,约翰·斯特德曼在苏里南控告了格雷贝尔医生(Mr. Greber),因为后者将 9 名黑奴各砍掉了一条腿,作为他们企图逃离种植园劳役的惩罚。在手术之后有 4 名奴隶死亡,

第 5 位则在深夜里将包扎伤口的绷带拆掉,故意让自己血流不止,直到断送性命。[52]

本书导论所引的梅里安关于金凤花作为堕胎药的记载直击要害,尖锐地将堕胎置于殖民地斗争中,指出这是奴隶反抗的一种方式。当时的见证者和现在的历史学家已经发现了奴隶的多种反抗方式,其中一种是男性奴隶为主的武力暴乱。例如,斯特德曼生动地描述了苏里南的游击队武装冲突,在 18 世纪苏里南的 5000 荷兰人雇用了 1500 名士兵,希望能制约殖民地的 75000 名奴隶。这些士兵忙得不可开交,还要对付“逃亡奴隶”,那些奴隶会逃到内陆腹地,据说逃跑之前会放火烧掉种植园,剖开种植园主老情人怀孕的大肚子,毒死整个种植园的所有活物,不管是牛马还是欧洲人和奴隶,只需要一个指甲缝里藏的那点毒药就够了,根本无法察觉。[53]

其他日常惯用的反抗方法还包括装病,假装最简单的活儿都干不了,傲慢无礼、不听命令、无理取闹,想尽办法捣乱。甚至还有记载称,奴隶会用自杀刁难主人,从而将自己从苦难中解救出来。已知的反抗方法有咬舌自尽,吃脏东西,跳进熬蔗糖的大锅,“一箭双雕,让暴君同时失去收成和仆人”。而堕胎只不过是多种反抗形式中的一种,当时的不少评论者也认同这种看法。历史学家芭芭拉·布什(Barbara Bush)曾强调,在种植园经济中,种植园主要求“黑人”生育就如同希望牛马产仔,拒绝繁育变成了一种政治行为。[54]

奴隶妇女不顾一切甘愿冒险堕胎是迫于西印度群岛两种截然不同的性经济压迫:一是为了种植园产业和财富沦为“生育工具”,二是沦为性工具,她们不得不为岛上的种植园主、士兵和船员提供性服务,当然也包括她们自己的丈夫和情人,在种植园的经济结构中,奴隶中的男性人数远多于女性。女奴清楚地明白,堕胎可以让自己的孩子摆脱被奴役的命运,不管生父是谁,孩子的法定身份都和母亲是一样的。早在 1671 年,多米尼加牧师让－巴蒂斯特·迪泰尔特就证实,一名瓜德罗普岛奴隶妇女拒绝结婚,尽管她的主人同意买下任何她喜欢的男人,她说:"我已经够悲惨了,如果生孩子,他/她只会过得比我更可怜"。将近一个世纪,政治关系变得极为紧张,爱德华·隆再次指出,奴隶"拒绝结婚是不想让后代生而为奴,遭受这么残忍的主人压迫"。[55]

　　迫使奴隶堕胎的殖民地性经济受到几个因素的驱动:欧洲男性想当然地认为可以恣意占有黑人女性,殖民地人口结构极为年轻化,殖民地的生活缺乏法律制约,以及最重要的一点,殖民地的主要人口——不管是欧洲人还是非洲人、自由人还是奴隶——都是暴躁的男性。欧洲人自 1494 年首次登陆加勒比地区以来,定居者都是以男性为主。为了在新大陆建立殖民地,克里斯多夫·哥伦布第二次航海时带着 1500 个人,在 17 艘船组成的探险队中,有大量的牲口、种子和植物,一位医生、一位地图绘制员、几位牧师,但没有一名女性。哥伦布的队伍搜寻印第安人、急需的食物、住处、劳力,以及当地女性提供的性服务。最早的一批西班牙女性于 1497 年跨越大西洋,但依然远远满足不了需求。西班牙女性人口的短缺,加上没有禁止异族通婚的法律或成见,不少西班牙男性娶美洲印第安人为妻,到 1514 年时,1/3 的男性与本地女性同居。[56]

　　17 世纪荷兰、英国和法国在西印度群岛的定居采取类似军事化的管理,普通士兵在军官的指挥下参与种植和收割,这种管理方式让定居人口中的男性比例居高不下。随着这些定居点日渐成熟,岛上大部分种植园主、士兵、船员、商人、博物学家、内外科医生和奴隶依然以男性居多。男女比例的数值并不精确,不同的殖民地差异也很大,但可以确定的是,每个地方都以男性为主。例如,在 1613 年,整个圣克里斯托弗(Saint Christopher)仅有两名欧洲女性。17 世纪七八十年代,马提尼克的欧洲人男女比例差不多是 3∶1(1671 年的数据是2200名男性,730名女性),有这么多女性还是因为1680年和1682年,巴黎大街上的女性孤儿和"名声不好"的妇女被召集起来送到了殖民地。在18世纪中叶,马提尼克岛和瓜德罗普岛的男女比例才渐趋平衡,前者是120∶100,后者是1∶1,因为这两个地方都鼓励移民。圣多明各的人口一直比较少,男女比例居高不下,1681年是8∶1,到1700年依然高达2∶1。1667年,迪泰尔特写道,在加勒比群岛娶妻这事简直令人绝望,"女性的稀缺让定居者们一见到有女性来殖民地就抢着结婚……岛上的人向船长们打听的第一件事就是船队里有没有女人。没人会关心她们的出身、品德或相貌,她们到岛上两天就结婚了,没有任何人了解她们的任何情况"。的确,在整个18世纪,从法国前来的欧洲船队通常85%—90%都是男性。比如牙买加,直到18世纪80年代,欧洲人口女性比例也仅占1/3。当然,欧洲人口在西印度群岛只是小部分,各岛上的比例不一,如1720年瓜德罗普岛上欧洲人占了30%,牙买加则只有8%。[57]

　　运奴船上也是以男性为主。在17世纪有时候的确会运送男女人数相当的奴隶到殖民地,但随着奴隶贸易的增加,从非洲运送的所有奴隶中,成人男性至少占了2/3。在加勒比地区,甘蔗的单一种植越来越普遍,男性奴隶更受欢迎,种植园主愿意付更高的价钱购买年轻力壮的男性。直到18世纪90年代,运奴船上的男女比例依然高达150至180比100。偶尔也有例外,城镇里女性的比例更高,乡下的女奴隶主会养更多的女性奴隶,养她们有时候只是为了卖钱。到了18世纪末,随着克里奥尔人口的增加,加上政治动乱威胁着奴隶贸易走向终结,性别比例开始趋于平衡。在法属殖民地中,马提尼克和瓜德罗普岛比起圭亚那和圣多明各,克里奥尔人口增长更为明显。因此,以瓜德罗普岛为例,种植园男女奴隶的比例到18世纪80年代就趋于平衡了,而圣多明各直到1791年性别比例才达

133

到平衡。巴巴多斯则是例外，男女奴隶人口比例在17世纪晚期达到平衡，牙买加则到1817年才差不多平衡了，此时已经禁止进口奴隶。[58]

　　除了男性比例太高，殖民地人口结构通常也很年轻化。加勒比地区的船员平均死亡年龄只有26岁，欧洲其他殖民地则是38岁。法属殖民地尤为显著，大部分殖民者的年龄为20到30岁，绝大多数男性不仅年轻，还单身。詹姆斯·拉姆赛（James Ramsay，1733—1789）牧师评论说，英属西印度群岛的种植园主更青睐未婚的监工，因为他们比已婚男性成本更低，尽管已婚男性的妻子可能会帮忙照顾病人，帮奴隶接生，为种植园做饭等。他强调说，"种植园主宁愿雇用闲游浪荡、冷漠无情的男青年，或者卑躬屈膝、好色淫荡的老光棍，也不想让已婚妇女出现在种植园主被人挑逗。这些单身男性多半会找个黑人或穆拉托女人做伴，或者偷偷找妓女，在奴隶中找一个也行，只要他们乐意，随他们去"。[59]

　　在欧洲男女人口比例相当的殖民地，人们会更重视道德秩序，奴隶人口更多是靠种族内部更新，巴巴多斯就是这样一个例子。它是英属西印度群岛中为数不多、吸引了大量欧洲女性的一个岛屿。历史学家约翰·瓦尔德（John Ward）曾指出，大量的欧洲女性会强化道德"体面"的观念，在她们的监督下，男性不会和奴隶女性之间发生各种不检点的关系，而不是像牙买加或加勒比其他地区那样。1780年后，巴巴多斯也是少数几个"培养"自己奴隶的岛屿之一。[60]

　　种植园主、奴隶和众多的士兵保护着欧洲殖民地的利益，这些年轻男性需要性服务。约翰·斯特德曼评论说，就这一点而言，对年轻黑人女性和穆拉托女孩的交易在急速扩展。他的日记看上去就像一位年轻中尉夸张刺激的冒险故事，详述了多名送上门来的女性。他在阿姆斯特丹差点无法下船，"一名黑人妇女把女儿送来给134　我享用，当然需要付些钱，最后我们对价格没达成一致"。第二天早上,他"惊讶"地发现一位黑人老妇走进他的房间,献上她的女儿,"希望她成为我的妻子"。他自己喜欢的奴隶女孩乔安娜,曾被他赞美为"世界上最美的尤物",他打算带回英国做他的合法妻子,也是经过和她母亲讨价还价才征得同意将乔安娜带在身边。奴隶女孩提供性服务通常是既定的商业计划的一部分。在苏里南,半官方的纳妾制度被称为"苏里南婚姻",斯特德曼注意到,"庄重的欧洲主妇"必定会谴责这种行为。苏里南婚姻契约里规定,欧洲男性会按约定的金额支付给奴隶妇女的家人,这名妇女会在他驻留殖民地期间既作为他的管家又作为情妇。这种"婚姻"通常还会有一个世俗仪式,会维持到男方死去或回到欧洲。欧洲男性很少会带着这些情妇回去,部分原因是他们中不少人在欧洲已经有妻子。[61]

西印度群岛性经济的另一个特征是缺少一定的法律制约。斯特德曼发现欧洲种植园主非常风流,他总是很晚才睡觉,在其"后宫"中某个"黑皮肤情人"的臂弯中度过长夜。不管奴隶主在殖民地有没有欧洲妻子,他们都会让女性奴隶为自己服务,也让她们为男性客人提供免费的性服务。欧洲人还严加看管,保证这些女性只为自己服务:在牙买加,要是有男性奴隶跟奴隶主或监工的情妇有染,他会遭到阉割甚至更残忍的惩罚。远在好望角的亲历者也证实这样的做法,卡尔·通贝里留心到荷兰士兵跟黑人妇女滥交"毁掉了自己",荷兰东印度公司的驻留小屋里满是黑人妇女和欧洲男性生的孩子。历史学家估计,在18世纪90年代,圣多明各蔗糖种植园里,每25个婴儿中就有一个为奴隶妇女和白人男性所生。[62]

在殖民扩张早期,欧洲男性与女性奴隶之间的交往还常常被隐瞒。17世纪90年代,在马提尼克岛传教的多明我会修士让－巴蒂斯特·拉巴报告说,如果修女强迫奴隶母亲说出白人父亲的名字,父亲将受到法律制裁或被罚款。有一位特别的牧师,很擅长向前来忏悔的女性奴隶套话,尽管奴隶主们叮嘱过他们的情妇要小心翼翼

135　回避问题。然而,有一位奴隶妇女却先发制人,指出孩子的父亲就是
牧师本人。牧师吓得目瞪口呆,因为他不得不承认一个事实,9个月
前自己确实曾在这位奴隶的主人家过夜。在场的人陷入了尴尬之
中,不知道谁更离谱:假装无辜的"女黑人",还是表面虔诚实则不堪
的牧师,还是尊严受损的法官。最后法官不得不解散众人,把奴隶
妇女送回主人那里,等待进一步的消息。听从劝告的奴隶只会在船
员已经随船离开后才会说出白人父亲的名字,或指认在大街上偶遇
的士兵,因为谁都不认识他,说了也无妨。助产士(大多数也是奴
隶)常常也脱不了干系,她们带着穆拉托婴儿去受洗会隐瞒他们的
肤色。人们普遍认为,所有的婴儿在出生后10天内都是白皮肤,只
有指甲和生殖器会暴露小孩的真实情况。[63]

　　各种形式的卖淫行为在整个加勒比地区都很普遍,尽管按官方
说法是非法的。种植园主经常会让自己的奴隶情妇去卖淫赚钱,城
镇里的欧洲妇女尤其是寡妇也会在自己的小旅馆贴上"洗衣妇""女
裁缝"或者"管家"之类的小广告招揽游荡的男客。不管从社会风俗
还是经济利益上考虑,奴隶主都不会和奴隶情人结婚,即使他们有
过这种念头。拉巴神父曾报告说,他在马提尼克岛待了13年,也只
知道两位白人男性与"女黑人"结婚,而且因为受不了风言风语很快
就和他们的非洲妻子分手了。种植园的经济利益也让奴隶主不愿
意跟奴隶结婚,《黑人法典》要求奴隶主和奴隶情妇结婚的话就得还
她自由,而且还要给他们的所有小孩自由。[64]

　　欧洲女性与奴隶男性发生自由的性关系更难被接受,17世纪早
期最先移民到殖民地的白人女性被雇佣为仆人,有的嫁给了黑人男
性。但随着这种雇佣体系的瓦解,移民到殖民地的欧洲女性越来越
少,在整个17世纪,欧洲女性和非欧洲男性发生关系都成了禁忌。
一名白人女性与奴隶发生关系的话,后果非常严重。例如,1698年
在马提尼克岛,一位奴隶主发现自己的女儿怀了奴隶的孩子,准备

插图 3.2 苏里南穿晨礼服的风流种植园主,诗人威廉·布莱克(William Blake, 1757—1827)绘制。请注意他精致的帽子,一位奴隶在伺候他,估计也是他的情人。这是布莱克为约翰·斯特德曼的书绘制的 13 幅插图之一,这本书讲述的是斯特德曼在苏里南的经历。

将她遣送到瓜德罗普岛还是格林纳达的某个地方秘密分娩，男奴则被驱逐到西班牙并被卖掉。在女孩被送走前不久，一位刚到殖民地 137 的波兰人答应娶她，并把这个小孩视为己出。在教堂登记结婚时，他宣称自己是孩子的父亲，据我们对这件事的了解，其实不大可能是他的孩子。[65]

荷兰在这个问题上并没有显得更宽容。在 18 世纪 20 年代，两名欧洲妇女在帕拉马里博（Paramaribo，苏里南首都）产下混血婴儿后被驱逐。10 年后，苏里南一位犹太种植园主的女儿承认自己和一位美洲印第安人发生关系，也被驱逐出了殖民地。斯特德曼在 18 世纪 70 年代哀叹道，"要知道，一名欧洲女性不管和什么样的奴隶发生性关系，前者都遭人嫌恶，后者则丢掉性命，毫不留情"。[66]

自由的黑人女性想跟欧洲男性结婚，状况也没好到哪里去。50 岁的自由有色人种妇女伊丽莎白·萨姆森（Elizabeth Samson，1715—1771）是一位富有的种植园主，宣布自己打算和荷兰新教教堂里 38 岁的白人风琴演奏者结婚。周围的人全都倒吸一口气，城镇里的人觉得对白人来说，娶一个黑人简直"令人厌弃""颜面尽失"，"估计是鬼迷心窍了"。据历史学家科内利斯·戈斯利加（Cornelis Goslinga）说，在人们对这桩奇特的婚事争论不休时，白人新郎去世了，[67] 富有的萨姆森很快又物色到了一个丈夫人选。

医生、植物学和博物学家这些科学人士在性经济中也并非不偏不倚的旁观者。这些欧洲的生物盗窃者在经过殖民地时，常常认为本土和奴隶妇女，如同其他生物资源一样，都是可以攫取的对象。18 世纪 70 年代，蒂里·德·梅农维尔在新西班牙旅行期间，对收留他过夜的印第安家庭妇女想入非非。他声称自己被这位"完美的尤物"所打动，在她身上丝毫找不到一丁点"不足"之处。跟她交谈后，他发现人家已经结婚，但这"让她更加妩媚动人"，最后他把手伸进口袋想掏出一枚金币——但他突然打住了，不是因为担心毁了这位妇女的清誉和幸福,而是担心自己沉湎于"风流韵事,丧失斗志",毕竟自己肩负着重任,要为法国获得令人垂涎的胭脂虫染料。[68]

到18世纪晚期,像蒂里这样邂逅美洲印第安妇女在加勒比群岛并非常态,与欧洲男性发生性关系的妇女大部分都是非洲人,本土女性在殖民地性经济中有时候享有相对较高的地位。17世纪80年代,苏里南总督艾森·范·萨默尔迪克(Aerssen van Sommelsdijck, 1637—1688)的妻子拒绝跟他踏上艰苦的旅行到"蛮荒彼岸",他便带上了一位漂亮的加勒比姑娘当小妾。美洲印第安姑娘通常很受欢迎,但这位女孩的特殊之处在于,她是一位酋长的女儿,是为了巩固双方的政治联盟才被带去的。过了些年,爱德华·班克罗夫特写道,苏里南一些最显赫的荷兰家庭就是通过类似的婚姻传承下来的,这样一来荷兰人就取得了对美洲印第安人的控制权,在殖民地进行贸易、战争、和平等各种谈判时,是荷兰总督而不是本地酋长出面。[69]

其他远航的博物学家在驻留殖民地期间也陷入这样的性经济中。在法兰西岛上为印度公司工作的法国植物学家让-巴蒂斯特-克里斯托夫·菲塞-奥布莱,据说与一位塞内加尔妇女阿梅勒(Armelle)结婚,他向公司为她赎身。其他材料提供了另一种说法,他释放了自己的奴隶,然后和一位有色人种妇女结婚,并生下了好几个小孩,这也不无可能,因为他强烈反对奴隶制。还有一种说法是,他"沉湎酒色而抛弃了科学",还在他所到过的国家里留下了300个小孩——如果真是这样,那他每年得给差不多30个小孩当父亲。后面这种说法不大可能,但并非完全不可想象。试想下,当时牙买加一位淫乱不堪的监工托马斯·西斯尔伍德(Thomas Thistlewood)留下了厚达37本的日记,详细描述了他每天和多位性伴侣交欢的经历。奥布莱似乎买下了阿梅勒,希望与她"同床共枕",但她直到病入膏肓才答应,奥布莱无微不至地照顾了她,总算赢得芳心,他们最后生

138

了 3 个孩子,有一个长大成人。[70]

另一位生物盗窃者让 – 巴蒂斯特·勒布隆在 1790 年当选(只有白人才能参选)圭亚那议会首任副议长,也成为 2 个混血小孩的父亲。勒布隆把大儿子送到法国接受教育,这个孩子长大后成为海地共和国主席的秘书,勒布隆离开圭亚那不久小儿子出生,他从未见过自己的父亲,也没跟他姓。[71]

那时候的西印度群岛还是蛮荒之地,缺少法律制约,居住着大批想发财的男性。不少欧洲评论者把堕胎看作过热的性经济的产物,堕胎一旦被发现,人们谴责的不是奴隶所遭受的虐待或者西印度群岛缺少法律对性行为的监管,而是非洲人与生俱来的放荡本性。例如,斯隆在牙买加短期驻留期间,记载过两种堕胎药,"花篱
139 植物"和"野凤梨"(Caraguata – acanga)①。他写道,后者"在加勒比和牙买加非常丰富,有很好的利尿效果,通经效果也很好,如果剂量不当,会引起大出血。它会引起孕妇流产,娼妓经常会故意用它打掉自己的孩子"。[72]

半个世纪后,爱德华·隆在牙买加对堕胎也有类似的评价:"一般来讲,来这里的妇女通常是娼妓,她们中有很多人会服用特效药,引起流产,这样就可以继续做性交易,不会有时间损失,或者妨碍自己的生意。"当时欧洲有学问的男性普遍认为,这样频繁的"胡乱"堕胎必定会降低将来怀孕的可能性,甚至导致不孕,隆也这么认为。类似地,18 世纪 70 年代跟随兄弟和亲戚从苏格兰来到安提瓜岛(Antigua)的珍妮特·肖也谴责"年轻的黑人姑娘",用她的话说,"时刻为她们的白人情夫准备着"。肖评论说,为了不让怀孕影响到他们的欢愉,"她们使用某些药物摆脱这样的累赘"。牙买加总督爱德华·特里劳尼(Edward Trelawny, 1699—1754)补充说,这些"乡下

———————

① 企鹅红心凤梨(*Bromelia pinguin*)。

姑娘和两种肤色的人都睡过，根本不知道小孩是谁的"，为了避免麻烦，她们只好堕胎。[73]

同堕胎一样，很难了解卖淫是不是如同爱德华·隆和其他人所暗示的那样普遍。斯隆、隆和其他批评非洲人道德观念的欧洲人，都不区分奴隶主迫使奴隶卖淫和妇女自己去卖淫这两种不同的情况，后者常常是生活所迫，将其当成一种谋生手段。不管是被迫卖淫还是自己选择卖淫，都被当成非洲人本性败坏，而不会考虑她们可能所处的绝望境地。一位历史学家估计，18 世纪 70 年代圣多明各每 10 名自由的有色人种女性（非奴隶）中就有一人卖淫，而欧洲女性这个比例是 1/20，但这中间有太多模棱两可的情况，很难区分她们，也无法准确估计这个数值。[74]

在"蛮荒彼岸"种植园的班克罗夫特也摒弃奴隶妇女堕胎是迫于无奈的观点，并不认为她们是因为艰苦的劳动、糟糕的食物甚至极端的肉体折磨才堕胎。他提醒读者说，粗劣的食物和高强度的劳动"总能促进健康，让人精力充沛"，他还长篇累牍地抱怨"年轻的乡下姑娘"不愿意因为怀孕引起的不便而失去卖淫的收入。1769 年，他写道："奴隶人口降低的'真实原因'是白人与这些年轻姑娘的性交易，她们从中赚了不少钱。怀孕会终止这门生意，她们想方设法采取各种避孕措施，如果避孕无效，她们就反反复复去堕胎，导致她们在年纪大一些被白人抛弃后就无法怀孕了"。[75]

在海地革命最激烈的时候，米歇尔 - 艾蒂安·德库尔蒂正忙着完成插图版的大部头作品《安的列斯群岛植物与医药图鉴》（*Flore pittoresque et médicale des Antilles*）最后一卷，此卷是关于通经剂药物的，也经常被称为"歇斯底里药"，其中很多是他从"穆拉托妇女"那里了解到的知识（见第二章）。这一类植物通常有很浓烈、刺鼻的难闻气味，用来刺激经血，治疗由闭经引起的黄疸病、偏头痛、精神疾病(vapors)①、抽搐和子宫痉挛等疾病,书中讨论的19种通经剂中有5种在加大剂量时可以引起流产。和欧洲同行一样,德库尔蒂也认为西印度群岛奴隶的堕胎与性服务联系在一起,因为卖淫或被强奸妇女才会堕胎,但他同时也认为有政治因素在里面,妇女不堪忍受奴隶制的残暴,以堕胎报复奴隶主。他提到的植物包括金凤花和二裂马兜铃(*Aristolochia bilobata*),后者在安的列斯群岛医生们看来是致命毒药。因为希波克拉底、盖伦和迪奥斯科里季斯等人早已提到这种药物会引起流产,虽然这种马兜铃植物是圣多明各的特有种,但欧洲人很了解其他马兜铃属植物。德库尔蒂书中提到的通经药物还包括美国省沽油(*Staphylea trifolia*),当地人叫"坏蛋树",殖民地的奴隶妇女经常用这种植物的根"毁掉果实"(即堕胎),以此向奴隶主"报仇"。这种植物药性很强,他不建议内服,"痛苦不堪的妇女非要服用的话,只会自食其果,她们中有大部分会死于剧痛和子宫出血,根本无力回天",据他说这种植物还会引起剧烈呕吐。[76]

　　德库尔蒂写道,奴隶妇女也使用加勒比人称为 *cougari* 的灌状婆婆纳(*Veronica frutescens*),开这个药时"聪明的医生都战战兢兢,分外谨慎",因为其毒性众人皆知,通常是"罪恶的主妇和弑婴的女黑人"用的。最后一种是刺芹(*Eryngium foetidum*),在德库尔蒂之前就有人报道过,普佩－德波特曾在提到这种植物时说,只有卑鄙堕落的人才会用危险的通经剂,"罪大恶极,竟然想夺去她们原本最应该保护的生命"。[77]

　　还有一个令人关注的问题是,从堕胎的政治和经济维度考虑,奴隶主是自由的有色人种和白人的情况下,奴隶妇女堕胎率的差异。因为人工流产的记录通常都不会留传下来,这个问题根本无法

---

　　①　在古代医学中,"vapors"可能指的是癔症、狂躁症、抑郁症、躁郁症、晕厥等各种精神和身体状况。

回答。然而,可能需要注意的是,我们并没有理由相信有色人种会比白人更善待奴隶。自由的有色人种妇女和白人一样,通常会在奴隶身上烙印,有时候甚至会在奴隶胸部留下很粗的字母烙印。苏里南的斯特德曼曾讲到,一个种植园女主人斯托尔克(Stolker)夫人因为被一个黑人婴儿的哭声吵到,便把他活活溺死了。据斯特德曼说,她这样的妇女非常厌恶 1/4 的混血女孩,也憎恶"黑人"姑娘嫁给欧洲男性,会"用最痛苦的方式折磨她们,手段极其残忍"。1774年去牙买加的杰克逊医生(Jackson)说克里奥尔妇女残忍至极,真是罄竹难书,他没有具体所指,应该说的是欧洲后裔。如果监工对奴隶的惩罚不够严厉,她们会"亲自动手"鞭打监工。有的奴隶四肢被紧紧绑在地上的四根柱子上,对怀孕的奴隶"还会在地上挖个坑盛放她的大肚子"。奴隶主经常会将奴隶虐待致死,但他们只是被当成"一时大意"损失了一笔财产,很少遭到惩罚。[78]

堕胎与奴隶贸易

有明确的证据显示,对这个时期的殖民地女性尤其是奴隶妇女和有色人种的自由妇女来讲,堕胎是不争的事实,尽管原因和频率难以确定。随着 18 世纪末欧洲国家扬言要取缔种植园的非洲奴隶供应,堕胎更加受到关注。直至此时,种植园主一直让奴隶妇女白天当"劳动力",晚上提供"性服务",但很少当成"繁殖工具"。据米歇尔－勒内·德·奥贝特伊尔(Michel－René Hilliard d'Auberteuil,1751—1789)称,种植园主估算过,生养奴隶要比直接购买更花钱。奴隶妇女怀孕后期要完全停工 3 个月,照顾刚出生的小孩需要 15 个月,这期间她只能算半个劳动力,总共要损失 18 个月的劳动力,差不多 300 里弗。15 个月的奴隶婴儿只值 150 里弗,但是到了 10 岁就要卖 1500 里弗了,15 岁足有 2000 里弗。从长远看生育奴隶是否划算要看种植园主花多少钱把小孩养到 15 岁。从 18 世纪 60 年代开始,种植园主开始意识到在岛上生养奴隶花费更高,但"克里奥尔黑人"要比进口的"海水黑人"更不容易生病,于是种植园主们开始督促医生采取措施提高生育。[79]

这与美国北部的情形大不相同,即使种植园主采取措施,改善孕妇的条件,但加勒比地区的非洲奴隶人口并没有增加。据斯特德曼称,苏里南每年的人口死亡率是 5%,按他的计算,这意味着"健康的黑人奴隶总人口为 5000 的话,每 20 年就全部死去了"。奥布莱也发现,圣多明各只有"非常小"一部分人口会生育,如果要维持 20 万的奴隶人口,每年需要进口 2 万人。英国西印度群岛的报告显示,仅死于疟疾的奴隶就占了奴隶总人口的 1/50。按现代的算法,如果不持续地从非洲进口奴隶,加勒比地区的奴隶人口将会大约每个世纪就全部消失一次。直至 19 世纪中叶,牙买加和加勒比其他几个地区的人口才实现自然增长。[80]

当今的历史学家把西印度群岛奴隶人口的低自然增长率归结于多种因素。有的强调高死亡率:法属殖民地奴隶的平均寿命为 29 岁到 34 岁,而这个时期在法国的欧洲人平均寿命是 46 岁。有的历史学家强调奴隶妇女的生育率太低,据一个牙买加种植园主估计,在 1794—1795 年,他的沃西庄园里 240 个常驻奴隶女性中仅有一半怀过孕,而孕妇中又有大概 1/4(35 人)流产。更让人震惊的是,在出生的 89 个小孩中,只有 19 个活过了婴儿期,其中 15 个小孩的母亲只生了这一个孩子。也就是说,沃西庄园在 18 世纪养活 2 个孩子的妇女仅有两位,养活 3 个孩子的妇女则只有一位。离得不远的圣多明各是美洲生育率最低的地方之一,在甘蔗种植园,不到一半的成年女性生过小孩。[81]

女性奴隶的闭经和不孕症主要因为疾病、繁重的劳动、糟糕的生活条件和长时间哺乳对排卵功能的抑制,但堕胎也有影响。1777—1785 年间在圣克里斯托夫岛和尼维斯岛(Nevis)上行医的罗伯特·托马斯(Robert Thomas),把"频繁的堕胎"列为引起蔗糖种植园奴隶人口减少的第二个主要原因,首要的原因是奴隶之间"自由而过早的性生活","传染病"、酗酒和长期哺乳则为相对次要的原因。某位自谓"职业种植园主"的科林森(Collins)医生,发现奴隶人口减少的原因有不利于健康的气候、女性奴隶进口的减少、女性不孕症和此前居高不下的婴儿死亡率,"频繁的堕胎"排在这些原因后面。也有历史学家指出,非洲人可能故意挑选了无法生育的女性贩卖为奴,种植园监工的极度残忍,加上家庭破裂和离别,必定也让奴隶对养育后代毫无念想。无论是因为高死亡率、堕胎、低生育率还是糟糕的生活条件,种植园主都不得不从非洲持续购买新的奴隶。[82]

美国、法国和海地分别在 1776 年、1789 年和 1791 年爆发革命,在充满硝烟的局势下,奴隶贸易受到的批判愈演愈烈,种植园主和政府委员会开始考虑奴隶生育和堕胎的问题。人口及其增长事关国家利益,殖民地政府开始采取措施(见结论)。1764 年,法国国王派遣了新总督到圣多明各调查奴隶人口减少的原因,法国殖民地官员同时也开始重视助产术的提高,18 世纪 70 年代在殖民地主要的城市里办了学校,聘请医学教授训练合格的助产士。英国殖民地也开始探讨产科医院的建设。[83]

政府委员会也在调查堕胎原因。牙买加医生詹姆斯·汤姆森谈到了滥交的话题,指出奴隶妇女在早早的年纪就纵欲,沉湎于毫无节制的欢愉,导致不孕。"这些器官变得病态而过于放松",他写道,"根本不利于受孕"。他谴责这些年轻女性说,不少人"凭一己之力千方百计去堕胎,其他人经常用很恶劣的方式帮她们。反反复复的堕胎行为对虚弱的母亲来说非常可怕,时常让她们丧命,或者无法受孕"。就算这些女性最后"决定生下小孩"，汤姆森写道，也只会生下"孱弱不堪的婴儿，会很快夭折，根本无法让种族繁衍下去"。也有人说她们"放纵"的性生活让奴隶妇女年纪轻轻就闭经，爱德华·隆补充道，她们为治疗反复发作的性病而服用的药物常常会让胎儿丧命，也让妇女和性伴侣失去生育能力。爱德华·隆还把"女黑人"频繁的停经归因于她们经常洗冷水澡，种植园奴隶助产士也有责任，据说她们糟糕的接生技术破坏了妇女的生育能力。[84]

然而，对奴隶制的批判也重复着一个世纪前梅里安的观点：奴隶妇女以拒绝生育报复主人，也让后代逃离恐怖的奴役人生。多米尼亚一位牧师尼克尔森神父（Father Nicolson）把奴隶堕胎归因于"残暴"的奴隶主，"人们可以看到"，他写道，"女黑人自行堕胎，奴隶主就无法从她们身上捞到好处了"，但他并不认可"行凶的母亲们"，只是可怜她们的复仇行为。他对种植园主怒吼道，"惨绝人寰！你们终将因为这些残暴的罪行而遭到报应"。法国医生皮埃尔·康佩在1802年也发表了类似观点，认为奴隶妇女凄惨的劳役生活完全剥夺了连动物都有的母性柔情，她们已经退化到"极度反感"养小孩的地步。米歇尔－勒内·德·奥贝特伊尔也将奴隶妇女频繁的堕胎怪罪到奴隶主的残暴：如果"女黑人"经常堕胎，基本上都是主人的错误，他们"极端的暴行扼杀了妇女的母性"。到了18世纪晚期，即使像牙买加的科利森医生这样并不反对奴隶制的人，也认同堕胎是因为奴隶妇女拒绝生下"孩子，然后像自己一样，囚禁在无穷无尽、悲惨的苦役之中"。[85]

《圣多明各灾害史》（Histoire des désastres de Saint - Domingue）的匿名作者也宣称种植园主的残暴扼杀了这些"悲惨的人"生养后代的本能欲望。作者悲叹道，"母亲完全违背天性，杀死自己的小孩，只是为了保护他们不会过这么残忍的人生"。他继续说，这些"不幸的奴隶不再听从本能的呼唤，受到她们对压迫者的怨恨驱使"。作

者展示了大量妇女堕胎和弑婴的秘密罪行,她们是为了报复压迫 145
者,减少他们的暴利。在这本书的一条注释中,作者还补充说圣多
明各奴隶自杀也很普遍,因为他们很多人都相信死后可以回到生养
他们的故土,一个世纪前的梅里安也有这样的说法。"但奴隶的堕
胎和弑婴比自杀更为普遍",作者补充道,有些是害怕生孩子,还有
些是不想放纵的性生活受到阻碍,但更主要的原因通常是不幸的人
生和对残暴主人的怨恨。"女黑人们"有"无数秘密的方法"扼杀
"成为母亲的可能性"。[86]

　　奴隶妇女也会弑婴,只是直接的记载非常罕见。圣多明各的皇
家医生让－巴泰勒米·达齐(Jean－Barthélemy Dazille, 1738—1812)
讲述了一位母亲为了"让他们远离奴隶的人生"而杀掉两个孩子的
故事。她和其他母亲一样,都坚信奴隶死后会被送回非洲故土,在
那里他们的地位、财富、父母和朋友都会回到身边。达齐提醒医生
们保持警惕,提防弑婴的发生。他还谈到了一起令人惊骇的案子,
在"最富有的殖民地之一"——圣多明各,一个看上去欣欣向荣的种
植园里,发现了 31 具婴儿尸体,婴儿全在初生头 9 天里死亡,怀疑是
破伤风所致。种植园的外科医生在第 10 天发现第 32 个小孩还活
着,就去恭喜种植园主,不料第二天种植园主就回复说那个小孩也
因破伤风死了。这名外科医生觉得不可能,就把尸体挖出来检查,
结果发现婴儿的喉咙里塞满了"蔬菜",是窒息而死的。小孩"可恶
的"母亲辩解说,其他女黑人也是用这种方式杀掉自己的婴儿,自己
并没有比她们更加罪孽深重。德库尔蒂也经历了圣多明各的革命,
并讲述了一桩更骇人听闻的案子:一位名叫阿德拉丹(Adradan,奴隶
没有姓氏)的助产士承认自己亲手杀死了 70 个初生婴儿。"看看我
是不是该被处死!"她强词夺理地争辩说,"把小孩养大当奴隶实在
太可耻了,我是一名助产士,我的任务是亲手迎接新生儿来到人世
……我将一根针从婴儿的囟门插入他的脑袋,让他颌骨紧缩而致

命,让殖民地遭殃,现在你该知道是谁的原因了吧"。[87]

146　　无论胎死腹中还是将婴儿安东死,其后果都很严重:参与其中的助产士(通常是奴隶)会同母亲一起遭到毒打,母亲的脖子上还要被套上一个铁圈,直到她再次怀孕。殖民地法律进一步要求所有"女黑人"怀孕之后要向助产士汇报,助产士再报告给医生,医生做好登记。一个"女黑人"要是怀孕又"小产"(通常作为堕胎的委婉说法)的话,就会遭到毒打并戴上铁圈。1785 年,吉罗 – 尚特朗(Girod – Chantrans)亲见了女性奴隶被怀疑堕胎后戴上了枷锁和铁圈,有些妇女不得不"日夜都戴着,直到她们为主人献上一个婴儿"。[88]

　　19 世纪八九十年代,英国下议院就奴隶贸易举行听证会,对奴隶堕胎和弑婴的问题也展开了争论。一位杰克逊医生(Dr. Jackson)在特别委员会上证实,并没有发现"黑人"母亲对孩子缺少感情,奴隶妇女堕胎和弑婴都是为了不让孩子被"粗暴使用"和"残酷虐待",在她们看来身为奴隶只能过得这么凄惨。然而,大多数医生却偏向种植园主,认为他们不该为奴隶人口的减少负责。1789 年,牙买加岛的代表史蒂芬·富勒(Stephen Fuller)向牙买加立法机构汇报说,大英帝国无法"理解"奴隶人口的减少。这并非像废奴主义者控诉的那样是虐待或照顾不周所导致,而是由于三个主要因素:从非洲进口的奴隶人口性别失衡,根据他的计算,进口的黑人中男女比例为5∶3;从非洲新进口到牙买加的奴隶死亡率很高;在牙买加出生的黑人婴儿死亡率也很高,有 1/4 的新生儿在出生后 14 天内死去。在英国接受医学训练的三位医生也支持富勒的说法,证实牙买加婴幼儿因破伤风、卫生太差、缺少衣物、居住环境糟糕、婴儿太多而乳母太少等原因死亡,并非肉体折磨而死。著名医生约翰·基耶尔提供更多的证据,指出"黑人妇女,不管是奴隶还是自由人"都不像大不列颠贫穷的劳动妇女们生养那么多小孩,这主要归结于奴隶

插图 3.3 浪漫化的受罚女奴形象，注意她脚下的底座、痛苦的姿势、漂亮的乳房，以及非洲妇女头顶重物的样子。

妇女"放纵的性生活"。尽管他承认"她们堕胎很频繁"，但他将其归因于她们滥交的本性，而不是被虐待或繁重的劳动。他进一步证

实,他在牙买加管辖的四五千奴隶之中,没有一例堕胎可以怪罪于
148 奴隶主的虐待和过重的劳动。他继续说,适当的劳动其实对妇女更
好,是维持基本健康最好的方式。[89]

今天的历史学家无法弄清楚西印度群岛究竟有多少妇女让自
己的孩子胎死腹中,但堕胎的事实毋庸置疑。敏锐的评论者莫罗·
德·圣-梅里坚信奴隶助产士替人堕胎不过是家常便饭,他自己不
但售卖扩大子宫颈的针筒,还在费城的书店里给人堕胎,他是在
1801 年海地革命期间逃到费城的。历史学家们怀疑奴隶堕胎的记
录都夸大其词,就像奴隶对奴隶主、种植园奴隶和牲口放毒的记载
一样。的确,如汤姆森在牙买加发现的那样,种植园主开始奖励奴
隶怀孕时,一些妇女会因为这些诱惑,如一元钱、一个银币,也可能
是在宴会和节日时穿的红色紧身塔,以及轻松点的工作日程等,假
装怀孕。如果最后没有生出小孩来,她们会制造"失血假象作为证
据"。汤姆森建议,要阻止这种行为,需要雇佣"信得过"的助产士,
不会"包庇"她们,而且会惩戒罪犯,"以儆效尤"。[90]

也无人能确定妇女为了抵制令人绝望的残暴奴隶制而堕胎的
频率,但毫无疑问的是,奴隶妇女会因为各种原因杀死腹中胎儿,不
仅仅只是为了让后代免遭奴役,或者因为营养不良、频繁的强奸、疾
病,以及道德和精神上的无奈感。据说奴隶妇女在各方面将性作为
政治武器:例如圣多明各革命前夕,有些妇女甘愿为法国士兵提供
性服务以交换子弹和火药。[91]然而,还有很多形式的抵抗和屈服行
为,并非总能够区分开来。奴隶妇女可能会屈服于她们无力改变的
现状,但很明显她们会竭尽所能用各种方式控制自己的生育,挫败
149 奴隶主让她们沦为繁殖工具的诡计。

第四章　金凤花在欧洲的命运

前些年在爱丁堡大学的时候……我们几位为了做各种药物试验走到了一起。

——詹姆斯·汤姆森,1820

欧洲人不管走到哪里,多少都会重建欧洲的生活方式,他们会在巴巴多斯的园子里种上胡萝卜、甜菜和豌豆,在圣多明各养鸡、山羊、牛和马。有趣的是,18世纪70年代爱德华·隆还在牙买加的菜园子里种了几种熟悉的欧洲堕胎药——原产于欧洲和亚洲的唇萼薄荷(*Mentha pulegium*),以及原产于欧洲南部和非洲北部的芸香(*Ruta graveolens*)。当然将这些植物引种到牙买加的初衷是不是避孕就不得而知了,毕竟它们像大多数的草药和香料一样,有多种用途。薄荷除了避孕和堕胎之用,据说还可以缓解头晕眼花的症状,也用于泻肺,清除肺部"大量水湿"。[1]

堕胎药是否也在反方向传播? 西印度群岛的欧洲人熟知的金凤花是否传到了欧洲? 它是否也被种在巴黎、伦敦和莱顿的菜园子和花园? 它能引起流产的特性在欧洲是否也变得广为人知,并成为被认可的药物收录到欧洲各大药典里? 它是否像蔗糖、咖啡、巧克力、奎宁、药喇叭和吐根一样,被欧洲女性使用?

在分析金凤花这样的避孕药是否传到欧洲时,我们需要区分知识的传播和植物本身的传播。很清楚的一点是,金凤花这种植物本身,轻而易举就传到了欧洲。自1666年开始,东、西印度群岛的金凤花一再被带到欧洲,并栽培在整个欧洲的各大植物园里,一查植物园栽种的植物名录便可了解。我发现金凤花在欧洲种植的最早记录来自巴黎皇家植物园:1666 年,引种自美洲——最有可能是由我们在前面章节提到过的两个人带回来:法属安的列斯群岛总督菲利普·德·庞西或者法属西印度群岛圣多明各的传教士和博物学家让-巴蒂斯特·迪泰尔特——但皇家植物园的植物名单上没有显示引种的人。到了 1682 年,阿姆斯特丹药用植物园(Hortus Medicus)和莱顿学院植物园(Horto Academico)也栽种了金凤花,是雅各布·布雷内从东印度群岛带回欧洲的种子。伦敦郊外的切尔西药用植物园和乌普萨拉卡尔·林奈的植物园里金凤花也生长繁茂。马德里皇家植物园在 1755 年建立之初似乎就种了金凤花,这也不无可能,要知道西班牙人弗朗西斯科·埃尔南德斯(Francisco Hernández, 1514—1587)在 16 世纪就描述过这种植物。[2]

　　美丽的金凤花在园艺圈广为人知,火焰般明亮的红、黄色让它成为最受欢迎的观赏植物。切尔西药用植物园的菲利普·米勒在他的园艺手册中提供了准确细致的金凤花栽培信息。他十分傲慢地写道,如果管理得当,金凤花在英国可以比在巴巴多斯长得还高大很多,尽管它的茎没比"人的手指粗。有时候温室①的玻璃限制了它的高度,我在切尔西药用植物园种的金凤花高达近 18 英尺,连续开花有些年了,非常漂亮"。[3]不过对米勒来说,它仅仅是观赏植物。

　　尽管欧洲栽培了金凤花,但它作为堕胎药的知识并没有在欧洲扎根。梅里安早在 1705 年《苏里南昆虫变态图谱》中就谈到了金凤花会引起流产的特性。阿姆斯特丹药用植物园的园长和植物学教

---

　　①　原文使用的"火炉(stove)",其实就是早期的温室,指带火炉的或可以加热的房间。这种用法主要出现在 17 世纪,到 18 世纪就很少使用了。作者在正文中对此作了补充解释,为了行文的流畅,这里改为注释。

授卡斯帕·科莫兰编写了这本书的文献注释,按理说应该对书中的内容非常熟悉。除此之外,欧洲药物学的泰斗级人物、莱顿的植物学教授赫尔曼·布尔哈弗刚从阿姆斯特丹回来,在 1727 年宣称"没发现这种植物有什么药性"。为法国医生提供药用植物的巴黎药剂师植物园的栽种植物中,金凤花也并不在列。尽管爱丁堡的查尔斯·奥尔斯顿(Charles Alston, 1683—1760)在他的药用植物园里栽种了金凤花,但他和其他欧洲同行一样,也没有提到过金凤花可以作为堕胎药。[4]

　　我在本章的观点是,尽管金凤花多次被带到欧洲,但它作为堕胎药的知识却并没有传入欧洲。在西印度群岛的欧洲医生很容易就可以了解到它的这个用途,但没有一位医生在行医开处方时会将金凤花作为堕胎药。在我搜集到的所有材料中,只发现了使用金凤花的两个处方:一个是治疗腹痛,另一个是治疗发烧。[5]并没有证据表明关于金凤花堕胎用途的知识受到层层封锁,但这种知识确实在欧洲传播得很有限,有人知晓,但并不普遍。

　　知识的"未传播"如何被记载? 我努力克服的一个问题就是,用什么证明某件很重要的事没有发生。其中一个方法是,比较同时期其他药用植物和金凤花相关知识引进(或未引进)到欧洲的异同,从而探讨未传播的金凤花知识。如果一位医生要将金凤花作为堕胎药引进到欧洲,它需要经过哪些测试才能得到认可? 通过比较梅里安的孔雀花和新大陆其他新确定药物的不同命运,我们可以从中了解金凤花在多大程度上被纳入(或未被纳入)欧洲的药物试验文化之中。由此,本章将探讨 18 世纪药物试验文化,尤其是金凤花和其他西印度群岛堕胎药物在多大程度上是按照当时标准方法被测试的。

151

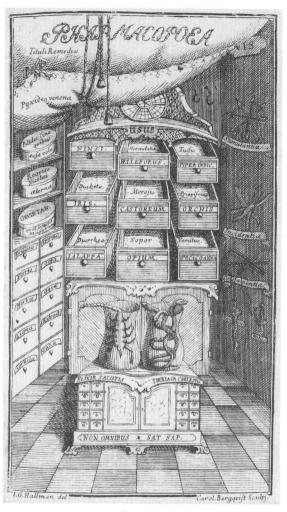

图4.1   林奈的"药典"——既包括描述药物及其用途的印刷
品，也包括获准在药店里销售的药物。药剂师橱柜的抽屉上
都写着药物名字，有几种药物来自新大陆，如药喇叭和吐根。
一种植物要成功进入欧洲药物诊疗方案中通常需要经过当
时的标准方法测试，才能最终作为官方认可的药物，收录到
全欧洲主要城市发行的药典里。

动物实验

18 世纪的医生抱怨药物缺乏"实验知识"的支持,很多植物的药性常常完全基于迪奥斯科里季斯或其他权威人士,而不依靠实证经验。牙买加人詹姆斯·汤姆森是 18 世纪末爱丁堡大学新实验计划的参与者,他补充道,同一种植物在有些病例中显示出"截然相反的药性",还有些病例的治愈得益于那些已知不具有任何效果的药物。[6]

医药测试曾经并不(现在也不)总是和医药的日常使用截然分开的。著名的实验主义者克洛德·贝尔纳(Claude Bernard, 1813—1878)曾写道,"医生每天都在病人身上做治疗实验,外科医生在病人身上实施人体解剖也是家常便饭"。自古以来,医生和各种各样的医者都在对病人进行日常治疗和照料的过程中尝试未经实验的新方法,尤其是在"死马当作活马医"的绝望情景下。然而,如安德烈亚斯 – 霍尔格·梅勒(Andreas – Holger Maehle)所言,到了 18 世纪,药物经常会按照欧洲医药共同体一致认可的程序进行测试,这个时期的医生将这些程序称为"尝试"或"实验",经验(*expériences*)或"同类测试"(*pareilles épreuves*),甚至"控制实验"(*regeln Versuche*)。[7]

18 世纪药物开发的第一步是发现和确认有药效的潜在物质。正如我们在第一、二章所看到的,寻找药物是这个时期的一笔大生意,贸易公司、政府和私人都大量投资在有利可图的新药物搜寻上,可能是和"秘鲁树皮"一样值钱的药物,也可能是烹饪和工业上用得到的香料或染料。在确定潜在性的医药用途时,实验者会检查颜色、气味和味道,从而了解它与已知药物的关联。在实验室用火或

153

其他物质(尤其是血液)测试被当成确定物质化学性质(酸碱性)的重要步骤。

毒性实验是接下来至关重要的一步，通常是用动物做实验。安东·冯·斯托克(Anton von Störck, 1731—1803)是维也纳城市医院的医生，也是实验药物学的先驱，就是按照这些程序开发了乳腺癌的非手术疗法。在乳腺癌只能靠切除乳房的时代，斯托克却研发了不需要动手术的药物疗法，可想而知他有多兴奋。18 世纪 60 年代，斯托克给一只小狗喂了他的神奇药物——毒堇(*Conium maculatum*)提取物，作为实验。他在发表的报告中谈到，第一次实验就用在人身上就是"犯罪"。他在肉中加了 1 吩(1.3 克)的药物，每天给小狗喂三次，三天为一个疗程，把小狗依然健康和好胃口当成药物效果良好的标志。[8]

动物实验当然没什么新鲜的，古时候人们就用动物做实验，主要是测试毒药和寻找解药。拉齐①曾用猩猩测试汞的毒性，帕拉塞尔苏斯(Paracelsus, 1493—1541)②在鸡身上测试乙醚一类的物质。18 世纪，意大利修道院院长菲利斯·丰塔纳(Felice Fontana, 1730—1805)用 3000 条毒蛇、4000 只麻雀，以及大量鸽子、豚鼠、兔子、猫、狗做蛇毒实验。这个时期的实验主义者尤为喜欢用"更高等"的动物做实验，因为它们与人类有更高的相似性，可以将实验结果推及到人体。为此，马沦为实验动物，而狗自文艺复兴以来才成为实验动物。按安德里亚斯·维萨里(Andreas Vesalius, 1514—1564)在帕多瓦的继承者雷尔多·哥伦布(Realdo Columbo, 1515—1559)的说法，猩猩、熊和狮子与人类有更高的内在相似性，但一动刀它们就变

① 拉齐(Razi, Muhammad b. Zakariya, 864—924)，波斯哲学家、医学家、物理学家。欧洲人称 Rhazes。

② 瑞士医生，反对体液学说，主张医学应该建立在观察和经验之上，被誉为毒理学之父。

得狂暴,想活体解剖就很困难,而猪又太肥,嚎叫起来让人难以忍受。[9]

很重要的一点是,欧洲药物试验不只是在欧洲进行,也在西印度群岛殖民地实施。在殖民地从业的欧洲医生将公认的药物试验方法带到殖民地,并经常就地测试新药物。例如,菲利普·费尔曼在苏里南将1打兰(1/8盎司)的木薯根汁液喂给一只3周大的小狗,2分钟后费尔曼发现这只狗"翻来覆去,极为痛苦地垂死挣扎",并在32分钟后死去,两只小猫也因此死掉。不用说,费尔曼当然不会自己尝试这种有毒的根。[10]

跨越多个领域的数学家拉孔达米纳在圭亚那时也用鸡做实验,测试传说中的亚马孙箭毒。"在卡宴逗留期间",他写道,"我很好奇放了快一年的箭毒液体是否还有毒性,也想知道蔗糖是不是真的如传说的那样可以安全解毒"。按惯例,他在做实验时请了一些见证人:殖民地总督、几位驻军官员和一个殖民地的皇家医生。他用空管吹了一支很小的箭射伤了第一只母鸡,伤势很轻,这只鸡活了15分钟。另一只鸡只是翅膀被箭刺伤了,不停地抽搐,尽管这只鸡在"昏迷"之后被灌了糖水,还是死了。第三只鸡和第二只一样,在刺伤后立刻被灌了糖水,似乎"没有什么问题"。[11]

对有潜在价值的药物,人们还会在欧洲做重复实验。拉孔达米纳一回到欧洲,就在莱顿重复了他的箭毒实验,这种箭毒里有30多种草药或根茎,实验由马森布罗克(Mussenbrock)、杰勒德·冯·史威腾(Gerard von Swieten, 1700—1772)和亚比努斯(Albinus)几位教授见证。但实验并不奏效,他将失败原因归结于一月份的寒冷气候,以及箭毒从亚马孙到欧洲漂洋过海的长途旅行中失去了毒性,"毒性实验重复失败",他写道。[12]

拉孔达米纳这类探险家经常会和从未离开过欧洲的著名化学家、医生和植物学家等共享被测试的药物。在巴黎实验主义者埃里萨安(Hérissant)的请求下,拉孔达米纳将亚马孙毒药样品作为"世界上最大的恩惠"分享给他,结果他拿去后很快就发生了两起事故。埃里萨安没有意识到毒药的威力,在一个很小的密闭空间做实验,他的助手正在里面工作,小伙子很快就动弹不得了。埃里萨安走过来正要"训斥他太懒",却发现他已经非常虚弱,这才想起拉孔达米纳曾警告他说,美洲土著图库纳人(Ticunas)和拉马人(Lamas)在制备毒药的时候,"让一名犯罪的老妇去熬制毒药……当她被毒死时,就说明毒药熬制成功"。小伙子喝了一品脱好酒,吃了一些蔗糖,又呼吸了新鲜空气后才恢复过来。[13]

埃里萨安急于重新测试毒性,就拿自己做实验,因为按通常的观念,"除了自己,用其他人任何人做实验,即使说不上犯罪也很不人道"。一个小时后,他双腿发软无法站立,胳膊也软弱无力,就快不行的时候他跟跟跄跄冲出小屋,像助手那样,在院子里靠酒和糖才缓过来。之后,他又用4只狗、8只兔子、4只猫、6匹马、1头熊,以及鹰、鸽子、母鸡、画眉、麻雀、鸭子、鹅和喜鹊等各种动物,还有无数的蠕虫、毒蛇和昆虫等做了实验,发现只有哺乳动物和鸟类会被毒死。在他的报告中,他强调动物在临死前基本没什么痛苦,对这种毒性发作太快的毒药,糖或盐都无法解毒。[14]

关于动物实验可说的还很多,然而如约翰·格梅林(Johann Friedrich Gmelin, 1748—1804)在1776年所强调的那样,用动物做实验是检验药物对人体可能有用的少数方法之一,"但最终也只能拿人体自身做实验,别无他法"。[15]

自体实验

在动物身上做过实验之后就该做人体实验了,首先从人体内的

液体开始——最好是血液、胆汁、淋巴和痰。然后观察这些液体发 156
生的变化,例如血液,是否变得浓稠或污浊。紧接着重要的一步,通
常是医生拿自己做实验。文学批评家朱莉娅·杜斯维特(Julia
Douthwaite)将这种药物开发传统描述为一种"自传式经验主义"
(autobiographical empiricism),有信誉的被试者仔细记录自己体内细
微的反应,并把这些结果作为可靠的数据提供给其他科学家。历史
学家斯图尔特·斯特里克兰(Stuart Strickland)曾指出,自然哲学家
在认识论上将自己的身体作为"校准仪器",等同于伏打电堆(voltaic
column)、莱顿瓶(Leyden jars)①、温度计和其他堆满实验室的仪器设
备。实验者的身体能够提供其他仪器无法提供的特殊信息,而且在
理想的情况下,人体作为仪器几乎可以模拟无生命物体,像它们一
样对人类飘忽不定的"先入为主预设"视而不见。[16]

　　在普遍的自体实验氛围里,医学研究也不例外,但与物理学家
不同的是,医生极少把自己的身体当作特殊的仪器。阿尔布雷克
特·冯·哈勒尔(Albrecht von Haller, 1707—1777)是一个罕见的例
子,他每天吸食鸦片,长达两年半的时间,命悬一线时还在记录鸦片
对人体的影响。更普遍的情况是,医生们认为自己的身体代表了一
般意义上的人类身体,将自己置于人体实验的最前线,将新的治疗
方法先用在自己身上。在某些方面,医生的身体被认为是"训练有
素的",病人的身体则不然:医学专家必定可以根据身体状况,判断
实验的相关结果,与其他"主观"感受区分开来,而且从健康的身体
所采集到的信息也更"纯粹"。做自体实验的医生可以测试对动物
身体没有影响的毒性,以及健康的人体所受到的影响,他们比虚弱
的病人身体也更能够承受药物带来的危险。[17]

---

　　①　一种用以储存静电的装置,最先在荷兰的莱顿试用,作为原始形式的电容器
曾被用来作为电学实验的供电来源,是推动电学研究的重要工具。

　　自体实验也可以帮医生洗脱罪名,因为对病人可能致命的处方对他自己并没有伤害。按波斯顿医生扎布迪尔·博伊尔斯顿的话说,医生自告奋勇服用某种药物表明他对该药物的"信赖"。[18]

　　到18世纪中叶,自体医学实验已经建立了一套安全的程序。药物测试的顺序是先闻,再接触皮肤,最后才是服用,服用的时候先用舌头轻尝,如果觉得合适才服用。斯托克的毒堇实验就反映了这个过程,他用毒堇提取物在小狗身上做的实验反应良好,让他有了信心,接下来就是自体实验。他从毒堇针叶中提取了药物,将1"格令"
157 的药物放入茶水中喝下去,早晚各一次,连续饮用8天。他没有什么病症反应,就将剂量加到了2格令,依然没有"生病或不寻常"的迹象,他才觉得"有正当理由用在其他人身上了"。[19]

　　斯托克的毒堇根实验就没那么愉快了:他切开新鲜的毒堇根,取了两小滴汁液,抹在舌尖上,舌头顿时变得麻木并肿胀,痛得让他没法说话。"这出乎意料的结果把我吓坏了",他写道,"我对它将带来的后果产生了深深的恐惧"。幸好他还记得酸可以中和很多毒药,于是赶紧用柠檬汁使劲洗舌头,总算可以结结巴巴说话了。之后,他每隔15分钟就用柠檬汁洗舌头,两小时后之后才完全恢复。通过这次经历,他得出结论说,毒堇毒性最强、最有药效的部分是它的根,然后就把根晒干磨粉做成了药片。

　　斯托克似乎是独自一人在房间里做的实验,事实上医生们通常都会反对独自做实验,有两个原因:一是有人"见证"很重要,见证者可以观察、学习和证明实验结果;而更迫切、更实际的原因是,在实验者不省人事的时候可以实施救助,同时依然要把实验结果记录在案。

　　到18世纪末,自体实验的程序更加系统化和有序化。为了克服实验者个体的身体特质造成的差异,医生和医学专业的学生会对潜在的药物进行分组实验,以矫正在不同的身体上得到的结果。詹姆斯·汤姆森报告说,"前些年还在爱丁堡大学时……我们几个联合起来,一起做了各种药物试验,因为我们有理由质疑它们的活性成分"。根据他的报告,医生和医学专业的学生每个人会认领特定的一些药物,拿自己健康的身体做实验。每个人都详细记录每个细节,"脉搏变化、呕吐、头晕和其他每种状况"。如果某个特殊的药物足够重要的话,不同的个体会同时一起做实验,以方便比较。汤姆森继续说,"通常来说,我们会推测所有的结果都是相同的,会有相同症状,然后努力治愈我们希望消除的某些病症"。[20] 在此,我们可以看到从最初在医学学生身上做实验时,就更倾向于用男性的身体,因为直到20世纪晚期,医学专业一直都是以男生为主。

158

　　尽管自体医学实验在18世纪的药物开发中已经司空见惯,医生们依然会有一种英雄主义情结——心甘情愿献身科学。例如上文中测试拉孔达米纳箭毒的埃里萨安,装着毒药的小瓶在他手里炸裂时,他被毒气包围着,感觉自己有种"视死如归"的豪迈。[21] 英勇的实验者们也常常将自己的身体置于自虐的风险中,外科医生约翰·亨特(John Hunter,1728—1793)为了更好地了解淋病,故意将被感染病人的脓血涂抹在自己生殖器的三个伤口上,然后染上了淋病和梅毒。

　　那时候的医生先在自己身上试验药物的效果。那么,像通经剂或堕胎药这类专门针对女性用的药物,他们又怎么做实验呢?爱丁堡大学的实验团队全是男性,迄今为止我也从没发现一例女性自体实验的记录,或者用妻子或女仆的身体来代替医生本人的身体做实验。然而,需要注意的是,在现代早期家庭医药方面通常都是女性负责,需要她们谙习大量的药物知识。安·戴克(Ann Dacre)和埃拉西亚·塔尔博特在自家的果菜园里制备药物,并传播甚至发表了大量家用药方,毫无疑问她们都是在用自己的身体做实验。女性肯定也会用根茎或草药给自己治病,然后观察效果。助产士在制备她们施用的药时,也在实践中测试它们的药效。例如,17 世纪法国皇后的助产士露易丝·布儒瓦告诫其他助产士们,"如果你无法确信药物的效能和使用方法,不管是穷人还是富人,都不要给她们尝试新的治疗方法或药方",这表明助产士们其实会非常仔细地观察她们的治疗效果。在另一个例子中,一位"无名女士"报告说她用一种金雀花种子的药方治疗水肿,在"无数的病人"中反复"试验",包括一名绅士,很明显还有一位孕妇,很可能她最初就是拿自己做的实验。[22]

人体实验

历史学家普遍认为,出于科学目的,用人类身体测试药物和治疗方法,即所谓的人体实验,历来已久,可以追溯到古波斯和古埃及。梅勒(Maehle)、劳伦斯·布罗克利斯(Laurence Brockliss)和科林·琼斯(Colin Jones)等人都曾强调现代医学实验兴起于 18 世纪。在这个时期,医学从业者在明里暗里为自己发展了一套公认的操作程序,即我们今天所谓的规约。然而,18 世纪并不像今天这样,当时并没有正式的道德准则去监管实验过程。教会、政府、医学院都没有制定具体的实验规范,尽管巴黎最高法院曾制止了著名的让 - 巴蒂斯特·德尼(Jean - Baptiste Denys, 1643—1704)的人体输血实验,因为在实验中死了两个人。[23]

18 世纪的医生强调,对新药进行大量重复的实验很有必要。因为一个医生在自己的行医过程中只能在少数几个病人身上测试新疗法,医生之间需要以"病历"的形式记录和交流观察结果。病历的风格日趋统一,内容包括对病人的描述,如病人睡眠、饮食、锻炼等信息,还有治疗方法、疗效和最后结果——"痊愈"、病情减轻或死亡。启蒙运动时期的医生之间会传播详细的观察和实验报告,以期将分散的信息经过系统的收集,促进医学的新发展,造福更广大的民众。这时候的医学图书充斥着大量的医案,以供医生们参考,但同时为了激发更广泛的公众阅读兴趣,这些医案写得颇具小说风格。病历也很受病人欢迎,有些甚至靠通信治病,还让野心勃勃的医生们名利双收。[24]

那时候并没有像现在这样明确的法律去制约人体实验,但医生们的操作依然很有规范性。历史学家保拉·芬德伦(Paula Findlen)以弗朗西斯科·雷迪(Francesco Redi,1626—1697)为例,指出 17 世纪实验过程的设计是为了揭示自然真理,在政治上、物质上和美学上植根于宫廷文化。雷迪是托斯卡纳(Tuscany)大公爵们的私人医生,他首先是名医学人士,掌管着美第奇家族(Medicean)药业,同时还是一位自然哲学家,按照公爵的旨意在宫廷中实施了昆虫繁殖、乌龟断头术和其他大量的实验。[25]这种文化在 18 世纪早期还有些遗留痕迹,例如英国引进土耳其和中国人治疗天花的种痘方法,就是得到了皇室的认可和鼓励。种痘实验的操作者查尔斯·梅特兰像雷迪一样,是权贵家族的私人医生,他和皇家医生汉斯·斯隆爵士一起工作,后者很擅长在科学活动和赞助人之间周旋。作为实验对象的人包括判刑的罪犯、孤儿、士兵和船员,在英国和法国依然需要得到皇室的许可。大量的实验最初是在政府的医院进行,直接受到了王权的制约。

尽管 17、18 世纪各国都受到宫廷文化的影响,但英国皇室的干预与意大利大公们的做法大不相同。种痘实验并没有在宫廷进行,而是在监狱、孤儿院、慈善医院和私人家庭里实施,皇家医生代替缺席的君主在场监督。与雷迪的情况不同之处还在于,实验过程中并没有诙谐的对话或眼花缭乱地展示自然的神奇以娱乐皇室的人,而是用人体进行医药实验,其后果常常关乎生死。

18 世纪的医学实验之所以受到皇室的限制,是因为它常常与国家政策联系在一起。例如,18 世纪用种痘治疗天花的利弊是公众的热议话题,一派认为是坏事,因为这会导致这个国家贫苦劳动人口的爆发式增长;另一派认为是好事,可以促进人口增长,进而增加国家财富和实力。在法国巴黎,种痘术在弃婴医院进行,目的是让这个国家维持"最大数量的公民"。在圣多明各,种痘术被当成"有利于人口、国家和家庭利益"的大好事,因为它不仅减少了整体的死亡率,也保护了年轻人的美貌,如果被天花毁容的话,他们很可能会选择独身。法兰西角仁爱社的常任秘书查尔斯·阿尔托曾谈到,种痘术可以让一位丈夫保持对妻子的柔情,因为她的容颜没有被天花毁掉。[26]

当然,并非所有的药物试验都事关国家大局,实验文化在 18 世纪已经大大扩展。雷迪用书信的形式向赞助人汇报了结果,但 18 世纪的医生通常会把实验报告给科学界的同行。梅特兰用英法两种语言按时间详细记录了他在纽盖特(Newgate)监狱做的种痘实验,将英文版寄给了斯隆,法文版则是为欧洲大陆同行们准备的。约翰·基耶尔在牙买加做的实验(见后文)也以书信的方式,详细报告给了伦敦的唐纳德·门罗(Donald Monro)医生,后来传阅给更多的人。书信、报告和病历就是这样在科学同行中发行和重印,并在专业人士和有文化的公众之间传播。

161   医学史家玛丽·费赛尔(Mary Fissell)曾指出,这个时期医学界并没有独特的职业操守准则,实际上也不需要,因为医生的行为准则常常是基于传统绅士的道德标准,正直、得体,并恪守礼仪礼节。[27]同时,医生个体的行为常常因为具体的事故受到某些制约,例如巴黎输血实验的失败,就受到了来自专业医生或公务机构的压力,包括医学机构。

医学实验也会受到市场的约束。巴龙·蒂姆斯代尔(Baron

Dimsdale, 1712—1800) 提醒同行要谨记希波克拉底誓言第一条：
"提供帮助，或者至少不造成伤害"，没有什么比一个人的生命还重
要。[28] 医生的生计取决于他的名声：粗心大意的医生很快就没有病
人来看病了。即使是弱势群体如加勒比地区的奴隶，也会出于奴隶
主钱袋的考虑受到一定的保护。

　　用人体做药物试验，还有个目的是确定合适的剂量，我们需要
谨记的是，药物从来不是绝对的。现代早期的医生对药物剂量已经
有强烈的意识，不同的剂量可能治病也可能致命。英国医生和植物
学家威廉·威瑟灵以开发毛地黄治疗心力衰竭而闻名，他在采集毛
地黄和制备药物的时候，深感确定统一的剂量极为困难。他意识到
毛地黄的根部随着季节的更替药性差异很大，于是采集叶子制药，
而且总是在每年"这种植物开花"的时节去采。[29]

　　不同的药物制备方式也会影响剂量。威瑟灵认为毛地黄的药
性应该和烟草（Nicotiana tabacum）相似，因为它们都是"同一目的植
物"，于是推测毛地黄的活性成分可能会在长时间煎煮中被破坏。
在实验中，他将煎煮的制药方法变成了浸泡，仅仅是把叶子泡在热
水或冷水中。最后，他为了得到更统一、确定的剂量，又将叶子磨成
粉末。

　　要为各种各样的病人确定准确的剂量，就需要大量的人体实
验，而不仅仅是靠医生的自体实验。谁应该成为这些实验的对象？
除了对慈善机构和私人医治的病人尝试新的疗法和剂量之外，很多
18 世纪的医生会延续古代的做法，拿被判刑的罪犯做实验。用囚犯
做人体实验可以追溯到古希腊的珀加蒙（Pergamum），国王阿塔罗斯
三世费罗梅特（Attalus III Philometor）害怕中毒，就用毒药和解药在
囚犯身上做实验，到了 17 世纪晚期和 18 世纪依然沿用这样的做法。
1676 年巴黎医学院的医生丹尼斯·多达尔（Denis Dodart, 1634—
1703）呼吁用罪犯做最危险的药物试验，1709 年莱比锡大学的克里

162

斯蒂安·沃尔夫（Christian Sigismund Wolff，1679—1754）在一场辩论中，甚至主张对罪犯进行活体解剖这样的古老做法，理由是从中所获取的知识能造福社会。然而，他也指出这些不幸的罪犯依然不够实验所需。[30]

18世纪50年代，莫罗·德·莫佩尔蒂叹息道，实际上很少有"危险的新疗法"经过了充分的验证，并再次建议"为了造福社会"用罪犯做实验。他还支持在实验中幸存的罪犯应得到赦免的观点，"他用这样的方式将功赎罪了"。莫佩尔蒂警告说，囚犯应该只用来做摘除肾结石或子宫癌这样的实验，因为"不管自然的方式还是人为方法"都还不能治疗这类疾病。他重申了多达尔"造福人类"的观点，认为即便用罪犯做实验，也要尽可能减少痛苦，降低风险。而且，医生应该先在尸体和动物身上做实验，然后才是用罪犯。[31]

然而，莫佩尔蒂比同行们看得更远，兴奋地指出可以在纯粹思辨性研究中用罪犯做实验。"我们可能会发现"，他热情洋溢地说道，"灵魂和身体之间奇妙的统一，只要我们敢于在活人大脑里探索的话"。他再次慎重强调公众的福利，继续说道，"比起整个人类，一个人的利益算不上什么"。尽管如此，18世纪并没有人认同弗朗西斯·培根（Francis Bacon，1561—1626）所记载的残忍实验，将一个叛国罪的犯人活生生开膛破肚，把心脏扔到沸水里，那心脏能跳到两英尺高。[32]

但并非所有的医生都认为罪犯的身体是可靠的实验对象。让·德尼在1667年做第一例人类输血实验时，就不顾"诸位严肃、谨慎的人士"奉劝，他们建议他"索要一些罪犯，先拿他们做实验"。德尼担心的是，罪犯们会把"输血当成一种新的死刑"而心生恐惧，"可能会吓得晕厥或发生其他事故"，这样一来会诋毁自己"伟大的实验"，有失公允。[33]

163

如莫佩尔蒂所言，用罪犯做实验"常常雷声大雨点小，真正实施的并不多"。历史学家曾强调医生用诊所和医院里的穷人和无家可归者做实验,但在18世纪同样普遍的是,为了推广新疗法,医生将出身良好的人作为实验对象。当然,一些秘方和创新疗法在给皇室的人治病前通常先用"底层民众"做实验,但天花种痘术引入英国和抗疟金鸡纳的使用却表明,贵族阶级也愿意以身作则,让某种疗法或药方推广到更多人。在天花种痘术从土耳其传到英国的初期,查尔斯·梅特兰推迟了给蒙塔古夫人的女儿种痘,因为觉得她还太小,他也希望小女孩的种痘顺利,可以作为在英国推广这种疗法的典范。蒙塔古夫人的女儿成功种痘后,英国皇室才对种痘术产生了兴趣,也让纽盖特监狱的种痘实验得以实施(见下文)。1722年两位皇室公主种痘也很顺利,进一步提高了此疗法的公信力,不止一位医生评价种痘术既救了公主的命又让"欧洲最讨人喜欢的公主们"留住了美丽容颜。[34]

皇室里人数不多,在人们的认识论里,他们的身体具有举足轻重的地位。在18世纪,无人监管的未成年人和政府职员,如医院的病人、士兵、船员和孤儿,有更多的机会接受新的治疗实验。医院一直都是照顾穷人的福利机构,18世纪新建的大医院满足了国家和医药行业的需求。整个欧洲建了不少像爱丁堡皇家医院(Royal Infirmary)和巴黎总医院(Hôspital Général)这样的医疗机构,为的是降低福利成本,将病房归还给国家,提供带薪的工作机会。这个时期也建了产科医院,为"贫穷而勤劳的商人妻子""贫困的士兵和船员们的妻子",以及未婚女性服务,以保障人口的健康和增长,从而为国家谋利。伦敦、爱丁堡和维也纳新建的城市医院与大学联合,用来训练新的医生,开发新的治疗方法。例如,维也纳的杰勒德·冯·史威腾在1754年开启了一个系统性的临床药物研究计划,斯托克就是他的继任者。[35]

这个时期的医院成了医疗技术开发的实验室,推动着医学实验　164

的革新。医院大量的人口，包括市民和军人，使教学更合理化，临床试验得到更好的控制，医学统计也得到更好发展。贫穷的病人与受过教育的医生之间的阶级差异让医生们拥有控制他们的权威，但对付费病人不会这样，因为付费的病人大多都出身良好。而且，所有医院的病人都习惯了严格的饮食和制度，比起私人病例，医生们在医院更容易控制医学实验的实施。尤其是部队医院，为解剖和验尸提供了大量的病人和尸体。[36]

　　欧洲的医院对来自殖民地的药物进行了大量实验。例如，路易十四授权荷兰医生阿德里安·爱尔维修（Jean Claude Adrien Helvétius，1664—1727）在巴黎总医院和主宫医院（Hôtel - Dieu）对殖民地治疗痢疾的药物"印第安吐根"进行各种实验（diverses épreuves）。1779 年伦敦的唐纳德·门罗汇报了在圣巴塞洛缪医院做的秘鲁树皮实验，这些树皮是西班牙战舰上的货物，"比通常用的树皮大很多，厚实很多，而且有更深的红色"，其药效也比普通树皮更好。殖民地医院也会做药物试验，在西班牙殖民地新西班牙的医院里，弗朗西斯科·埃尔南德斯在 16 世纪就对近 3000 种药用植物做过实验，这些植物都是奉国王之命采集的。马里亚诺·莫西尼奥（Mariano Mociño，1757—1820）和路易斯·蒙塔尼亚（Luis Montaña）从 1801 年开始在皇家本土医院（Royal Native Hospital）和圣安德鲁斯医院（San Andrés）做墨西哥药用植物实验，历史学家安东尼奥·拉富恩特（Antonio Lafuente）评价道，他们的实验为新克里奥尔科学翻开了最具有创新价值的篇章。在西印度群岛的英法殖民地，医学训练和实验主要是在军队医院进行。约翰·休谟（John Hume，c. 1781—1857）在皇家海军担任医生长达 40 年，其中有 10 年是在牙买加服务，对 250 例黄热病和间歇热病人作了观察记录，如果有人死去他会解剖尸体，以便可以更准确细致地描述病症。[37]

　　孤儿是被用来做实验的另一个群体，因为没有家庭干预，这些小孩可以被随意使用。用孤儿做实验一直持续到 19 世纪,被实验的孩子会因为他们的合作得到一些补偿。19 世纪早期,俄国皇太后让一名孤儿接种新型的詹纳(Jenner)①天花疫苗,为了褒奖这个小孩,他有了一个新名字叫瓦辛诺夫(Vaccinov,即牛痘),并由政府花钱送他上学。天花在西班牙南北美洲殖民地曾是人口降低、税收减少的主要原因。1803 年,西班牙国王为了让殖民地战胜天花,命 22 个孤儿男孩作为疫苗接种体传递链,漂洋过海将詹纳疫苗送到殖民地。皇家医生弗朗西斯科·巴尔米斯(Don Francisco Xavier Balmis, 1753—1819)为了成功保持疫苗活性,一路上将牛痘疫苗从一个男孩传到另一个男孩。在经过秘鲁海岸时,这位医生为不少于 5 万人接种了疫苗,这些男孩后来在墨西哥城定居,在国家资助下接受了教育。[38]

性差异实验

异国堕胎药被带到欧洲后如何接受实验检验? 在讨论此问题之前,还有个重要的问题是,18 世纪的医药试验是否也常常将女性作为实验对象? 1993 年,联合国联邦法律规定,应保障女性被纳入临床试验计划的权利。在此之前,药物试验中的女性被试者所占比例明显不如男性,理由是增加女性就需要更多的控制组,成本更高,再者可能对胎儿有伤害(对孕妇而言)。[39] 有意思的是,我们发现在 18 世纪的医学实验要求有女性被试者,而且性别差异的分析被作为很重要的实验结果。不管开发的药物和治疗方法是为了无关生育的健康问题,还是专治女性疾病如乳腺癌,女性都是被测试的对象。

---

① 爱德华·詹纳(Edward Jenner, 1749—1823),英国医生、医学家、科学家,研究及推广牛痘疫苗预防天花,被称为免疫学之父。

　　帕拉塞尔苏斯的医疗化学丰富了盖伦的体液学说,使其在很大程度上主导了18世纪的医学。体液学说宣扬疾病及其疗法常常要根据病人的年龄、性别和性情等发展和变化,在理想情况下医生要将这些因素以及其他影响病人的独特原因都考虑进来,如气候、水、风、品行、营养、职业、穿着等,然后才开药治病。如一位名医所言,一个特定的医学实验需要反复"测试""不同年龄、性别和体质的人,并在一年内不同的季节和气候环境中进行实验"。这个时期的医学实验特意将这些因素考虑在内,当然是指拿人体做实验,而不是动物。[40]

　　最显著的例子莫过于皇室批准的纽盖特监狱医学实验,1721年6名囚犯成为土耳其天花种痘的实验对象。这个实验经过几位皇家医生的精心设计,包括内科医生斯隆爵士和约翰·斯泰格塔尔(Johann Steigerthal, 1666—1740)以及外科医生查尔斯·梅特兰,实验还有25名观察员作为见证者,包括来自不同国家"几位杰出的内科医生"、外科医生和药剂师。这种疗法具有治病救人的潜力,但其安全性是至关重要的问题。在给卡罗琳皇后的孩子们种痘之前,她"恳求用6名囚犯的生命"做实验,"以保障孩子的安全","也为大众谋福利"。值得注意的是,参与实验的罪犯男女各3人,且年龄也做了尽可能的匹配:

　　安妮·汤皮恩(Anne Tompion),25岁;约翰·考斯理(John Cawthery),25岁;伊丽莎白·哈里森(Elizabeth Harrison),19岁;理查德·埃文斯(Richard Evans),19岁;玛丽·诺思(Mary North),36岁;约翰·阿尔科克(John Alcock),20岁。

　　据一名观察员称,"大家都想知道对不同年龄、性别和性情的人做这个手术会有什么样的效果"。实验从1721年8月9日上午9点开始,可能只是为了增加戏剧效果,一位德国观察员的记录称,罪犯们看到梅特兰拿出手术刀时颤抖不已,害怕自己要被处死。[41]

　　不管是私人诊所还是医院的病人,在他们的病历手册里不时会看到医生们在强调,对两种性别进行药物试验的重要性。医生们会详细检查性别带来的差异,例如 17 世纪晚期,波兰但泽医院的法布里蒂乌斯(Fabritius)医生做静脉注射泻药的实验就是如此。他的第一个实验对象是"强壮、精力充沛的士兵",感染了危险的性病,2 打兰的"泻药"(没有详细说明种类)通过虹吸方式被注射到"右胳膊中间的静脉",4 小时后药物开始起效,病人顺利排便 5 次。皇家学会的《哲学汇刊》发表了这次实验过程,称实验取得了巨大成功,被试者没有再用其他药物,就"痊愈了"。[42]

　　法布里蒂乌斯又进一步对"另一种性别"的两位病人做了实验,这一次是医治突发癫痫症。一位是 35 岁的已婚妇女,另一位是 20 岁的女仆,前者在注射药物后几乎马上就有"少量的排便",到第二天她的症状缓解了很多,不久便"完全消失"。女仆在注射当天后接下来几天里排便 4 次,但她很任性,不听从医生的劝告,没多久就去世了。"跑到外面,受凉,也不遵从饮食要求",报告里写道,她"把自己给抛弃了",是她自己的任性妄为,而不是实验导致了其死亡。[43]

　　另一个例子是托马斯·福勒(Thomas Fowler, 1736—1801)在 18 世纪 80 年代做的烟草实验,有 150 位被试者,其中男女人数几乎持平。福勒是英格兰中部斯塔福德郡(Stafford)的一名内科医生,他发现烟草内的碱性盐有利尿的功效,内服可以有效治疗水肿,但是疗效取决于剂量是否合适,如果剂量过高会引起头晕、呕吐或过多排便。在他的实验中,福勒发现如果年龄相同,性别确实就成了最重要的变量。他调整了烟碱制成的利尿剂用量,每天晚饭前两小时和入睡前服用:

　　第一类:21 例(3 男,18 女),35—60 滴。

　　第二类:57 例(29 男,28 女),60—100 滴。

　　第三类:13 例(9 男,4 女),100—150 滴。

　　第四类:3 例(3 男),150—300 滴。

　　在这个实验中,有 2 例极端病人,一位身体虚弱、神经紧张的妇女,名叫萨拉·达德利(Sarah Dudley),只能耐受 20 滴的注射量,而另一位有抽烟习惯的老人查尔斯·尼科尔斯(Charles Nicols),需要400 滴的药量。福勒也在小孩身上试验了他调制的药物,但没有给5 岁以下的孩子使用,因为"他们没有办法准确描述服药后的效果",他如此写道。[44]

　　值得注意的是,菲利普·皮内尔(Philippe Pinel, 1745—1826)和巴黎医药学会建议医院的教学病房要对病人的年龄和性别进行基本的区分。他写道,"我认为应该按年龄和性别归类。这么说吧,每个年龄阶段都有自己的生活方式和病况,从根本上讲,同一种疾病就该有不同的治疗方式,不同的性别也同样如此"。按照皮内尔的建议,病房应先按性别再按年龄分类,对男性应该进一步分为:(1)小男孩到青春期;(2)成年人到 50 岁左右;(3)"更年期"到衰老期。而女性则类似地分为:(1)小女孩到月经初潮;(2)具有生育力的整个阶段,从月经初潮到闭经;(3)更年期到他所谓的"女性衰老期"(*femina effeta*)。[45]

　　除了作为与生育无关的疾病的药物试验和疗法开发的受试者,在一些特殊的女性疾病的医学实验中,女性也作为受试者被仔细观察,如乳腺癌。我们都知道梵妮·伯尼(Fanny Burney, 1752—1840)①令人痛心的故事,1811 年她做了乳房切除手术,没有麻醉或抗菌药,只给了她一杯酒,持续 20 分钟的手术无疑是极其痛苦的"煎熬",[46]不过她的手术好歹成功了,大部分人却没这么幸运。

　　维也纳的斯托克先后在小狗和自己身上试验了抗癌药物毒堇

168

---

　　①　英国讽刺小说家和剧作家。

之后，又开始在患者身上进行实验，尤其是 5 位患有乳腺癌的女病人。起初，斯托克的新疗法大获成功。那是一位 24 岁的女患者，健康状况良好，1758 年 10 月让斯托克诊断，发现右边乳房长了一个鹅蛋大的肿块。斯托克针对这位患者的具体情况开了处方，"每天早晚各一次，每次三片药，每片 2 格令"，到 1 月时，这位妇女病愈，斯托克写道，"从那之后，我就没再见到她来看病"。[47]

　　然而，斯托克的不少受试者都是救治无望才被送到他这里来的，杰勒德·冯·史威腾和维也纳其他大学教授们已经竭尽全力医治他们，但却无能为力。典型的例子如 11 号病例，一位卖水果的 70 岁老妇，左边乳房的肿瘤已经有恶臭和脓疱，冯·史威腾、迪德曼（Dietman）、格拉瑟（Glasser）和尧斯（Jaus）在大学的手术室里给她做过详细的检查，在 1759 年 6 月把"这位可怜的病人"送到斯托克这里。斯托克在病例册里记载道，"整个乳房已经变成褐黑色，里面全是肿块，脓液散发出最刺鼻的恶臭，在很远都能闻到；病人已经痛得根本无法吃饭睡觉"。斯托克给她开了早晚各一次，每次 4 片的内服毒堇药物，并用毒堇叶子进行外敷。一个月后，肿瘤消下去了，他便将病人送回大学的医生们那里，大家看到她的病症得到极大的缓解，都"非常惊讶"。斯托克写道，冯·史威腾付了钱给病人，但不清楚这个钱是作为被试者的酬劳，还是支付斯托克的药费，因为后者建议她继续服药。[48]

　　8 月再次检查病人，发现病情得到进一步缓解，但到了 9 月初，这位老妇坐在大街上卖水果时感觉全身"被一股强烈的寒气袭击"，腹部有"剧烈的疼痛"，紧接着是"很严重而剧痛"的腹泻。斯托克立即让她停止服用毒堇药片，只开了一些止痛药给她。第二天，她的状况并不见好转，还便血，经常晕厥。斯托克在一名叫拉贝儿（Laber）的外科医生的陪同下去看她，用了各种他们觉得可能有效的内服药和外用药，都无济于事。第三天时，她面如死灰，第四天去世了。

169   但医学研究并没有因为老妇的去世停下来，拉贝儿切下了她的乳房，带到大学给教授们检查。据斯托克称，冯·史威腾和其他教授对这种疗法良好的效果印象深刻，但令人惋惜的是，这位可怜的水果贩的"意外死亡"阻挠了"实验的成功进展"。

斯托克用毒堇治疗癌症的实验名声在外，其他医生也开始试验这种方法。爱尔兰的谢拉特（Sherratt）医生用了斯托克的药方，并遵照他的指示精心制备，但300名受试者都没有被成功医治。法国蒙彼利埃（Montpellier）医生让·阿斯特吕克（Jean Astruc，1684—1766）也用了斯托克的药片，也没有成功。伦敦的理查德·盖伊（Richard Guy）报告称，斯托克的疗法"在大不列颠大多数医院和私人诊所，都被最精明的医生们试验过，但没有一个成功的病例"。盖伊猜测毒堇生长环境的差异可能导致了实验的失败，英格兰比维也纳要冷一些，土质也不同。有几位"相关机构的绅士"还联系了斯托克，确保他们用的是同一种植物。结果还是不行，盖伊和同事们就直接从斯托克那里索要了"大量"他亲手制备的药物，每磅价值7几尼。反反复复的失败之后，盖伊评论说斯托克著名的万能药（这个时期盛行的颠茄药物，跟这个有些类似）危害了大量病人，引起头晕、昏迷、虚汗、反胃、乏力等，他甚至宣称一些人已经成为"实验的牺牲品"，"对此还沉默不语简直是犯罪"。[49]

盖伊对同行医生斯托克的指摘并不常见，那时候更常见的是将实验的失败归结于病人或"意外"。例如，致命的天花种痘术在失败时会归因于早期疾病，而不是种痘术本身：一位绅士如果不是"各种不当行为"导致血脉贲张就不会有危险了；一位年轻妇女如果不是辛苦的孕期损耗了身体也不会发生"意外"而死去；一个小孩要不是得了恶性热病以及加重该病的"紫斑"①,也会逃过一劫。[50]

18 世纪的医生和现在一样,更喜欢正面的结果而不是负面的。从医生的医案记载中,我们可以一次次看到绝大多数病人回家后"痊愈",让人不由得怀疑医生们刻意不去记录失败的实验,而且会煞费苦心地选择合适的被试者,以保证最大的成功可能性。医生们常常直接拒绝用"病入膏肓"的病人作受试者,斯托克的批评者理查德·盖伊就拒绝了巴纳比街(Barnaby Street)一位拉丝工梅格斯(Megus)先生的妻子,因为她的乳腺癌已经非常严重,奄奄一息。尽管他拒绝医治她,但却"渴望"了解从她乳房流到胳膊的"癌变体液"的准确"特性"。在病人的允许下,他收集了"一茶匙"的脓液,并用几种"溶剂"进行了测试。[51]

在 18 世纪,欧洲和殖民地的各种人群都在医学实验中作为被试者。除了在病人身上做实验,医生和助产士通常会先在尸体和人体模型上完善新技术。伦敦外科医生威廉·切泽尔顿在死尸上将他著名的"结石切除手术"练习得尽善尽美,可以在不到一分钟的时间将膀胱里的结石切除。约翰·利克(John Leake)于 1765 年为女性创建了威斯敏斯特产科医院,并发明了一套装置"作为妇女和小孩身体的人工替代品",学生可以用来熟悉"所需技能,光靠语言描述很难教会他们"。[52]

种族的复杂性

来自欧洲的殖民地医生也紧随欧洲同行的步伐参与到药物试

---

① 中医又称"紫癜",指血液溢于皮肤、黏膜之下,出现瘀点瘀斑,是小孩常见的出血性疾病。

验中。大部分的殖民地医生都是在欧洲接受的医学训练：牙买加医生在爱丁堡或伦敦学习，圣多明各医生在巴黎和蒙彼利埃学习，英属殖民地和荷兰殖民地的医生都在莱顿学医。他们中不少人也和欧洲学术组织的成员通信，解答欧洲同行们关于殖民地药物或医学手段的相关问题，并在欧洲的著名期刊上发表他们的实验结果。圣多明各仁爱社的成员中有不少医生，他们开始发表自己的实验结果，不过该协会在 1791 年左右就解散了。《牙买加医学杂志》(*Jamaica Physical Journal*) 第一期的主编评论道，"有些奇怪的是，当然我并非想谴责什么，牙买加出版社不时就会发行各种各样的出版物，但医学界从没有过一个期刊"。牙买加内、外科医学院建于1833 年，意味着在整个 18 世纪，机构化的医学研究中心一直在欧洲。当然，本土的美洲印第安人或非洲奴隶也可能有自己独立的医学传统。例如加勒比人和阿拉瓦克人可能就开发了药物试验的方法，欧洲人一抵达就迫不及待想知道他们的方法，但关于他们的医学实践，并没有历史记载留下来。[53]

　　像汤姆森这样在欧洲接受训练的殖民地医生，也是爱丁堡大学实验团队的一分子，在殖民地亦采用欧洲的方式做药物试验。他在18 世纪末从爱丁堡的研究中返回牙买加，并在 1820 年出版了《黑人疾病论…兼评本土疗法》(*Treatise on the Diseases of Negroes... with Observations on the Country Remedies*)。他按照自己受过的训练，"在自己身上"做了一些殖民地植物的实验，如辣椒或未经烘焙的咖啡。汤姆森在一本国外期刊上读过咖啡的文章，希望自己能够从咖啡里找到和秘鲁树皮类似的药效，可以有效治疗间歇性热病或疟疾，又不让自己和病人恶心反胃。拿自己健康身体做的实验"结果很满意"后，他开始等待机会将这种新疗法用在病人身上，"我不敢想当然地认为对病人和对我自己有一样的效果"。见药物"效果很好"，他就把药开给了一位患了间歇性热病的年轻绅士和"一位黑人妇女,她长期受热病困扰,秘鲁树皮和蛇根木都不管用"。他还做了更多的"试验",据他说包括他自己和病人,有欧洲人也有非洲人,测试了美洲花椒(*Zanthoxylum americanum*)、苦木、苦楝(*Melia azederach*)树皮,以及美洲人心果树①等植物。经过这些实验后,他就把这些药物作为常规药物使用,并指出给"黑人"的剂量有时候必须比给白人的要大一些。[54]

尽管殖民地医生倾向于采用欧洲的方式做药物试验,但有时候也会大规模地用西印度群岛的特有人口即种植园奴隶作为被试者。很多时候,殖民地的欧洲医生并非如想象中那样将奴隶当成常用的实验动物豚鼠,对有权势的种植园主来说,奴隶是重要的资产,医生也在为种植园主效命。但有时候医生也滥用自己的权力,至少能找到一个这样的例子,证实医生以欧洲很少见的方式拿种植园奴隶做实验。在此,我们可以仔细探讨约翰·基耶尔对牙买加至少 850 名(也可能接近 1000 名)种植园奴隶做的天花种痘实验。[55]这个实验实施于 18 世纪 60 年代后期,从规模上讲非同寻常,因为很多医生都认为五六位病人就足够了,大型的实验可能会用到 300 个病人。基耶尔的实验另一个不同寻常之处在于,它反映了奴隶的堕胎行为以及欧洲医生对此的了解程度。历史学家在讨论天花种痘时会提到基耶尔的工作,但没有人深入探究他对眼皮底下发生的堕胎了解什么(或不了解什么)。

基耶尔在伦敦学的外科,在莱顿学的医药,早年曾在军队医院当一名外科医生助理。他在牙买加行医长达 56 年,常年为来自各种植园的四五千名奴隶看病——当时这份工作的报酬按人头计算,大概是每位奴隶 5 先令的样子。[56]

172

---

① 汤姆森的原始记载和斯隆在牙买加采集的标本记录为 *Sapota sideroxylon*,林奈定名为 *Achras zapota*,现在更名为 *Manilkara zapota*.

天花种痘在 18 世纪 20 年代引入欧洲，1727 年就传到了西印度群岛。[57]基耶尔的实验是在 1755 年伦敦医学院已经认可该疗法之后才实施的，当时法国和欧洲大陆其他地方还在对这个疗法争论不休。鉴于整个牙买加岛上瘟疫肆虐，基耶尔和殖民地其他人都被劝告在岛上进行种痘，因为"这种方法已经在英国取得了巨大成功"。牙买加医生们遵照了托马斯·蒂姆斯代尔（Thomas Dimsdale，1712—1800）医生在其著作中制定的一套种痘方法——由"一位中间人传到岛上的"——尽管这套方法是为更寒冷的气候所制定，可能在英国的加勒比殖民地并不奏效。

种植园管理者雇用了基耶尔，并要求他为奴隶种痘，也不管他有没有做过相关的医学研究。但我们可以从基耶尔的报告中看出，他抓住了这个自认为难得的机会，探索在欧洲医学圈里还充满争议的问题。因为他的病人都是奴隶，他可以回答欧洲医生们回答不了的问题，包括种痘对一些特殊人群是否安全的问题：处于经期或怀孕的女性（在欧洲因为担心流产不会给这些女性种痘）、新生婴儿（因为担心有致命危险在欧洲不会给婴儿种痘），以及已经感染水肿、热带莓疹或热病的人等。基耶尔在报告中称，他"为同一个病人重复多次种痘"，有时候还自掏腰包，不管是在欧洲还是殖民地，接受种痘的欧洲人都不会这样被反复接种。他在三封信中详尽描述了收集到的信息，分别于 1770 年、1773 年和 1774 年寄给了伦敦圣约翰医院的唐纳德·门罗医生，这些信在医学院被宣读，后来还发表成册。[58]

173　当时还需要考虑的一个问题是，为了安全实施种痘术需要在医学或饮食上有所准备。当时的欧洲医生将盖伦医学奉为圭臬，经常作为口袋书随身携带，他们认为种痘的病人需要长时间的准备，种完后还要接受特殊的隔离治疗。基耶尔为"各种实验"都做了准备，他指出非洲血统的人难以忍受"频繁服用强效的泻剂"，而这是欧洲人种痘前常用的准备程序。他们中有不少人已经接受过"性病治疗",没有办法忍受为热带气候调配的汞制剂。基耶尔建议奴隶服用温和的甘汞化合物和吐酒石,在种痘前一天服用一次,或者在三四天里最多服用两次。他最大的发现可能是,奴隶们根本不需要任何准备,他对300名奴隶没经过任何准备就接种的实验结果很满意——从现代医学观点来看,这是合理的。这也顺应了种植园主的需求,加勒比地区的全部种植园的奴隶都是在同一时间被接种,这样可以避免疾病的扩散。种植园主也担心因为奴隶需要准备或其他要求延长治疗时间而误工,他们巴不得奴隶在整个接种过程中继续在地里干活,只有那些"发高烧的奴隶,或者手脚上脓疱肿胀、无法劳动或拿餐具的奴隶"才不用劳动,这些人可以有一到三天的休息时间。[59]

按照盖伦医学里的变量要求,基耶尔还针对不同年龄、性别和性情的人进行了大量实验。他发现不管男女,甚至精神矍铄、健壮的老年人种痘都"非常成功"。他也对另一端年龄的人群即小孩做了实验,尤其是婴儿,尽管蒂姆斯代尔明确指出两岁以下的小孩不能种痘,除非是"父母强烈要求"。基耶尔在1774年4月27日的第三封信中报告称接种了120个小孩,其中50个还"乳臭未干"。这些小孩在种痘前先服用汞制剂清除内脏的寄生虫,基耶尔发现要特别注意的是,为哺乳期婴儿种痘前只需让母亲服用汞制剂作为准备程序。[60]

然而,基耶尔特别感兴趣是用孕妇实验,他设计了实验去验证种痘是否会导致流产。这个时期的医生们都有意反对为孕妇种痘,尽管他们认为有时候孕妇来找他们就是希望用这种方式引起流产。不管是牙买加的基耶尔还是伦敦的同行都很关注的是,孕妇种痘面临两个危险:一是孕妇在感染天花后一般都会自然流产;二是她们不和大多数人一起接种的话,会面临感染更严重的天花病症的危险。[61]

　　基耶尔在写给门罗的第一封信中，报告了实验的结果，"在六七个月的孕期内接种的话，没有大碍，我觉得之后就有流产风险了，主要不是种痘本身的伤害，而是必要的准备过程影响比较大"。伦敦的同行质疑他道，从非洲妇女的实验得出的结论是否也适用于欧洲妇女，尤其是"上流社会"的女性，她们的体质毕竟比较"柔弱"。基耶尔在回信中断然反驳了伦敦同事的假设，不认为奴隶妇女就要强壮些，而上层妇女在分娩后就可以三四周里什么劳动都不能干，通常还有人无微不至地照顾着。他评论说，在奴隶妇女身上做的实验即便不适用于欧洲上层妇女，至少对"乡下的那部分"女性是适用的。他认为奴隶妇女与欧洲"乡下妇女"有类似的怀孕经历，如农妇和其他从事体力劳动的妇女。[62]

　　基耶尔在此也重申了自己的说法，在他给孕妇种痘的实验中，"没有一起流产事件"发生。在1774年的第三封信中，针对英国同行对这个主题的再次质疑，他回应说自己"煞费苦心"地做过调查。但事实上，他在调查过程中发现有两名奴隶妇女在接种不久后流产了，只好在最后这封信里承认种痘会引起流产。[63]

　　值得注意的是，此故事有个细节是，发生流产时并没有人通知基耶尔到场，甚至没人告知他这事，虽然这在设计种痘实验时被纳入了调查计划。正如我在第三章里探讨的，奴隶人群中的怀孕、流产和女性疾病通常都是奴隶助产士在掌控。在基耶尔工作的牙买加种植园中，奴隶对流产的保密让他调查种痘与流产的关系的努力也白费了。欧洲医生与奴隶妇女两者之间的阶层分化让他无从走175　进她们的生育实践中，以至于他也无法从中获取关键的研究数据。18世纪的医生还没有直接参与生育管理，就牙买加奴隶的堕胎而言，亨利·比姆牧师（Reverend Henry Beame）在1826年写道，"白人医生所知甚少，只能靠猜测"。[64]

基耶尔对奴隶生育实践的缺乏了解更加值得关注,因为他已经深深扎根在牙买加,从 1767 年抵达到 1822 年去世,一直生活在那里。如迈克尔·卡顿(Michael Craton)所言,基耶尔已经成为"本地人"。他有一个非裔助手叫威廉·莫里斯(William Morris),他也从未跟自己阶级的某位女性结婚,但和多位奴隶同居过,如名叫珍妮(Jenny)、多莉(Dolly)、苏珊娜·普赖斯(Susannah Price)和佩兴斯·克里斯蒂安(Patience Christian)的几位,还和一位名叫凯瑟琳·麦肯齐(Catherine McKenzie)的穆拉托妇女同居过。他对这些女性的承诺和责任体现在,他认可自己跟她们生的孩子,并让孩子随他姓,虽然不清楚他是否还和其他奴隶妇女生过孩子。他唯一的儿子约瑟夫·基耶尔(Joseph Quier)为多莉所生,在 1778 年获得自由。在基耶尔死后,他将名为"浓荫林"(Shady Grove)的 250 英亩地产和差不多 70 名奴隶分给了健在的情人和子孙,其中一个女儿凯瑟琳·基耶尔(Catherine Quier)和外孙女凯瑟琳·史密斯(Catherine Ann Smith)继承的财产最多。[65]

其实很难确定基耶尔的实验就规模来讲是否独一无二,其他医生也用奴隶做实验,但规模没有这么大。弗雷泽(Fraser)医生在安提瓜岛接种了大约 300 名奴隶,也写信向门罗报告了自己的发现,他研究了种痘对已经自然感染天花的患者是否"致命"的问题。尽管医学界普遍持相反观点,弗雷泽还是给 5 名已经感染天花的奴隶种痘了,其中有两人死去,他解释说是"缺乏治疗"所导致的死亡。[66] 他还给 40 位白人也做了种痘实验,有 21 名士兵和其他 19 名不同年龄和体质的人,还包括"成熟女性",全都平安无事。

基耶尔的实验还引发了引人注目的种族问题。"种族"一词并非我们现在所理解的这样,17 世纪的医生很少会提到将医疗方法在不同"种族"的人之间传播。如果他们质疑从加勒比奴隶或美洲本土人那里学到的疗法对欧洲人是否管用时,他们会归结于气候差异,

176　西印度群岛热，欧洲冷，这种差异可能会让药物毫无效果。还有的
　　医生如伦敦的威廉·瓦格斯塔夫，将治疗方法的效果差异归结于饮
　　食，他反对将土耳其的种痘术引入英国，认为这是饮食简单、生活方
　　式落后的人（土耳其人）发展起来的一种疗法，不可能"在英国移植
　　成功，或者吸收我们的优势"。英国"民族的血液"，即使是"我们民
　　族最卑微的人"，也是由世界上最丰富的饮食滋养出来的高贵血液，
　　但反过来也会让血液"充满更容易患病的敏感物质"。[67]

　　　　殖民地医生在医学实验中更倾向于认为黑人和白人的身体是
　　可以互换的，这也是基耶尔的观点。在他的所有实验中，他一直辩
　　护的观点是，非洲人和欧洲人的生理差异主要来自饮食、生活习惯
　　和劳动方式。如果要想在非洲人身上做的实验结果也适用于欧洲
　　人，就得相信两者身体的可交换性，反之亦然。像基耶尔这样的殖
　　民地医生关注种族差异的出发点在于，如何医治离散的欧洲人和非
　　洲人：其重点是，可能要根据不同生活条件和生活方式为病人定制
　　治疗方法。在18世纪研究种族身体的殖民地医生中，克里奥尔人托
　　马斯非同寻常。尽管他常常觉得非洲人和欧洲人身体具有可交换
　　性，可以用相同的药治疗"欧洲绅士"和"黑人妇女"，但如我们前面
　　所看到的，在多年的行医经历中，他也设计了多次"实验，验证欧洲
　　人和黑人之间解剖结构的可见差异，尤其是和肤色相关的器官"。[68]

堕胎药

　　　　欧洲人在西印度群岛探索的过程中发现了10多种已知的堕胎
　　药，已经鉴定出来的包括在牙买加、苏里南和圣多明各使用的金凤
　　花，以及在牙买加和苏里南使用的"企鹅"（即企鹅红心凤梨）。爱德
　　华·班克罗夫特在圭亚那鉴定出的"沟草根"（蒜味草）、秋葵（*Hibis-*

cus *esculentus*)①和含羞草(*Mimosa pudica*)。如第三章提到的,德库尔蒂除了金凤花还描述了四种堕胎药:二裂马兜铃、美国省沽油、灌状婆婆纳和刺芹。在牙买加行医的迈克尔·克莱尔(Michael Clare)医生在 1818 年报告上议院特别委员会,助产士用野木薯给孕妇引产。其他医生还提到了咖啡(原产于北非但已作为西印度群岛种植园作物)、药喇叭(本土种)、金鸡纳树皮(秘鲁树皮,也是本地物种)等。欧洲医生对西印度群岛这些堕胎药做过实验吗? 在对一些鲜为人知和危险的医治方法进行实验时,医生们开发了正式或非正式的实验方法,这些堕胎药实验是否按这些方法在进行? 它们最终是否被进口到欧洲?[69]

当某种药物成功进入到欧洲主流药物范围,它就会被收录到欧洲各大药典中。在 16 世纪,欧洲城市各城市理事会就同皇家医师学院一起开始逐步规范药物,发表官方的药物名单,伦敦、阿姆斯特丹、巴黎和勃兰登堡(Brandenburg)发表名单的时间分别为 1618 年、1636 年、1638 年和 1698 年。这些药典,或者说药方书的目的是将已被接受的药物及其配方编纂成册,防止"在配制和合成药物时出现欺骗、偏差和不确定因素"。据约翰·钱德勒(John Chandler)称,18 世纪的药剂师经常滥用一些制剂如泻药和汞剂,以及某些草药,如鸦片、大黄、吐根、药喇叭和秘鲁树皮等。这些都是进口药物,5 种中有 3 种来自美洲。他感叹道,就算是高品质的药物原材料来到英国,也会和一些低劣的原料混在一起,只有专业而谨慎的人才能区分出来。然而,他继续说道,更经常发生的是,"整个东西完全是假的":用芦荟汁浸染樱桃树皮让其有苦味,假冒昂贵的秘鲁树皮;用废弃残渣磨成粉当成真的药喇叭粉卖;将氯化铵磨粉、染色、调味,充当琥珀盐;用马拉巴尔海岸的桂皮冒充正宗的锡兰肉桂;将便宜

---

① 已更名为 *Abelmoschus esculentus*。英文原文 ocro,现通用英文名为 okra。

的牙买加胡椒粉拿去当丁香、肉豆蔻种衣和肉豆蔻卖；黑樱桃水经常是用有毒的月桂叶调制而成的。[70]

以我们现在来看，这些药典上常常会有些没用和恶心的物质，如尿液或"木乃伊人"。尽管如此，药典提供了药物试验的标准，并规定了某种特定药物是否能在欧洲使用。很多新大陆的药物都经过了广泛的实验，最终被大量参考书收录入册，如秘鲁树皮、药喇叭、吐根、愈疮树脂、墨西哥菝葜（*Smilax regelii*）、可可、烟草，甚至蔗糖。那么，梅里安的孔雀花和西印度群岛的其他堕胎药也是如178 此吗？

从17世纪晚期到19世纪早期就不断有加勒比地区使用金凤花的记载。格里菲斯·休斯（Griffith Hughes，1707—c.1758）在1750年写道，在巴巴多斯，将他称为"花篱或西班牙康乃馨"的根茎烧成灰，放进碱水里，"被当成通经良药"。把它的花浸泡在母乳里，可以有效地安抚幼儿。牙买加的爱德华·隆注意到，金凤花的花被做成清淡可口的糖浆，用作泻药，根茎则可以用作漂亮的红色染料。还有的医生将其奉为退热良药，圣多明各的德库尔蒂建议，家家户户都要随时储备一些这种植物的花在家里，用作退烧药。[71]

梅里安的孔雀花也因其退热功能在欧洲受到欢迎，对四日热特别有效，法国军队医院就因为这个药性进口了一些。让－达米安·舍瓦利耶（Jean－Damien Chevalier，1682—1755）在西印度群岛开始他的行医生涯，1752年他对这种植物进行了详尽描述，并探讨了它在马提尼克岛的广泛使用。舍瓦利耶自己用过两次，一次是浸泡在酒中，另一次是在沸水中。他也发现，加点糖进去，把它当茶喝，可以治疗肺溃疡、热病和各种流感，还推荐用金凤花治疗天花。舍瓦利耶写道，他每年都将金凤花寄给法国拉罗歇尔（La Rochelle）的阿莱（Alais）医生，后者用来有效治疗了肺结核。舍瓦利耶发现金凤花比奎宁对热病更有效，也没那么苦。[72]

　　药物试验经常在西印度群岛就地进行，例如我们前面看到的，汤姆森用辣椒和美洲花椒做实验。在某种意义上，金凤花作为堕胎药的知识并非如此，我们可以从威廉·赖特（William Wright，1735—1819）的著述中看到这点。赖特后来成了牙买加卫生局局长，他于1764 年抵达牙买加的金斯敦，在城外 150 英里的汉普登（Hampden）种植园工作。绕种植园一圈有 20 英里，除了白人，里面还有 1200 名奴隶。到 1767 年，他自己拥有了一些资产，包括 7 匹马和 15 名奴隶。赖特终生未婚，他与岛上的女性接触较多，了解她们如何使用金凤花。他记载道，金凤花的叶子有股很"难闻的味道"，据说可以用作"通经剂"和泻药，"有些人虽然这么用，但在正规的行医过程中却不被允许"。他并没有解释谁在用金凤花叶子，也没说医生为何不赞成他们这么用。在赖特的书里可以追溯西印度群岛和欧洲之间的知识链是如何断裂的。在牙买加的早些年头，约翰·奥普（John Hope，1725—1786）和爱丁堡大学的拉姆齐（Ramsey）教授叫赖特为他们收集药物知识。尽管赖特在自己的 5 卷本草药志里记载了金凤花的多种用途，但他并没有将它写进官方报告中，该报告收录了牙买加本土植物，并于 1787 年发表在《伦敦医学杂志》（*London Medical Journal*）上，在他返回爱丁堡后，他也没有将金凤花列入皇家医师学院的药典之中。[73]

　　斯隆在返回英国后成为名医，也没在行医时使用金凤花。如第三章所提到的，尽管有时孕妇需要靠有效的堕胎药来救命，在这种情况下他都靠"手"。斯隆的确也将几种殖民地的产品推广到英国，包括牙买加树皮和可可。[74]尽管他很了解"花篱"植物（他对金凤花的叫法），但他并没有大量采集，也没有把它作为堕胎药纳入到伦敦的行医实践中。如他在《诸岛旅行记》中所言，他非常反对堕胎药。

　　不仅金凤花堕胎功能的知识没有传到欧洲，事实上 18 世纪没有任何一种在西印度群岛使用的堕胎药被纳入欧洲的药典之中。很少有证据表明，从世界各地传到欧洲的知识会被刻意封锁，但有个例外。1763 年 3 月 16 日，法国皇家科学院明确在大会上禁止了一份堕胎药报告的公开发表。这份报告是波旁岛上的德·拉·鲁（De la Ruë）医生寄来的，讲的是当地人用一种植物①制备的膏状药引产死胎。德·拉·鲁在报告中称他在一名欧洲妇女、一名"黑人妇女"以及一只雌山羊身上用这种植物做了实验，发现这种药膏要比又痛又危险的胎儿引产手术更好。这个报告在科学院全体成员面前宣读后传到了图书馆委员会（Comité de Librairie），结果被认定为"内容危险，禁止发表"。德·拉·鲁原本努力想让更多人知道自己的发现，造福大众，却被禁止传播。[75]

　　事实上，堕胎药在欧洲不仅广为人知，也在普遍使用。治疗性引产已经司空见惯，药典上也列举了欧洲最常用的堕胎药物：刺柏、薄荷油、芸香，以及自古以来就在使用的一些药物。在 18 世纪制药竞争中，测试和评估潜在的有用药物时，这类药物是否也包括在内？很显然，并不存在缺少女性被试者的问题，在世纪中叶欧洲各地都建起了产科医院，如同军队医院可以提供足够的男性受试者一样，这些医院提供了足够的女性患者参与实验。[76]

　　在讨论堕胎药实验之前，我们先了解下通经剂，这两种药物常常紧密联系在一起。虽然堕胎药并没在欧洲药物志里被单独列为一类，通经剂却被单列出来。从 17 世纪晚期到整个 18 世纪，医生们对通经剂或调经药物做了广泛的实验，这些药物对女性来说非常重要，在欧洲和殖民地的欧洲人中被普遍使用。

　　这个时期的通经剂使用量惊人，似乎每位女性都觉得需要调

---

　　①　作者引用的文献原文为"the potato with two roots"，按字面意思是"长着两条根的土豆"。具体是何植物，待考。

经。一位研究这些药物效果的医生宣称,"这类药物之多,几乎举不胜举,每天都会发现新药"。这个时期对月经的重视导致对这类药物的过度依赖,医学史家詹纳·波马塔(Gianna Pomata)曾指出,月经被看作清洗身体的必要过程,以至于夸张到男性用放血的方式制造人工月经或失血。在现代早期的欧洲,有大量方法"引导花儿到来"或通经,比如在大腿内侧引起发疱,或在女性肚脐上敷上某种树脂这类让人很怀疑的方法,当然其他方法是有帮助的。[77]

按当时的理解,通经剂(emmenagogue)这个词来自希腊语里的月经(emmena),而"ago"意思是引出。巴黎皇家植物园的安托万·德·裕苏在植物通经药的长篇大论中指出,妇女们常常会错失每月一次的身体清洗,这种情况就需要引起注意,因为可能会引发一系列的病症,包括黄疸、偏头痛、"湿气"、抽搐、头晕、中风、疯癫、喉咙肿得像球、子宫痉挛和不由自主的哭笑等。他将闭经的情况描述为身体"不结实"和"柔弱",导致女性的呼吸和体内循环变慢变弱。他解释说,通经剂的作用是稀释血液,让血液有更大的冲力,突破障碍:"它们能加速脉搏、提高体温,让面色变得红润。"约翰·弗赖恩德在英国对通经剂做了大量研究,也认为"如果没有通经剂,那能靠什么其他方法增加血液的冲力……血液的冲力增加了,经血才能疏通"。[78]

约翰·里德尔(John Riddle)认为现代早期欧洲的通经剂不过是堕胎药的另一个叫法,随着堕胎不断被罪恶化,想堕胎的孕妇常常打着调经的幌子找医生开通经药物。在他看来,"通经""引导花儿到来""清洗身体""修复月经堵塞""引来经血"都只是堕胎的隐晦说法。正如第三章所讨论的,在现代早期,通经、小产和我们现在说的早期流产并没有多大区别,因为直到怀孕四五个月时有胎动了,才能完全确定"怀上孩子"。里德尔指出,这种模棱两可其实是故意的。爱德华·隆与里德尔一样,也认为月经调节药物可以被当成堕胎药。从药理学上来看,通经剂和堕胎药常常没什么区别,只是很多时候后者的剂量要比前者大一些而已。[79]

　　持类似观点的人还可以找出很多，但那时候的医生们也做了大量细致的区分，典型的例子如狄德罗和达朗贝尔主编的《百科全书》中的"通经剂"词条。作者强调，清空子宫的治疗分为三种情况：通经剂疏通经血；催产药（ecboliques）促进胎儿分娩，不管是助产还是为了引产死胎或堕胎；而马兜铃酸药物（aristolochiques）是为了清理胎盘胎膜。泽德勒（Zedler）的德语词典也作了类似的区分，并评论说妇女在怀孕或生病时不该用通经剂。植物学教授和执业医生卡尔·林奈在他的术语解释中对通经剂和堕胎药作了如下区分：前者是"排出经血"，后者是"排出胎儿"，但他没有区分排出死胎和打掉活胎之间的差异。[80]

　　正如我在第三章指出的那样，像斯隆这样的医生很清楚通经剂可能会被"滥用"。法国皇家外科医生皮埃尔·迪奥尼斯（Pierre Dionis, 1643—1718）警告助产士不要给妇女通经剂，除非能确认她没有怀孕。[81]因此，医生们在推广通经剂的使用时，并不希望它们被用作堕胎药。

　　通经类药物也是博物学家采集的对象，并被带回家乡给欧洲女性使用。早在16世纪，弗朗西斯科·埃尔南德斯就收集了新大陆治182　疗妇女疾病的治疗方法，尼古拉斯·莫纳德斯也做了讨论。斯隆列举了5种刺激月经的药物，并在牙买加行医时实用过。1826年，让－路易斯－玛丽·阿利贝尔（Jean－Louis－Marie Alibert, 1768—1837）在《疗法与药物新论》（Nouveaux élémens de thérapeutique et de matière médicale）中提到了香马兜铃（Aristolochia odoratissima，而不是德库尔蒂提到的二裂马兜铃），"自远古时期就被秘鲁人"用作通经剂，最近被引进到欧洲。约瑟夫·德·裕苏关于圣多明各药用植物调查的论述中，有一节是讨论了"历史"。他谈到伞形科植物阿魏（Ferula assafoetida）最初是从波斯传到欧洲的，在加勒比地区也有生长,后来在欧洲被大量栽培。伦敦皇家医师学院的威廉·伍德维尔详尽地描述了这种植物,他提到 1784 年约翰·奥普在英国首次栽培了这种植物,"也可能在整个欧洲都有栽培"。在波斯,阿魏是一种经济作物,由农民种植和收割,其根茎在 6 周的漫长加工过程中,可以提取出欧洲人喜欢的胶质。阿魏除了用作通经剂,还用作灌肠剂或口服酊,治疗痉挛、消化不良、肠胃胀气绞痛、神经紊乱等,据说作为"调料"也很受欢迎。阿魏被收录到伦敦和爱丁堡的官方药典之中,尽管英国人知道它在印度用作堕胎药。[82]

医生们发现,殖民地有很多药物都可以调经,如既是经济作物又是药用植物的咖啡、吐根和金鸡纳。爱丁堡皇家医师学院的威廉·巴肯(William Buchan, 1729—1805)在《家庭医生》(*Domestic Medicine; or the Family Physician*)中指出,秘鲁树皮被广泛用作调经药物。"如果经血阻塞是由固态物质的松弛状态引起的,就应该使用这类药物,促进消化、支撑固态物质,协助身体制造更好的血液。"这类药物主要有铁、秘鲁树皮和其他味苦的止血药。[83]

欧洲医生也用通经剂做药物试验,尽管不能在自己身上做,男医生们依然尽力按照当时标准的一套做法去测试这些药物。约翰·弗赖恩德在伦敦对调经药物做了大量实验,并在 18 世纪 20 年代出版了《通经学》一书。对弗赖恩德来说,很多因素都会影响月经的自然周期,如"过冷、悲伤、突然的惊吓、过量排泄、重口味饮食、体液紊乱、止血药等,都会减小血液的冲力"。反之,"发烧、天花、性生活、酗酒、剧烈运动、呕吐、打喷嚏、愤怒、臆想症、亢奋、所谓的通经剂植物等"都会促进血液流动或刺激血管,从而引起月经提前。[84]

弗赖恩德在"实验室"里区分了几种不同类型的通经剂。第一类是"苦味药",性热、味苦,如鸦片、龙胆根、没药、海芋、苦艾、刺柏、芸香和薄荷等。他补充说,秘鲁树皮也包含在这一类中,"尽管它还

183

没被列入通经剂的范围,但应该纳入进来,毕竟它可以非常有效地稀释血液"。第二类是"芳香类挥发性盐",典型的如番红花和肉桂;第三类是会加快脉搏的"热性和强心剂物质",如钢、汞剂等。为了证明这些物质的药性,他将刚从一只狗的动脉抽取的血液与各种药物分别混合,如刺柏、芸香、薄荷、鼠尾草、薰衣草、苦艾、药喇叭和秘鲁树皮等,看是否可以增加血液的流动性。1702 年 2 月 12 日,刺柏实验显示,血液变成大红色,而且快速被稀释。用"人体血液的血清"测试同样的药物,如果能被"稀释"或增加流动性,则表明它们有潜在的通经效果。[85]

最后,弗赖恩德在动物身上测试了"通经剂的稀释效果",不下50 只狗死在了这个特别的实验里。他把刺柏和秘鲁树皮熬制的汤药、肉桂水、紫罗兰浆液直接注射到这些动物颈静脉,"这样一来",他写道,"那些多疑、对我们之前的实验结果不满意的人,现在就让他们眼见为实,心服口服"。被注射的动物在 4 到 15 分钟不等的时间里,很快就死掉了,他却发现这些动物在死去后很长时间四肢都没有变硬。一打开狗体内的腔动脉(vena cava)和降主动脉(aorta descendens),立即涌出大量很稀的血液。弗赖恩德认为,自己以这样的方式已经证明了通经剂可以稀释血液,增强其流动性。[86]

弗赖恩德还提供了六例长期记录的医案,都是来自他行医中使用通经剂的病例。第一例是从 1700 年 10 月 6 日开始,一名还没有月经初潮的 18 岁女孩来看病,她饱受腰部、膝盖和脚踝各种病痛之184 苦,还有恶心、胃"紧缩"、心悸等症状。弗赖恩德通常会给病人开"药效够强的通经药疏通子宫血管",帮病人通经。在这个病例中,他使用了一种标准的复合型通经剂作为泻药,让她排便两次,缓解疼痛。为了增加血液动力,他又给她开了第二副这类复合型通经剂,配方很复杂,差不多和备受瞩目的底野迦(theriac)①有得一比,要知道这种受欢迎的解药配制原料超过 65 种。因为这位女孩身体已经很虚弱,弗赖恩德不敢给她放血。10 月 28 日,病人脉搏加快,胃痛减轻,体力也恢复不少。到 10 月 30 日,她总算有了月经初潮,"经血色泽很不错",腰部和脚踝也不痛了,经期持续了 8 天。两周后,她再次服用这些药物,月经再次正常来临,她也彻底恢复了健康。[87]

弗赖恩德的"通经剂"包括刺柏和马兜铃,尽管他没提,但他可能在通经的同时也导致了一次流产。② 因为他医治的其他 5 位病人(只记了"30 岁妇女""24 岁洗衣女"之类的身份)中,有一位可能有孕在身。这位 25 岁的已婚妇女,月经减少快一年了,邻居"老太太"和她自己都认为"怀上了"。但在弗赖恩德看来未必是这样,他从 1702 年开始给她医治,在反复服用一种通经剂后,次年 4 月她的月经正常了,健康也恢复了。[88]

刺柏是欧洲最常用的堕胎药,医生们用它做了大量的药物试验,但都只是当作通经剂在做实验。爱丁堡实验主义者威廉·卡伦(William Cullen, 1710—1790),患有那时候所谓的布尔哈弗氏综合征(Boerhavve,即自发性食管破裂),着手测试了已经不受待见的通经剂。1789 年,他在大部头著作《药物论》(*Treatise of the Materia Medica*)中谴责古人在探讨这类药物的时候,都不是靠第一手经验。他得出结论说,没有什么药物具备"特殊的效能,可以刺激子宫血管"。在"镇痉药"部分,他指出,刺柏"比我用过的其他任何药物对子宫都有更强劲的效力"。然而,他并不觉得刺柏可靠,究其原因是

① 起源于古希腊的万能解毒药,由多种动植物原料配制而成。公元 2 世纪,盖伦对这种药物配方定型,后人又将其称为"盖伦丸"。

② 这句原本在上一段,但结合上下文看,放在上一段容易让人误以为是 18 岁这位病人流产了,但显然说的是后面 25 岁的病人。

他觉得刺柏非常"辛辣，热性很高"，使他不敢使用足够的剂量。[89]
他对另一种常用通经剂芸香的效果也很失望。

185　　卡伦的同事弗朗西斯·霍姆（Francis Home，1719—1813）是爱
丁堡皇家医师学院的成员，也是大学里的药物学教授，也对刺柏的
通经效果做了实验。1782 年，他在《临床试验、医案与解剖》（*Clini-
cal Experiments, Histories, and Dissections*）中提到，尽管刺柏的名声不
好，他还是给病人使用了，"刺柏声名狼藉，因为它对子宫的伤害很
大。它经常用于堕胎，据说会引起大出血，让母亲危在旦夕。在很
多国家它都被禁止出售，只有医生才能开处方"。他提示说，这种负
面影响可以靠使用较小的剂量来避免，尽管很多医生认为 1 打兰
（3.9 克）是一个比较合适的剂量，他写道，"我通常会将剂量减少一
半，我发现这个剂量有效又安全"。霍姆的第一个实验病人是某位
叫珍·梅森（Jean Mason）的妇女，此前她就试过用黑嚏根草（*Helle-
borus niger*）酊剂和腿部动脉压迫（这也是引产的常用方法）的方法
治疗月经不调，但没管用。霍姆给这位病人开了刺柏粉，一次半打
兰的剂量，每天两次，"四天后月经来了，并持续了两天"。

　　他同样也成功医治了 28 岁的病人珍妮特·达拉斯（Janet Dal-
las），她先服用了骶骨万能药或"铁屑和龙胆根提取物"制备的药片，
吃了 10 天也不见效。然而，她每天服用两次、每次 2 吩（2.6 克）的
刺柏，服用到第三天她的月经就来了。总而言之，霍姆评论说，"从
这些病例看，刺柏有很强的药效，5 位病人有 3 位甚至 4 位都成功得
到医治"，有一个病例中，用尽了所有方法都不奏效。[90]到18 世纪 80
年代时，医生们总结出刺柏作为通经剂的剂量应该是在半打兰到
1 打兰之间，每天服用两次，超过这个剂量就会带来危险。[91]

　　与这个时期广泛的通经剂药物试验形成对比的是，堕胎药试验
微乎其微。有充分的证据表明，欧洲自古以来就存在堕胎技术，而
且在 17、18 世纪使用很频繁。然而，堕胎药的开发和实验却没有因

为 17 世纪晚期"科学"和系统医学实验的兴起而随之发展起来。除了兼作通经剂的植物，堕胎药没有进入欧洲主流的药物试验，18、19 世纪发展起来的学术派医学或药物学等领域也没有将其纳入研究。导致的结果是，有潜在危险的药物依然原地踏步，没有得到发展。

长久以来，堕胎药都被视为危险药物，在 18 世纪 50 年代后，这样的讯息再次敲响警钟。狄德罗和达朗贝尔《百科全书》"刺柏"词条的作者发现它的功效被严重夸大了，"这种植物……调解月经，并把胎儿排出子宫……其实是夸大其词。事实上，它并不像大家通常认为的那样可以可靠、快速地引产胎儿"，反而常常引起"大出血，让母亲和胎儿双双毙命"。作者继续说道，应该打破"灾难性的陈词滥调，不要让关于刺柏的夸夸其谈横行于大众"。19 世纪早期的医生教导说，根本"没有什么堕胎药或引起流产的药物疗法，也没有直接、有效［又安全］的堕胎方法"。迈克尔·瑞安（Michael Ryan，1800—1840）在 1831 年《医疗法理学手册》（*Manual of Medical Jurisprudence*）中得出类似的结论，"没有什么药物或堕胎方法可以引起流产但又不会有其他风险：每一位试图堕胎的妇女，都是在拿自己的生命冒险。没有什么药物可以如妇女所愿那样，引起流产却不会对身体造成严重损伤，甚至可能危及她们的生命"。[92]

薄荷油和芸香等常用的欧洲堕胎药物和刺柏一样，也遭到越来越多的谴责。从 17 世纪到 18 世纪最后的 25 年，刺柏、芸香和薄荷油作为有效的堕胎药和调经药物广为人知，用来刺激经血、堕胎、排出死婴和胎盘胎膜等。但到了 18、19 世纪之交，医生们对这些药物的评价却很负面，指出它们其实无效，所谓的堕胎功能很大程度上都不过是想象。卡伦道出了普遍的观点，"堕胎的功效常常都是古人说的药效，对我而言，或者说可能对当今大部分医生而言，这都是假想出来的，因此这些药物现在几乎不用"。包括威廉·布兰德

（William Thomas Brande，1788—1866）在内的不少医生都持同样的观点，说薄荷油"在古代医生看来，有良好的癔症和子宫疾病疗效……而现在，很少开这种药"。法国的阿利贝尔强调说，尽管"有人认为"妇女用刺柏堕胎，但其实根本不起作用，幸好这种植物并不能引起流产，也算是"人类一大幸事"。他总结道，这种植物的效力被严重夸大了。英国男助产士和百科全书编纂者威廉·斯梅利宣称，这些药物看似灵验，其实可以解释为女性的想象力：如果一位医生在孕妇难产时，随便给她什么果汁饮料或者注射点什么药物，她就会想象自己可以快些分娩，尽管这些药物本身对分娩没有任何帮助。[93]

187

很清楚的一点是，医生们在行医过程中动了堕胎手术，他们做的记录可能仅供自己参考或和学生交流，没有发表。在 17、18 世纪，协助产妇分娩的职责从助产士那里转移到了产科医生那里，在某种意义上说，医生闯入了助产行业并替人打掉不想要的胎儿。著名的让·阿斯特吕克曾提到，"有一次"一位绝望的孕妇恳求帮助，他探讨了"邪恶"的妇女"摘掉果实"采用的各种手段。他写道，"一位妇女说过有多种方法，但我没兴趣知道，因为我不想谈论这些"。他还继续写道，在一个多世纪里，医生们都没有在关于生育的著述和讲义中提过打掉不想要的胎儿这种事，尽管他知道各种堕胎方法，但他拒绝向年轻医生们传授这些知识，因为据他估计，这些方法十有八九都有致命危险。安布鲁瓦兹·塔迪约（Ambroise Tardieu，1818—1879）是 19 世纪一位名声不太好的反堕胎者，也认同这样的观点，"没有医生不知道堕胎的方法"，但他们不希望传播这些方法，因为担心"居心不良"者会犯下新的罪行。[94]

有些时候，当局会恳求医生不要研究他们认为危险的药物。1784 年，约翰·弗兰克（Johann Peter Frank，1745—1821）在《完全医学治理体系》（*System einer vollständigen medicinischen Polizey*）中描述

了这样一幅图景,农民的地里种植了大量的堕胎药植物,除了执业医生,药材商、医生和助产士等各类人群都在自由买卖。国家越来越希望禁止堕胎,便通过医生来控制这些药物的使用。弗兰克表示,医生们一致认同堕胎药的危险性,不应该拿来服用,尽管他并没有证据证明自己的说法。鉴于它们的巨大危害,他劝诫医生们"不要容忍"这些药物试验的实施。在某些情况下,医生自己也刻意隐瞒堕胎药的知识,蒙彼利埃医学教授加布里埃尔 – 弗朗索瓦·韦内尔(Gabriel – François Venel, 1723—1775)写道,"这种植物(刺柏)的滥用,不允许我们对它有更多的描述"。还有些时候,市政官员们会执行新的法律条款限制堕胎药的使用。翻译了哈勒尔《药物学》(*Materia medica*)的药剂师菲利浦·维卡特(Philippe Vicat)称,有一项新的法律禁止药材商向普通老百姓售卖刺柏,因为"缺德的人和穷人"会用它来堕胎,很多妇女为此丧命。[95]

　　一边是希望打掉不想要的胎儿而寻求帮助的妇女,一边是反感堕胎的医生,两者的冲突在 18 世纪愈发尖锐。医生们有时候为了医治其他病症开的药物却意外引起流产,"这些女病人否认自己怀孕",一位医生愤愤不平说道,"甚至医生都把引产的胎儿捧在手里了还不承认"。这位医生还写道,一位 16 岁的女孩去看医生,她确信自己怀孕了,恳求医生帮她打掉胎儿,因为她在之前就有过难产的经历,害怕生产会危及自己的生命安全。然而,医生拒绝帮她,后来一位老妇告诉女孩,取三根手指粗的新鲜芸香根,切碎后在1.5磅的水中煮沸,将汤药分成三杯,每天傍晚喝一杯。她喝了之后反胃,"觉得浑身上下都病得厉害,感觉自己快死了",第二天晚上,也就是服药后过了 48 小时,她流产了。过些时日她再次去看医生并告诉他,自己除了有些疲倦,感觉恢复得蛮好。[96]

　　在这个时期,开发和试验堕胎药,为女性提供安全的堕胎方式并非医生们优先考虑的问题。19 世纪早期大量关于"堕胎"的论文

188

和著作都是关于如何预防小产的，而不是安全引产。例如，格拉斯哥内外科医生组织的成员约翰·伯恩斯（John Burns, 1775—1850），在 1806 年发表了助产术讲义，他在其中大量讨论了高龄孕妇的自发性流产，胎儿的死亡，天花或其他疾病，剧烈运动如跳舞、健步走、用力大笑或唱歌等，"令人疲倦的时尚对身体的损耗"（如紧身衣和节食），大脑亢奋如恐惧、兴奋或其他激烈的情绪，任何突发性的刺激如拔牙、裸露颈项和胳膊遭寒、臀部或双脚浸泡在冷水里，等等。[97]伯恩斯也承认通经剂可能会引起流产，如刺柏，建议只在为了挽救母亲生命的必要时刻才使用。

　　这个时期的医生们除了开发预防小产的方法外，也在成年女性
189 尸体上磨炼技艺，以提高识别流产征兆的能力。但这项任务太艰巨了，安布鲁瓦兹·塔迪约医生只能绝望地放弃了。如果实施流产的时候孕妇没有死去，医生以及当局就没办法知道堕胎这事，"堕胎的罪行"就不会受到惩罚。[98]

　　总而言之，18 世纪晚期做医药试验的医生站在了堕胎药问题的十字路口，他们可以选择开发和试验安全有效的堕胎技术，也可以选择压制这类知识和行为。安布鲁瓦兹·塔迪约说出了很多人的想法，他认为医学立法机构最有资格去制止堕胎行为，尤其是在1810 年法国通过了相关法典，宣告"罪恶的堕胎行为"非法之后。其中一个方法是将堕胎药排除在药物试验之外，约翰·默里（John Andreas Murray, 1740—1791）在哥廷根发表的六卷本《医疗器械》（*Apparatus medicaminum*, 1776—1792）中对各种药物的研究数量，为我们提供了一个很好的对比。他对刺柏和芸香两种药物的研究分别做了 7 页和 6 页的总结，相比之下，苦木这种相对无关紧要的药物却占了 42 页，被认为可以治疗梅毒的愈疮树脂占了 33 页，军队用来治疗痢疾的重要药物占了 32 页，对开拓热带殖民地具有重大贡献的金鸡纳则占了 108 页。从威廉·布兰德的《药物学和实用药学词典》

（*Dictionary of Materia Medica and Practical Pharmacy*, 1839）中也可以看出避孕药物被忽视的状况，他在书中指出刺柏精油从未经过化学检测，直到 1839 年依然缺乏严谨的研究。1836 年，西奥多·埃利（Théodore Hélie，1804—1867）也注意到刺柏作为一种堕胎药"几乎没有被研究"过。[99]

对堕胎行为的压制在 19 世纪取得了实效，欧洲国家通过了一致的成文法，将堕胎定为犯罪。1794 年《普鲁士法典》（Prussian Legal Code）第 985 和 986 条否定了传统的女性特权，即让她们决定怀孕时间（从有胎动算起）。1810 年《拿破仑法典》（Napoleonic Code）第 317 条和 1803 年英国《埃伦伯勒勋爵法案》（Lord Ellenborough's Act）依然还在纠缠于有无胎动的区别，禁止"已有胎动"的孕妇自愿性"堕胎"。在英国，对"还没有胎动"的孕妇堕胎算重罪，可判处罚款、监禁、笞刑或最长流放殖民地 14 年，但要是已经有胎动的孕妇堕胎则会判死刑。然而，直到 1837 年，英国法律才开始可以确认婴儿是否有胎动，规定不管哪种情况都依然是谋杀罪，会被判处流放或监禁，但不会判死刑。美国在 1821 年之前还没有哪个州有针对堕胎的成文法，到 1850 年时 17 个州通过了堕胎犯罪法，其他国家和地区堕胎法通过的时间分别为：奥地利 1852 年、英国 1837 年、丹麦 1866年、比利时 1867 年、西班牙 1870 年、苏黎世和墨西哥 1871 年、荷兰1881 年、挪威 1885 年、意大利 1889 年。除非是为了挽救母亲的生命，这些地方都将堕胎视为犯罪行为（不管是否有胎动）。[100]

在强化堕胎法案的同时，堕胎药也被视为非法药物。在德国，公共卫生专家商议怎么才能最有效地减少堕胎的发生，促进人口增长，提出的方法包括：学习法国的模式，建立公立弃婴堂和孤儿院；只允许药店和药剂师凭处方出售堕胎药物，从而限制公众购买渠道；整治"老妇"和"媒婆"群体，因为通常认为她们会提供这类药物；在公共花园里移除刺柏和类似的植物；外科医生和浴疗者只有在内

190

科医生诊疗后才能给单身女性放血；游医和江湖郎中卖的所有药物都是非法的。[101]

法国也采取了类似措施，"防止有效的堕胎方法向民众传播"，公开讨论堕胎药被界定为"妨害公共安全"，对医生来讲这意味着不可以发表相关内容。在《医学词典》(Dictionaire des sciences médicales, 1812)"流产"词条的长篇论述中，作者指出"多多少少可能会引起流产的植物"不计其数，但他并没有提供这些植物的名字或用途的任何细节，"我的笔拒绝写下更多的细节"。而且，他还建议禁止出版涉及堕胎方法的普及读物，移除所有公共和私人花园里"公众认识的堕胎植物"，公共市场也要禁止销售这类药物，花商、苗圃或种子商人都不能卖这些植物的种子。[102]

欧洲主要法典长期将刺柏作为官方药物收录在案，但1861年的
191　英国《药房法》(Pharmacy Act)最终将它列为非法的毒药，该法案写道："任何怀有身孕的妇女如果企图让自己流产，自行服用任何毒药或其他有毒物质将被视为非法行为，采用工具或任何手段已达到类似目的亦属于非法行为。任何人，企图为任何女性（无需证实她已经怀孕）实施堕胎手术，或者让她服用任何毒药或有毒物质都被视为非法行为，采用工具或任何手段帮她达到类似目的亦属于非法行为，将被判重罪……面临终身刑事监禁"。[103]刺柏、黑麦麦角、颠茄和其他15种物质都在毒药之列，该法案与同年通过的《侵犯人身法》(Offences Against the Person Act)相一致，后者第59条规定，凡是提供器具、毒药或"有毒物质"导致流产的行为，将被判3年监禁的轻刑罪。

随着19世纪反堕胎的法律越来越强硬，堕胎药也愈发遭受质疑。法国的科特(E. N. Cotte)医生指出，医生们越来越认为其实没有什么特效药可以引起流产，数百年来认为某些草药有堕胎奇效的"成见"让医生们都不敢给孕妇开这些药。他宣称"这些药物已经失信于现代医生"，随着这些药物备受质疑，真正有效的药物也从货架上被清除。爱

德华·肖特(Edward Shorter)引用了 1923 年的一项研究,测试的是产自 5 个国家的 38 个商业化刺柏样品,结果发现英法西三国售卖的"刺柏"都是假冒品,只有瑞士和德国的是真货。1989 年的一项研究也发现,刺柏精油的商业产品也是假冒的,没有任何活性成分。如果刺柏不起作用,通常是因为精油过期,没用合适的方式制备,或者伪造品,于是那些毫无戒备的女性服用了根本没效果。[104]

随着 18 世纪助产士的地位逐渐被新生代产科医生(男性外科医生)取代,本草堕胎药也让路给专门为人工流产而设计的外科器械。尽管手术缝合针和其他尖锐器械或"手"已经早有使用,但本草堕胎药在 18 世纪依然占据主导地位。如坦费尔·埃明(Tanfer Emin)所指,随着技术所需的器械需求增加,19 世纪的外科医生争先恐后地申请子宫扩展器、刮匙(尤其是弯刀)、将胎儿拖出产道的新式钳子、穿颅术用的钩子等器械专利。尽管穷人对助产士还有所需求,但助产士作为一门营生的职业逐渐走到了尽头,堕胎药也从主流的医药中逐渐消失。[105]

在 18 世纪,医生和药剂师并没有对堕胎药进行细致的药物试验,将其收录到药典之中。随着药物机制、药效、副反应等实验研究的开展,某些不受欢迎的药物被丢在一边。堕胎药没有进入欧洲主流的药物学术研究,它们未经充分研究就被列为危险物,这也是注定的结果。法律将堕胎定为犯罪,让相关的药物研究成为禁忌。

有大量的海外药物被引进到欧洲,但堕胎药却没有。被梅里安称为孔雀花的金凤花,在欧洲从未被作为堕胎药测试过,也从未被欧洲主要的药典收录在案。[106]自弗朗西斯·培根以来,人们常说科学家们站在巨人的肩膀上,每个人的新知识都牢牢建立在传统知识的基础上。然而,在异域堕胎药这个案例中,传统知识的根基却显得支离破碎、衰败不堪。

192

193

第五章　语言帝国主义

> 我赞赏古希腊人和古罗马人的植物命名，现代权威人士的大部分命名让我不寒而栗：这些命名混乱不堪、让人疑惑，充满了野蛮之气和教条主义，不过是一隅之说。
>
> ——卡尔·林奈，1737

博物学家、种植园主、传教士和商人在非欧洲地区远行中遇到了各种各样新奇的水果、蔬菜、药物、香料和其他有经济价值的植物。已知的植物种类增长迅速，1623 年加斯帕尔·鲍欣（Caspar Bauhin, 1560—1624）①仅描述了 6000 种植物，而到 1800 年时乔治·居维叶（Georges Cuvier, 1769—1832）收录的植物则高达 50000 种。植物学家、医生、药剂师、园艺师和采集员都热衷于建立分类体系，以管理极其丰富的植物王国。

对著名的现代分类学之父卡尔·林奈来说，植物学有两个基本要素：分类学和命名法。林奈宣称，命名法是由植物学界达成的共识：植物名字就好像通行货币，只能在遵守"共和国协定"的前提下使用。从不谦虚的林奈将自己想象成一位立法者，为植物共和国建立秩序，使其免遭"大批"外国植物及其"野蛮"名字"入侵"造成的

---

① 又写作 Gaspard Bauhin，其父让·鲍欣（Jean Bauhin, 1511—1582）和其兄约翰·鲍欣（Johann Bauhin, 1541—1613，又写作 Jean Bauhin，有时与老鲍欣混淆）也是著名植物学家。

威胁。[1]

本章我们将通过植物名称的语言学历史探讨植物命名法的兴起，也将少量涉及常用分类方法的相关议题。科学的命名法要求非常苛刻，极为关键的是一个名字只能对应一种且是唯一的一种植物，以便人们在更大的时空尺度下交流探讨。现如今，恒定不变的名称通常因为历史优先律早被固定下来，第一个发表植物名字及其精确描述的人被当成永久的植物命名人。植物的精确描述是为了将某种特定的植物与其他所有植物区别开来，在通常情况下，还会有经过鉴定的蜡叶标本"代表"该植物，提供进一步的保障。一旦确定后，植物的属名只有在该植物被重新划分到其他属时，才会被更改。

194

在本章我们将会看到，命名法有意义的地方不仅在于其专业性，还在于它揭示了植物的文化史：植物和关于植物的知识在现代早期植物学网络中是如何传播的？欧洲文化如何理解植物的生物分布？以及，欧洲植物学家如何评估其他民族的知识系统？

历史学家常常将林奈分类学的兴起誉为科学植物学诞生的标志。从阿方斯·德堪多（Alphonse de Candolle, 1806—1893）起草《植物命名法规》（Lois de la nomenclature botanique, 1867）到维也纳国际植物学大会确立《国际植物命名法规》（International Code of Botanical Nomenclature, 1905），植物学家都在激烈争论是将 1737 年还是 1753 年作为植物命名法的"起点"，这两个年份都是林奈的著作发表时间。这个故事已经广为人知，在此就不再赘述。[2] 不过，林奈分类学的兴起也可以被当成一些植物学家所谓的某种"语言帝国主义"，即命名中的政治与欧洲的全球扩张和殖民化进程相伴相随，并对后者起了推动作用。

命名是各种文明对有无生命的各种事物的指称方式，深深植根于社会文化之中，同时也是高度政治化的过程，应该在更大的命名历史语境中去探讨植物命名。例如,加勒比或非洲国家最终摆脱欧洲统治的枷锁时,很多国家在为新共和国选择名字过程中会凸显其本土文化传统。圣多明各在1804年法国的统治瓦解后,成为继美国之后第二个摆脱欧洲殖民的独立国家,伊斯帕尼奥拉岛(Hispaniola)的法语叫法"Haitian Creole"的第一个单词从阿拉瓦克语的"海地"(Haiti)一词衍生而来,尽管岛上的原住民已经所剩无几。

在殖民时代,西印度群岛奴隶的名字变化及相关的社会实践展示出命名过程中文化认同的丧失和重建。奴隶最初从非洲被运到加勒比地区时,很多还保留着他们的非洲名字,在种植园的名单上可以看到 Quashie(意为星期天)、Phibah(意为星期五)、Mimba、Quamino 之类的名字,但到18世纪30年代时,这些非洲名字基本就消失了。在英国殖民地的奴隶经常有几个名字,一个是奴隶主或监工在购买时或奴隶刚出生时起的,其他名字是父母或奴隶社区的邻居起的,奴隶主可能知道这些名字,但很少会用。只有奴隶主起的名字才会被记录在种植园的名单上,通常有名无姓,如多莉(Dolly)、约翰(John)、塞缪尔(Samuel)、贝琪(Betsy)或珍妮(Jenny);或者根据奴隶的明显特征取的绰号,如"逃跑玛丽"或"大汤姆"等;还有心血来潮随便起的名字,如"时间""命运""噩运"或"妓女"等。奴隶主常常随意地给奴隶起名,毫不尊重他们的家庭关系或地理起源等。形成对比的是,奴隶主自己的名字至少有两个词,经常有三个或更多,从中可以看出复杂的家庭联系,而这对社会地位和财产继承来说尤为重要。[3]

在19世纪30年代获得解放时,英国殖民地曾经的奴隶第一次拥有合法的姓氏。在选择姓名时,他们很少会考虑非洲或奴隶的语言词汇,更倾向于模仿曾经的奴隶主、白人父亲或他们仰慕的欧洲人。但在法国殖民地,自由的有色人种在很多年里都被禁止使用欧洲名字,而且在1773年后,他们被要求起名字时要有明显的非洲特色,以凸显他们的从属地位。[4]

在某种意义上,名字体现了身份、文化定位和历史,人名自不必说,在某种程度上,植物名字亦是如此。本章将探索在何种程度上,植物被赋予欧洲名字的同时脱离了本土文化并被殖民统治所"驯化"。我们也将从金凤花的名字演变中看到这段历史,在苏里南的欧洲人将其称为 *flos pavonis* 或孔雀花,在印度马拉巴尔海岸则称为 *tsjétti mandáru*,而 17 世纪的锡兰(今天的斯里兰卡)它又被称作 *monarakudimbiia*。这种植物已发表过的名字纷繁复杂,多数来自东印度群岛,强调它的美丽。到 18 世纪这些名字被简化成统一的林奈科学术语,至今依然全世界通用,即 *Poinciana pulcherrima*,这个名字是为了纪念 17 世纪法国殖民地安的列斯群岛总督菲利普·德·庞西。[5]

林奈分类学在 18 世纪遭到了大量反对,准确来讲都是围绕命名这个问题。我们要看到的是,林奈同时代的人在探索植物命名法时,努力将植物原产地的文化考虑进来。我将证明,如果将强烈的林奈反对者法国米歇尔·阿当松的分类学作为现代分类学的起点,现代植物命名的发展之路可能大不相同。阿当松和其他人一样,竭尽全力将全球植物概念化,并且选择保留植物在其发现地的本土名字。不过林奈对此不屑一顾,抱怨阿当松的命名法说:"我所有的拉丁属名都被删除了,取而代之的是来自马拉巴尔、墨西哥、巴西等地的奇怪名字,我们的舌头很难读出这些名字来"。[6]尽管欧洲还有其他的命名法和观点,林奈命名法最终还是以其方便性取胜,并不是因为它满足了什么必不可少的需求。

尽管我将关注欧洲的植物命名,但需要记住的是美洲印第安人和非洲奴隶也用自己的方式积极参与到命名实践之中,只是这部分材料比较欠缺。洪堡曾记录说,奥里诺科河上游(Upper Orinoco)的本土居民精心地为欧洲每个民族起了本地名字:西班牙人是"穿衣服的人"(*Ponghéme*),荷兰人是"海上居民"(*Paranaquiri*),葡萄牙人是"音乐家的儿子"(*Iaranavi*)。1722 年,皮埃尔·巴雷尔被法国国王派到卡宴,他发现"女黑人"在教育孩子(不管白人还是黑人孩子)时,会在岛上占支配地位的克里奥尔语中掺杂她们本国的词汇进来。其中有些词汇在欧洲的文件出现过,但不管是加勒比人、阿拉瓦克人,还是卡宴"女黑人",都没有以任何方式记录植物名字并流传下来,这些名字早已淹没在历史的长河中。[7]

帝国和自然王国的命名

名字意味着什么? 在 17 世纪西班牙的秘鲁殖民地,利马大学(University of Lima)否定了在医学专业设立植物学新教职的决议,理由是医生应该去研究盖丘亚语(Quechua)而不是植物学,在那门古老的美洲土著语言中,据说植物是根据它们的医药特性命名的。据此,建议医生们要想更快了解植物的用途,不如去学习这门印加语,这比调查植物本身更有效。西班牙皇家植物园赴新西班牙考察队队长马丁·赛斯(Martín Sessé)对纳瓦特尔语(Nahuatl)也有类似主张,生活在墨西哥和中美洲的阿兹特克人(Aztecs)和其他本土美洲人说这门语言。准确来讲,林奈双名法将医药用途、生物地理分布和文化意义之类的信息与植物剥离,我们便接收不到这类信息了。[8]

米歇尔·福柯将 18 世纪定义为"古典时期",这个时期热衷于
197 用新的概念框架去规训纷繁复杂的自然世界。在这些概念框架中,名字成为专业的参考工具,仅仅是一个标签或中性的标志符,不再具备巴洛克式的相似性概念。换句话说,名字和植物已经没有必然联系,只不过是按某种规范达成的共识。著名的植物学家本杰明·

杰克逊（Benjamin Daydon Jackson，1846—1927）曾担任林奈协会秘书，在 19 世纪 80 年代负责编纂邱园植物索引。他写道，植物的名字不过是个"符号"，如果它和所指代的植物能准确无误地彼此对应，不会造成任何疑惑，那这个名字是什么则无关紧要。现在的定名者们通常也认同这点，会寻求名字的趣味性：一条化石蛇可能被戏谑地称为巨蟒（Monty Python）①；有的名字，如 *Simionlus enjiessi*，甚至可能是出资机构的代码。*enjiessi* 在准确发音时听起来会有些像"NGS"，隐晦地代表国家地理协会（National Geographic Society）。不可否认的是，还有不计其数的自然事物被命名者以配偶、爱人或其他人的名字命名。[9]

这样看来，现在的名字可能抽象而武断，但命名过程并非这么随意，而是与具体的历史和文化背景联系在一起，在特定的语境、冲突和环境中产生，历史学的任务就是要追问为什么采用某种特定命名方式而不是另外一种。我主张的观点是，18 世纪发展起来的命名方式产生于特殊的文化语境之中，以著名的欧洲人尤其是植物学家的名字为全世界的植物命名是极不寻常的现象。林奈在很长时间里都努力为这种比较新颖的命名方式辩护，在欧洲帝国主义霸权处于顶峰的 20 世纪初，他的著述被作为现代植物学的起点，这种命名方式也完全被认可。我认为，18 世纪的命名方式有助于巩固西方霸权地位，植物命名法里还融入了一种独特的历史编撰方式，即书写了一段纪念欧洲伟大男性丰功伟绩的历史。

双名法（*binomial nomenclature*）的发明是现代早期一项伟大的成就，最初由 17 世纪的瑞士植物学家加斯帕尔·鲍欣提出，林奈在 18 世纪则将它发展成系统而完善的命名法则。双名法指的是在命名一种植物时，使用两个单词组成的名字，即属名和种加词，如 *Homo*

---

① 这也是英国一个 6 人戏剧团的名字。

sapiens（智人）、*Notropis cornutus*（普通发光鱼）①、*Poinciana pulcherri-ma*（金凤花）等，只有同时具备一个属名和种名的植物才能算有完整的名字。[10]

198　　毫无疑问，林奈的时代确实需要某种分类学的改革和标准化，17 世纪植物学家在命名这个问题上产生了很大的分歧。直到 15 世纪末，药物志通常都是阿拉伯版的希腊文本翻译成拉丁文，每种物质都提供五种不同的名字：拉丁名、俗名、阿拉伯名字、药名和"多词拉丁学名"或描述性短语构成的名字。约翰·杰勒德的《杰勒德草药》就是典型的例子，其中的"仙客来"词条列举的名字有：拉丁文 *Tuber terrae* 和 *Terrae rapum*；药店用的名字，*Cyclamen*、*Panis porcinus* 和 *Arthanita*；意大利名字 *Pan Porcino*；西班牙语 *Mazan de Puerco*；荷兰高地叫法 *Schweinbrot*；荷兰低地叫法 *Uetckinsbroot*；法语 *Pain de Porceau* 和英语 *Sow - Bread*。这些名字通常是（也有例外）不同语言之间的字面翻译，为了应对快速增长的语言巴别塔（Babel），植物学家出版了词典和词汇表，收录各种不同语言的同种异名。例如，克里斯蒂安·门茨尔（Christian Mentzelius，也写作 C. Mentzel）的《多语言植物名索引》（*Index nominum plantarum multilinguis*）在 350 页里提供了 180 种语言中的植物同种异名，包括拉丁语、希腊语、德语、苏格兰语、孟加拉语、中文、墨西哥语和泽兰森语（Zeilanense）。[11]

　　随着 16、17 世纪的博物学家接触越来越多的海外新种植物，命名的问题更加复杂化。弗朗西斯科·埃尔南德斯 16 世纪 70 年代在新西班牙采集植物时，孜孜不倦地记录了大量植物的纳瓦（Nahua）名字。17 世纪 50 年代在西印度群岛工作的军人查尔斯·德·罗什福尔采用欧洲人的方法，收集了一些特殊植物的多种印第安本土语言的同种异名。例如，在写到加勒比人说的 *manyoc* 时，他给出了这

---

　　① 已经更名为 *Luxilus cornutus*。

种植物的图匹朗博（Toupinambous）①部落的叫法 *manyot* 和其他美洲印第安叫法，如 *mandioque*。查尔斯·普吕尼耶 1693 年在描述美洲植物时也收集和记录了植物的泰诺名字和加勒比名字；德拉肯斯坦在马拉巴尔海岸期间对采集到的植物提供了婆罗门语（Brahmanese）和马拉雅拉姆语（Malayalam）名字；在卡宴的皮埃尔·巴雷尔提供植物的拉丁语、法语和印第安语名字；圣多明各的普佩 – 德波特则提供了拉丁语、法语和加勒比名字。[12]

尽管很多博物学家乐于将其他大陆和文化的植物名字纳入欧洲植物学语料库，以适应快速增加的植物种类，有些博物学家却对此做法并不看好。林奈在 1737 年《植物学评论》中强调，植物学亟待发展一套严谨、标准化的"科学名称"，他的意思是要建立一套规则体系，来规范植物命名并固定下来。他将通行的做法评价为一座多语言的"巴别塔"，并用特有的夸张方式警告说，"我可以预测到，野蛮人就要来敲我们的大门了"。他这部 200 页的《植物学评论》制定了将植物命名法标准化的规则，可以说是植物命名法的第一部法规，但这套丰富的规则删除了大量内容：除了希腊语和拉丁语之外的欧洲语言；宗教名字，尽管他允许使用从欧洲神话中衍生出来的名字；异国名字，异国指的是对于欧洲人而言的其他国家；表示植物用途的名字；以 *oide* 结尾的名字；由两个完整拉丁文单词组成的复合词等，这些均不可使用。他还特别强调了一点，"非希腊语和拉丁语词根的属名必须弃用"。林奈专门针对里德·托特·德拉肯斯坦的《印度马拉巴尔花园》，宣称所有的异国名字和术语都是"野蛮的"，不过他在提到玛丽亚·梅里安关于苏里南植物的描述时，却因为某些原因觉得这些野蛮的名字总比连"名字都没有"的好。林奈保留"野蛮名字"的条件是，可以找到其拉丁语或希腊语的衍生词，

199

———————————

①　亚马孙河在内格罗河（Rio Negro）支流汇入后下游流域的一个部落。

尽管这个词可能与植物本身或产地毫无关系。例如与马铃薯同属于茄科的曼陀罗属(*Datura*),林奈允许使用这个属名是由于它与*dare*的关联,后者在拉丁文里的意思是"给予,因为这种植物是拿来'给予'那些性能力较弱或性无能的人"。[13]

林奈在制定命名规则时明确地将拉丁文作为植物学的标准用语,即所有的名字和描述或鉴定都要用拉丁文发表。"很久以前,有文化的欧洲人都将拉丁文作为常用的学习语言",他写道,"我不反对任何民族保留他们自己的植物俗名","我最渴望的是所有博学的植物学家能就拉丁名字达成共识"。实际上,林奈这么青睐拉丁文,可能是因为他自己除了瑞典语不会其他欧洲语言,而很少有欧洲人能阅读瑞典语。当然,拉丁语原本也是学术交流的通用语言(*lingua franca*),但植物学家威廉·斯特恩却认为,拉丁语被选为学者们的国际交流语言恰恰是因为很少有女性能阅读拉丁语。斯特恩还提出拉丁语是受教育男性的专用语言,其"中立性"有助于全球性的交流。[14]

对其他文化来说,拉丁语并非价值中立,林奈热衷于拉丁文的同时无非也是在排挤其他语言。他明确地将古希腊人和古罗马人作为"植物学之父",而不是"亚洲人或阿拉伯人",尽管林奈认可后200者古老而渊博的植物知识,但却觉得他们的语言是"野蛮的"。植物学拉丁文在现代早期并非一蹴而就,而是处于不断创造和翻新的过程中,各种新词被引入,其他词汇则被稳定下来,以此满足植物学家的需求。斯特恩恰如其分地将植物学拉丁文形容为应用于专门领域的现代罗马语言,源于文艺复兴时期的拉丁文,并吸纳了大量古希腊用语,主要是从18世纪之初确立并演化而来。[15]我们将会看到,随着科学探险的大时代来临,这种科学语言彰显着本土和全球的政治张力。

在为植物创造拉丁名称时,林奈敷衍地表示认同巴洛克式的观点，即最好的植物属名可以"顾名思义"，光看名字就能知道植物的基本特点和形态。例如，向日葵属(*Helianthus*)指的是这种植物"金色的大花从圆盘的各个方向发出光芒"，马蹄豆属(*Hippocrepis*)指的是"这种植物的果实与铁马蹄的样子非常相似"。在纲和目的分类层级，包括林奈在内的博物学家常常会根据该纲或目的植物最基本的特征定名。例如，在动物世界，林奈根据动物有乳汁的特征定名了哺乳纲(Mammalia)；在植物学里，他则根据雄性器官(雄蕊)和雌性器官(雌蕊)的数目命名不同的纲和目，因为他觉得这两者最能体现植物的本质特征。例如，梅里安的孔雀花，属于林奈体系里的十雄蕊纲的单雌蕊目，因为金凤花有十个"丈夫"或雄性器官(雄蕊)和一个"妻子"或雌性器官(雌蕊)。[16]

但林奈也意识到，什么是植物的本质特征通常可能只取决于"观察者的双眼"而已。现代的定名者反而会避免根据某个植物类群的本质属性去命名，因为他们选择的属性在将来可能会被证明是错的，在这种情况下，含糊一点可以避免今后的尴尬。林奈提出的命名法则涉及到的植物特性是抽象的，但就欧洲植物学史来讲却很具体："出于宗教职责"，他打算"将伟大人物的名字镌刻在植物上，好让他们永载史册"。他出乎意料地用了 19 页的篇幅来探讨这个问题，《植物学评论》中大多数词条也就 1 到 3 页的篇幅而已。他解释说，用人名来为植物命名历来已久，希波克拉底、塞奥弗拉斯特、迪奥斯科里季斯和普林尼等先辈们都这么做过，比他早半个世纪的前辈查尔斯·普吕尼耶和图尔内福再次复兴了这个传统。林奈特别指出，相比普吕尼耶按照美洲印第安语言编造的"野蛮"新词，自己更喜欢他为了纪念传奇的植物学家而起的植物名字。[17]

201

在林奈分类学中，永载史册的人包括图尔内福(紫丹属，*Tournefortia*)、里德·托特·德拉肯斯坦(瑞地亚木属，*Rheedia*)、让·科默兰和卡斯帕·科默兰叔侄(鸭跖草属，*Commelina*)、斯隆(猴欢喜属，

Sloanea)和巴黎皇家植物园的安德烈·图安(André Thouin，1746—1824)(虎骨木属，*Thouinia*)等。在《植物学评论》中，总共有144属用了著名植物学家的名字，其中50属是普吕尼耶命名的，5属是图尔内福命名的，还有85属是林奈自己命名的。几乎没有女性的名字出现在1737年这个版本里，奇怪的是连梅里安的名字也没有，林奈其实多次引用了她的作品。只有年迈的林奈性情变得柔和时，他才用植物名称纪念了几位女性(见下文)。直到18世纪90年代，在苏里南各处采集植物的瑞典植物学家奥洛夫·施瓦兹(Olof Swartz，1760—1818)才以梅里安命名了元丹花属(*Meriania*)，最终有6种植物、9种蝴蝶和2种甲虫以她的名字命名。[18]

林奈经常因为一些稀奇古怪的理由，用某位特别的植物学家名字去命名一个属。他写道，羊蹄甲属(*Bauhinia*)植物的叶片先端分裂成两片，以高贵的约翰·鲍欣和加斯帕尔·鲍欣兄弟俩的名字来命名非常合适。蜜钟花属(*Hermannia*)植物的花与其他任何植物都不相同，又原产非洲，以植物学家保罗·赫尔曼(Paul Hermann，1646—1695)的命名比较合适，因为他将非洲植物引种到了欧洲。莲叶桐属(*Hernandia*)的树原产美洲，有漂亮叶形，以植物学家埃尔南德斯的名字命名，他曾拿着高薪到美洲研究博物学。木兰属(*Magnolia*)的"树有非常漂亮的叶子和花，不禁让人想起令人杰出的植物学家皮埃尔·马尼奥尔(Pierre Magnol，1638—1715)"。对于以自己命名的北极花属(*Linnea*)，林奈丝毫没有要假装谦虚一下的意思，他写道，这种生长于拉普兰的小巧开花植物是由著名的约翰·赫罗诺维厄斯(Johan Frederik Gronovius，1686—1762)命名的，"矮小、微不足道、容易被忽视，开花但花期短暂——如林奈本人"。[19]

林奈自认为有人会反对用植物学家名字命名的做法："如果我倡导的命名法则会引起异议的话，必然就是来自这一条了。"于是，他从四个方面辩护了这种命名方式。第一，将人名授予植物犹如一种仪式,可以"激发还在世的植物学家们的雄心壮志,在适当的时候作为一种鞭策"。第二,其他学科也在用这种方式:内科医生、解剖学家、药剂师、化学家和外科医生常常用他们的名字命名他们的发现成果,他提到了哈维的血液循环、努克管(canal of Nuck)①和维尔松管(duct of Wirsung,即胰管)。第三,这种方式与探险家的做法异曲同工,他们经常将自己的名字赋予新发现的土地。林奈思忖道,"有多少岛屿不是欧洲到访者起的名字? 实际上,全球有1/4的岛屿都以这种方式才有了自己的名字,例如阿梅里戈·韦斯普奇这样的探险家,当然不会拒绝将自己无关紧要的名字送给一个岛屿(即美洲在陆)"。他继续道,那谁又会否认一位植物学发现者的发现呢? 最后,也是最重要的,用大植物学家的名字给植物命名可以将植物学史完美融入到植物命名之中:"每位植物学家都应该珍视自己传承的这段植物学历史,也要了解所有的植物学作者和他们的名字",命名法既是历史记忆,也是向前人表达敬意,坦白地讲,植物和大植物学家用同一个名字也"省心"。林奈也奉劝植物学家们把名字给植物用的时候要谨慎,只能用来命名自然属,人工和临时的植物属可能不久之后就消失了,名字自然也会随之消失。[20]

　　林奈在命名实践中本来也可以选择去强调其他方面,如生物地理分布和植物的文化价值。事实上,林奈只是选择他认识的植物学家的名字来命名,以此纪念他们,这样也强化了科学由杰出个人创造的观念。就植物学而言,这些伟人指的是欧洲男性。林奈以这种方式在名称中刻画出一幅特别的历史图景,我们从中去了解世界,

202

---

　　①　女性腹膜折叠后形成的管状结构,位于腹股沟管内沿圆韧带内折,正常情况下在一岁以内闭锁,如果一直开放就叫作努克管。虽然男性也有类似结构,但努克管的叫法只针对女性,最初由17世纪医生安东·努克(Anton Nuck)发现。

他的命名法重述了欧洲精英植物学的历史，也排除了植物学史的其他面向。

重要的是，要谨记林奈命名法所处的时代，当时的博物学家们刚开始规约谁可以做科学，谁又不可以。例如，那时候科学对女性的排斥从非正式状态开始正式化，同时欧洲科学相对于其他知识传统也确立了自己的权力地位，就命名而言，林奈就是在紧紧把守命名的权力。于是，"除了植物学家，没有人可以为植物命名"，也就是说女性或异族人（非欧洲人）不可以作为命名人。林奈进一步劝告道，只有"确立了一个新属，才能给它命名"，强调发现的优先权是科学的主要价值所在。林奈分类学也强化了日益增长的专业分化，"我觉得没有什么理由去接受一个'药用'名称，除非有人要把药剂师的权威置于不必要的地位"。最后，上了年纪的林奈还提出，只有"成熟的"植物学家才能为自然的各种事物命名，鲁莽的年轻人或"初出茅庐的植物学家"则不行。[21]

林奈辩论道，其命名法所纪念的植物学家，如斯隆或图尔内福，都实至名归，值得这么崇高的荣誉，因为他们中有很多人成为科学的殉道者，曾为植物学遭受过"艰难而痛苦的磨难"。他自己就是首个被围困的"植物学大军"成员："在年轻时，我被困拉普兰的荒漠……靠仅有的肉和水活命，没有面包，也没有盐……芬马克（Finmark）萨库拉山（Mount Skula）里的严寒和可怕的船难，都可能要了我的命"。[22] 林奈提倡用欧洲国王或赞助者们的名字作为植物属名，以颂扬他们为远航探险、植物园、藏书丰富的图书馆、植物学的学术教授席位和文本插图等方面提供的资助。

这种命名方式的核心在于荣耀，或者说永载史册。林奈坚持强调，任何人的名字能"光荣地"被科学铭记，"这就是凡人能获得的最高荣耀"。这一点荣耀好歹弥补了植物学家的研究热情，毕竟植物学带来的世俗回报少得可怜。他劝诫说，要竭力维护这么高的奖赏,因为它是如此"不可比拟、闪耀和珍贵",切不可浪费在"无知者、花匠、修道士和亲朋好友之类的人身上".[23]林奈比大多数命名者更苛刻,他也同样把与植物学没有直接联系的人、圣徒和公众人物排除在外。

　　我自己之所以如此关注林奈,是因为 1905 年国际植物学大学会拟定的《植物命名法规》(*Règles de la nomenclature botanique*)第 19 条将林奈命名法确立为现代植物学的起点。自 19 世纪 60 年代起,植物学家基本上每隔五年(除了被战争打断)就相聚一起,商讨命名法的标准化。查尔斯·达尔文认为这样的活动非常重要,甚至从他的产业中遗赠了巨额基金,以资助创建植物、植物命名人和相应地理位置的全球名单。达尔文的遗赠让约瑟夫·胡克(Joseph Hooker, 1814—1879)在 19 世纪 80 年代启动了《邱园索引》的编纂,还包括一套索引卡和盒子,重达一吨。[24]

　　这些会议的重中之重就是为了将植物命名法确定下来,即植物学家就原则、规范和制度等达成共识,确保每种植物在国际上有且只有一个被认可的名字。在 1867 年到 1905 年间,植物学家已经提出了各种解决命名稳定性的方案。1905 年,植物学家确立了几个原则,包括将发表优先权作为确定植物名字的基本原则,以及将林奈《植物种志》(*Species plantarum*, 1753)及其包含的 6000 种植物的名称作为所有维管植物命名法的起点。1753 年之前发表的所有著作就植物命名而言被宣告无效,如普吕尼耶、里德·托特·德拉肯斯坦或梅里安等;这些博物学家的命名实践非常依赖国内外的本土文化,最终被林奈的欧洲中心主义的方法所取代。

　　林奈《植物种志》被选为起点不只是因为他提出了双名法,也不是因为这部著作重新命名了书中包括的植物。斯特恩中肯地评价道,林奈的成就在于,他采用了前人的名称和方法,并持续、系统、大规模地应用到当时已知的整个植物世界。在某种程度上,林奈就像一个仲裁者，在前人定下的名字中分拣、汇编他认为合适的名字，但他在这个过程中引发了植物命名历史上最大的一次变革，替代旧名，创造他觉得合适的新名，有时比较随意。21 世纪的植物学家萨维奇（S. Savage）注意到，有时候林奈唐突的处理方式并不合适，纲一级的名称会误导一些植物学家，比如美洲本土植物被认为生长在古希腊。[25]

18 世纪的博物学家热切地渴望自己的名字能被拿去命名某种植物。在准备西印度群岛之行的时候，斯隆曾写道："有些人似乎非常渴望成为发表某种植物的第一人，而且首先要让这些植物以他们的名字命名，但我倒宁愿我观察到的植物已经被其他人发现过"。回到英国时，斯隆发表了他 1695 年在牙买加发现的植物名录，目的是做"对最初发表的作者和公众来说该做的事"。[26]这个时期的植物学家常常机关算尽，把自己弄成第一个发表某种植物描述，并为该植物取一个恰当名字的人。他们在植物名字的问题上争论不休，甚至在为一些特殊的植物命名时含沙射影辱骂对手。例如，林奈就用植物学家约翰·希格斯贝克（Johann Siegesbeck，1686—1755）命名了一种讨厌的菊科豨莶属（*Siegesbeckia*）杂草，因为后者公开批评他的性分类体系。[27]

如上所述，现代植物学家、古人类学家和动物学家有时候把命名行为描述成政治中立或无涉政治的样子。例如，1981 年《国际植物命名法规》的起草者们宣称，"为一个植物类群命名不是为了体现它的特征或历史，而是为了提供一种指称它的方式，并表明它的分类位置"。[28]但即使在 21 世纪，命名法依然逃脱不了某些政治考虑，一位古生物学家曾告诉我他打算用妻子的名字命名新发现的化石，但被同事劝阻了，最后选了一个纪念化石发现地的非洲名字，目的是缓和在那里一起工作的美国人和欧洲人的关系。

1905 年的命名法规依然坚持将优先权归于发表者，无疑再次凸显了欧洲受教育男性的卓越，而忽略了采集员、园艺师、信息提供者和植物学中其他默默无闻的贡献者。1905 年维也纳大会也进一步认可了林奈的选择，即将拉丁文作为植物学的学术语言，尽管美国代表抗议说这个选择"武断又无礼"，也无济于事。[29]有意思的是，这些国际会议的交流语言是法语而不是拉丁语，甚至 1924 年在伦敦举行的帝国植物学大会（Imperial Botanical Conference）也是如此，直到 1935 年，英语才成为这些大会的通用语言。

命名者们在 20 世纪 60 年代又不遗余力地为外星事物制定命名规则。博物学家激烈地争论是把 1961 年还是 1962 年作为外星化石通用命名法生效的起点，以及是否依然将拉丁文作为命名语言。[30]当然，这些规则还没能在这个领域应用起来。

命名的难题

在本书的几个章节中，我们讨论了一种特殊的植物，即梅里安的孔雀花，以及围绕着其堕胎用途的文化政治。从这种植物的历史也可以一窥命名方式的转变，17 世纪晚期兴起了融合多种文化的各种命名方式，到 18 世纪却发展为名字的帝国主义（onomastic imperialism）。尽管梅里安清楚地意识到金凤花作为堕胎药背后的冲突，但她多半忽视了对这种植物命名和重命名过程中的复杂政治。

梅里安的采集活动对女博物学家来说非常罕见，但却是男博物学家常用的方式。和同时代的斯隆一样，梅里安热衷于从本土居民那里收集异国植物和昆虫的"最佳信息"。[31]在好望角的天文学家彼得·科尔布（Peter Kolb, 1675—1726）写了一部早期的非洲民族志，梅里安也和苏里南几位美洲印第安人和流离失所的非洲人建立了深厚的友谊，他们给她当向导，带她去采集想要的标本，帮她进入

206　危险的地区,那些地方常常根本没路可走。梅里安也依照当时的通用做法,对于自己研究的动植物,她保留了本土名称,还记录了当地人告诉她的大量其他信息。她在《苏里南昆虫变态图谱》的导言中如此说道,"我记录了当地人和美洲印第安人告诉我的植物名字"。[32]

　　越来越多的欧洲博物学家们冒险深入非洲、印度、中国、日本和美洲腹地,必然需要依靠当地人及其知识。在这些地方,探险者们常常会直接转录植物的本土名字,但奇怪的是,梅里安却给金凤花起了一个拉丁名字孔雀花(*flos pavonis*)。[33]要知道,梅里安常常会生动详细地记录她与当地人相处的个人经历,但为何她没有提到任何当地人对这种植物的称呼?不管是阿拉瓦克人,还是移居到此的安哥拉人,抑或是几内亚人。

　　梅里安自诩的记录方式与命名实践之间的差异表明,这个拉丁名字 *flos pavonis* 的历史并不简单。我们并不清楚她为何没有记录这种植物的美洲本土名字,但可能是因为她觉得这种植物并非西印度群岛的本土种。这种植物起源何地,种子是如何传播的,是商船还是运奴船传播,或者靠海水漂流,这一切都不清楚(见本书结论)。然而,某种植物在历史上用过的众多名字有时候可以提供起源或地理分布的线索。梅里安选择 *flos pavonis* 作为金凤花的名字是因为,她曾在阿姆斯特丹著名的药用植物园见过这种热带植物。这种艳丽的植物在东印度群岛的名字大部分都拉丁化了,而且都和孔雀有关:波兰但泽商人雅各布·布雷内也是一位植物学家,他曾记录道,在印度尼西亚的安汶岛(Ambon)有一种枝繁叶茂的植物被称为孔雀冠(*crista pavonis*),因为它的"雄蕊很特别……向外散开的样子就好像孔雀骄傲的扇形冠羽"。这种火焰般红色、黄色、橙色的花也被称为孔雀花(*flore pavonino*)和印度孔雀花(*flor Indicus pavoninus*),东印度群岛的荷兰人把这种植物称为孔雀尾(*paauwen staarten*),葡萄

牙人叫的是 *foula de pavan*，也即孔雀花，有时候它还有一种不那么诗意的拉丁名"孔雀灌木"（*frutex pavoininus*）。[34]

梅里安可能仅仅是沿袭了殖民者们的方式，用她熟知的植物名字来指代在新大陆遇到的同种植物或相似植物。在这个案例中，这种植物在东印度群岛的那些名字经过阿姆斯特丹的中转，传到了西印度群岛。这也并不奇怪：马拉巴尔和苏里南都是荷兰的殖民地，荷兰人只不过在苏里南发现了一种在马拉巴尔被用作"减少体液"的植物，因为它可以促进排汗和利尿。在苏里南，他们将这种植物称为"马拉巴尔叶"，布丰曾谴责过这种引起混淆的做法，如同把大羊驼称为"秘鲁骆驼"，一样的道理。[35]

但梅里安没有记录金凤花的美洲本土名字，也没记录颠沛流离的非洲人如何称呼它，也可能是因为这类名字原本就不存在，或者说，至少不是苏里南的荷兰人熟知的名字。斯隆在巴巴多斯发现金凤花或类似的植物时，把它记为 *Tlacoxiloxochitl*，是墨西哥阿兹特克人的叫法。时至今日，金凤花还有个纳瓦语（Nahua）名字的西班牙翻译，即 *Tabachin* 或 *Tabaquin*。尽管这几个名称更具有地方特色，但没有一个是直接来自阿拉瓦克语、泰诺语或加勒比语言。法国植物学家普佩－德波特曾勤勤恳恳地将圣多明各通用的"加勒比"植物名称记录下来，但其中并没有金凤花的加勒比名字，只有法语和拉丁名字。因为缺乏史料，我们无从知道为梅里安提供信息的本地人对这种植物是否有自己的叫法，也不清楚来自西非的奴隶人口是不是从荷兰定居者那里知道了"孔雀花"这个名字。梅里安曾观察到奴隶妇女在使用这种植物，但我们也无法了解，她们从非洲被运来时，这种植物的非洲名字是否也跟着她们漂洋过海。[36]

如果说金凤花在西印度群岛没有本地名字的话，但它在马拉巴尔和锡兰（Zeylon，即斯里兰卡）的确有当地的名称。梅里安的拉丁文并不好，她一回到阿姆斯特丹就请自己的朋友，即药用植物园的园长卡斯帕·科默兰,帮忙为《苏里南昆虫变态图谱》的文字添补参考资料,从而使得书中细致描绘的苏里南植物和昆虫可以被纳入欧洲的古典学术传统中。科默兰给金凤花的段落加上了拉丁化的马拉雅拉姆名称,这是他从里德·托特·德拉肯斯坦《印度马拉巴尔花园》里参考的信息。除了科默兰引用的 *tsjétti mandáru*,里德·托特·德拉肯斯坦和他的团队还给出了马拉巴尔植物在其他语言里的名称:阿拉伯语、葡萄牙语、荷兰语和"婆罗门语"或贡根语(Konkani,金凤花的贡根语名称记的是 *tsiettia*)。保罗·赫尔曼年轻时是荷兰东印度公司在锡兰的一名医药官,也记录了这种漂亮植物的锡兰名称:*monarakudimbiia*。[37]到了18世纪后期,米歇尔·阿当松在非洲发现金凤花时,记录了它的本土名字 *Kamerchia*,在第二卷中他改成了更合理的拼写 *Campecia*。

208　　　　然而,梅里安的孔雀花还面临另一种命运。1694年,这种火焰般的植物被收录到图尔内福抽象的类型学中——这种分类法现在被普遍认为是林奈分类学重要的先驱。在图尔内福的分类体系中,金凤花属于第21纲、第5组(section)①,特征是"乔木或灌木,花红色,荚果"。在当时众多的新分类方法中,图尔内福的分类法很有代表性,其体系关注的是植物形态特征,就金凤花而言,就是花冠和果实。图尔内福并没有提及这种植物背后的东、西印度群岛之间的联系,这些联系在欧洲更早的文本中扮演着重要的角色。

　　　在欧洲世界为金凤花拟定名字时,图尔内福没有使用里德·托特·德拉肯斯坦和赫尔曼用的名字,而是以他的同胞德·庞西的名字重新命名了这种植物,后者是法国殖民地安的列斯群岛总督,曾

---

　　① 在现代植物学生物分类层级中,组处于属以下、种以上。图尔内福的分类层级顺次是纲、组、属,组的概念和层级均不同于现在。

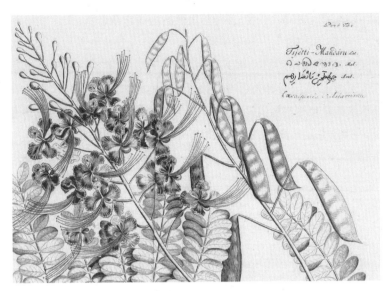

插图 5.1　里德·托特·德拉肯斯坦的 *tsjétti mandáru*，即金凤花的马拉巴尔名字，里德·托特·德拉肯斯坦还提供了拉丁语、马拉雅拉姆语和阿拉伯语名字。金凤花还有个被认可的拉丁名 *Caesalpinia pulcherrima*，在哈佛大学图书馆的一个藏本里用铅笔写着这个名字。

用这种植物治疗热病。图尔内福使用这个名字，意在颂扬法国在加勒比地区的殖民统治，并不关心植物自身的特点，与东、西印度群岛的文化传统，或者它的使用者或"发现"者，也不关心为欧洲人提供植物信息的人。林奈追随图尔内福，认可了这个名字，只增加了植物生长于印度群岛（显然东、西印度群岛都有）这条信息，标记了农业之神（Saturn）的符号。1791 年，奥洛夫·施瓦兹重新将这种植物划分到云实属（*Caesalpinia*），这个属是以意大利植物学家安德烈·切萨尔皮诺（Andrea Cesalpino, 1519—1603）的名字命名的。施瓦兹想取缔黄蝴蝶属（*Poinciana*），因为此属只有一种植物。但林奈的名字作为基本异名（basionym）依然被保留下来，因为种名并没有变，所以今天植物学家们对 *C. pulcherrima* 和 *P. pulcherrima* 这两个学名都

209

认可，法国人更喜欢后者，因为是以他们的同胞命名的。[38]

我们要记住的是，梅里安和里德·托特·德拉肯斯坦都是本着医药和经济用途的目的去采集植物，而不是为了建立某种分类体系。梅里安甚至明确表示不想对自己采集的植物进行分类，在谈到《苏里南昆虫变态图谱》时写道，"我可以描述得更全面一些，但学者们的观点总是彼此难以认同，世人又很容易被影响，我只是将自己的观察如实记录下来"。[39]梅里安不是植物学家，她对植物感兴趣只是因为它们是毛毛虫的栖息之所和食物来源，毛毛虫才是她研究的重点。

从梅里安的孔雀花我们可以了解殖民扩张时期的命名实践。历史学家让－皮埃尔·克莱门特（Jean–Pierre Clément）在研究西班牙殖民地的植物时，发现 18 世纪命名的 175 种植物中，111 种是以科学人物的名字命名，包括 65 位博物学家、25 位绘图员、16 位医生、5 位天文学家和其他科学家，20 种以作家的名字命名，38 种以权贵人物命名，包括 4 名皇室人员、11 名政府部长、7 名总督、6 名高级神职人员和 10 名其他人士。[40]这样的名字并不能被轻易取代，西班牙博物学家、马德里植物园园长戈麦斯·奥尔特加曾专门召开会议，为植物的新属定名。1794 年《秘鲁和智利植物志》（*Florae Peruvianae et Chilensis*）记载了西班牙在这些国家的植物探索，希波利托·鲁伊兹（Hipólito Ruiz，1754—1816）和荷西·帕冯（José Pavón，1754—1840）在每个新属的描述中都写了一条备注，指明在命名时 210 要某个人的名字命名。历史学家毛里西奥·奥拉特（Mauricio Olarte）曾证实，该著作中的植物名称就是一部浓缩的西班牙政治史：在 1810 年前，新大陆的植物在命名时用来纪念西班牙植物学家的壮举，1810 年和新大陆独立运动之后，克里奥尔植物学家则坦然地以他们自己的名字命名植物新属。[41]

甚至到了 19 世纪，名望家族依然希望通过植物命名的方式被永远铭记。著名的植物绘图员凯瑟琳·桑德斯（Katherine Saunders，1824—1901）生活在南非，希望将她发现的植物以家族中多位成员的名字命名。邱园的约瑟夫·胡克将此事转告奥利弗（Oliver）教授时评论道，"她丈夫是立法委员会的成员，我们得满足她的要求，她渴望有植物能用她的名字命名，这样是可以的吧？"最后，她本人、儿子和儿媳的名字都被用来命名了植物。[42]

特例：苦木和金鸡纳

那么，西印度群岛的非洲奴隶、阿拉瓦克人、加勒比人，以及其他非欧洲植物学家的群体使用的植物名称有多少能被欧洲的命名体系所采用？如我们在第一章所见到的，植物学家并非孤独的探险者，而是像现代实验室的主管，也像是大型探险活动、植物园和标本馆的领导者。因为他们要想成功实现海外探险，就需要资助、船队、助手、绘图员、本地向导和搬运工等。要想在欧洲取得成功，也需要园艺师、通信者、标本管理员和提供者。然而，在植物命名时，这些提供支持的人士往往被忽略了，风头都被更有声望、受过教育的欧洲男性抢走了。[43]

也有例外，有几种著名的植物在以人名命名时，就不符合林奈一贯的人物选择。例如，苏里南苦木（*Quassia amara*），作为一种很受欢迎的养胃滋补药被引进到欧洲，这个充满异国特色的名字来自一位被释放的苏里南奴隶——格拉曼·戈塞（Graman Quassi）①。依照林奈的标准，他没有资格获此殊荣。他只是一个草药医生，严格地说不是植物学家，但林奈和当时其他植物学家一样，把这位曾经

---

① Graman 意思是"大人物"。

是奴隶的非洲人颂扬为不朽的英雄人物，因为他是第一个发现这种
植物医药用途的人。18 世纪末，法国建立了黑人之友协会（Société
des Amis des Noirs），整个欧洲又发生了呼吁结束奴隶贸易的运动，
以一位曾经的奴隶命名一种植物成了轰动事件，很多报道都把戈塞
211　奉为良药苦木"无可厚非的首位发现者"。

　　然而，当我们将 18 世纪关于这种药物如何被发现的各种记载拼
凑到一起，却了解到戈塞其实并没有发现以他命名的这种植物的医
药用途。他顶多充当了一个中间人，广泛使用了这种药物，让欧洲
饱学之士注意到他。皇家学会会员、医生威廉·刘易斯（William
Lewis，1708—1781）为这种药物的开发提供了一些线索。据他说，
苏里南的美洲印第安人最先意识到苦木是一种非常好的滋补药，当
时还是奴隶的戈塞不知道怎么就了解到这种用途，并将苦木的根制
成了一种秘方，以治疗那个国家"致命的热病"。约翰·斯特德曼中
尉在苏里南待了多年，记录的时间是 1730 年。林奈的一个学生丹尼
尔·罗兰德（Daniel Rolander，1722—1793）高价将戈塞的秘方买了
下来，并在 1756 年将戈塞带回欧洲。一位在苏里南的瑞典种植园主
卡尔·达尔贝里（Carl Gustav Dahlberg）在 1761 年将制备这种药物的
植物标本献给了林奈。林奈随即发表一篇论文，对这种植物进行命
名和描述，并提供一张插图，由此为它在欧洲植物学确立了位置。
有趣的是，达尔贝里得知林奈要以植物的名字纪念戈塞时惊骇不
已，他曾希望这种植物会以自己的名字命名。[44] 毕竟，那个时候没有
人会考虑以一位美洲印第安人的名字命名植物，就算这种植物的用
途好像是他发现的。

　　苦木因能有效治疗呕吐和热病而广受好评，在加勒比地区和欧
洲都是受欢迎的"苦药"。欧洲医生们用实验证明，苦木跟秘鲁树皮
一样有效，却没有后者主要的副作用，尤其是腹泻。苦木被认定为
安全有效的药物，被制成注射剂、汤药或药片，收录在欧洲各大药典

插图 5.2 戈塞身着欧洲服饰,拿着奥兰治亲王(Prince of Orange)颁发的金色奖章。和启蒙运动时期其他知名的非洲博学之士一样,戈塞在服饰、礼仪和其他方面都入乡随俗,遵从欧洲的方式。威廉·布莱克绘制。

中。只有极少数的医生，如爱丁堡的威廉·卡伦，觉得人们这么喜欢这种苦不堪言的药物，是对异域药物畸形的追捧。[45]

　　在苏里南的医生们并不认可将发现这种药物的殊荣赋予戈塞，实验主义者菲利普·费尔曼在 1769 年评价说："苏里南几乎所有的居民在 40 年前就知道了这种树木。"身为军人的斯特德曼则把"大人物戈塞"刻画成"苏里南（也可能是全世界）最杰出的黑人"。斯特德曼写道，他靠着"勤奋""技巧"和"机灵"，"成功地摆脱了奴隶身份"，他的医疗技术也让他有了"非常不错的生存技能"。戈塞在本地奴隶中树立了自己作为男巫师（*looco - man*）的名声，又靠贩卖护身符（*obias*），赚取了大笔财富。按斯特德曼的话说，这些护身符都是用鱼骨、蛋壳等"垃圾"做成的，不花一分成本，他将这些东西卖给在苏里南的非洲自由士兵，在这种迷信的震慑下，他们"像斗犬"一样为荷兰卖命。这让"他赚足了"，最重要的是，斯特德曼继续道，戈塞很幸运地发现了苦药，从此声名远扬。然而，这一切最终都烟消云散，斯特德曼认为，戈塞终究是个"好逸恶劳的傻瓜"，患上了"遭人憎恶的精神疾病"，最后还得了麻风病，这种病在当时无药可治。[46]

　　苏里南的犹太医生大卫·纳西也写道，戈塞获得了白人的信任，他们会找他咨询很多事，包括调查和起诉对奴隶主投毒的种植园奴隶。[47]有人可能会猜测，与发现苦药同样重要的是，戈塞为荷兰殖民者的部队效力，帮他们镇压了自己民族的叛乱，最终才在欧洲的植物命名体系中获得了不朽的勋章。

　　秘鲁树皮是另一个以植物学圈外人士命名的特殊案例，这种植物对热带地区的欧洲殖民者来说具有战略性的意义。提取奎宁的金鸡纳树（*Cinchona*），是林奈用西班牙总督、钦琼第四伯爵路易斯·费尔南德斯（the Fourth Count of Chinchón, the Spanish Viceroy Luis Geronimo Fernandez）妻子的名字弗朗西斯卡·费尔南德斯（Francisca

Fernandez de Ribera)命名的,因为大概在 1632—1638 年间,她让这种有"神奇疗效"的药物引起了人们的注意。按理说总督夫人既不是植物学家,也不是这门新兴科学的赞助人,并不能享受此殊荣。尽管有人批评林奈 1742 年造词时把总督夫人的名字写错了,但人们普遍认为他确实是为了纪念这位女性,因为她冒着生命危险勇敢地尝试了这种未知的抗疟药。[48] 跟蒙塔古夫人很相似,总督夫人促进了异域药物在欧洲的推广。

当然,林奈在造 Cinchona 这个名字的时候有很多名字可选,在 1742 年前,这种树皮最广为人知的名字是一个盖丘亚语名字:Quinquina。林奈从拉孔达米纳那里收到了一幅这种植物的插图,告诉他 Quinquina 这个词来自"古老的秘鲁语言",但不管是利马还是其他地方都没有人知道它的字面意思。困惑的拉孔达米纳查询了 1614 年的盖丘亚语词典,发现 Quinaai 这个词早就不用了,他感叹道,当时盖丘亚语已经"改变太多,混杂着西班牙语"。这个词翻译成西班牙语指的是一种印度披肩,拉孔达米纳认为这可能是因为树皮也像"斗篷"一样覆盖在树干上。在盖丘亚语中,重叠词很常见,尤其在植物的名字中,法国人得出结论说 Quinquina 最准确的意思是"树皮的树皮"。拉孔达米纳还费心地查出 Quinquina 在本地语言中,也指的是秘鲁香脂树,后来定名为 Myroxylon peruferum,欧洲人早在1565 年就知道了这种植物,经常将它与真正的奎宁搞混,而且有时候是故意搞混的。[49]

陪同拉孔达米纳去秘鲁的约瑟夫·德·裕苏记载了这种植物另一个盖丘亚语名字:Yaracucchu Carachucchu,yara 意思是树,cara 代表树皮,chucchu 指的是染上疟疾后身体发抖。在西班牙称这种植物为 cascarilla,英语中广为人知的名字是"秘鲁树皮"或简称为"树皮",Quinquina 有时候也因为钦琼伯爵夫人而被叫作"伯爵夫人的药粉"(Countess's Powder),或者被称为"耶稣会药粉",因为耶稣会在

214

其引入欧洲过程中也发挥了作用。最后,它还被称为 *pulvis patrum* 或 *pulvis cardinalis de Lugo*(红衣主教树皮),以红衣主教卢戈(Lugo) 的名字命名,他将这种药物分发给罗马穷人。奎宁与耶稣会的紧密 联系激起了新教徒对这种药物的不信任,他们中有些人拒绝使用此 药。[50] 由此可见,林奈其实有很多选择,但他最终决定在命名体系里 纪念伯爵夫人。

是谁发现奎宁并将其引入欧洲的? 这个故事有多种版本,还杜 撰了各种离奇的情节。拉孔达米纳到过现在的厄瓜多尔境内各地, 据他说,在西班牙人到来之前,印加文明早就知道 *Quinquina*,出于对 侵略者极大的怨恨,隐瞒了"最宝贵和有用的"医疗信息。在保守了 这个秘密差不多 140 年后,拉孔达米纳所称的"白痴"向欧洲人坦白 了他们的药方。裕苏证实,一个耶稣会士患上热病,病倒后经过一 个叫马拉卡托斯(Malacatos)的村庄,一位"印度头人"可怜他,将其 治愈,于是欧洲人便知道了疗法。另一个版本说的是,一名患上疟 疾的西班牙士兵,因口渴到湖边喝水,碰巧有一棵金鸡纳树倒了,浸 泡在水中,他就这样很偶然地发现了这种药物。[51]

按拉孔达米纳的说法,*Quinquina* 在厄瓜多尔的洛哈(Loja)被印 第安人和西班牙人广泛使用,但在其他地方却没人知道。这种状况 直到 1638 年才改变,钦琼伯爵夫人在利马得了严重的热病,她的医 生无计可施,一位在洛哈的官员听说后送了一些树皮给总督。该官 员立即被召唤到伯爵夫人身边,为她制备药方和调配剂量。拉孔达 米纳轻描淡写地写道,这种药在给伯爵夫人使用前,"已经在其他病 人身上成功地做过实验"。在一些故事版本中,这些被试者是"下层 阶级病人",例如,从罗马圣灵教堂(Santo Spirito)的壁画上,可以看 到了防止投毒,印第安信使被命令先喝下这种未知的药汤。伯爵 夫人服药后病愈,在康复后她立即要求提供大量树皮,分发给新大 陆的西班牙定居者们,这个情节再次与阿德里安堡的蒙塔古女士的故事"似曾相识"。在 19 世纪早期,让利斯夫人(Stéphanie Félicité, Madame de Genlis, 1746—1830)虚构的故事中,钦琼伯爵夫人漂亮的女仆、印第安公主祖玛(Zuma)成为故事女主角。祖玛冒着生命危险,尝试了这种可疑的药粉,为伯爵夫人展示了这种药物的疗效,然后才将它献给了女主人。[52]

林奈在造 *Cinchona* 这个词的时候,将桂冠献给一位欧洲权贵女性,以此颂扬欧洲的殖民统治。他切断了这种植物与南美洲原产地的联系,也切断了它与印加人的联系,其实他们才是最早了解这种药物并选择告诉欧洲人的人。18 世纪 80 年代,托马斯·斯基特(Thomas Skeete)用这种树皮做实验时,发现它的盖丘亚语名字 *quinquina* 已经甚少被人提及。[53]

从戈塞和伯爵夫人身上,我们可以看到林奈也会在命名时颂扬新、旧世界的"知识传送者"。被命名植物的都不是戈塞和伯爵夫人发现的,但他们都为药物引入欧洲发挥了重要作用。优先权和发现权,原本在科学命名中举足轻重,在这两个案例中却退居二线了。

在金鸡纳和下面要讨论的其他例子中,林奈都大费周章,使用位高权重的女性命名植物,他的动机不得而知。我在其他地方讨论过,林奈非常保守,他希望女儿长大成为忠贞尽职的女主人,而不是"时尚女性"或女学究。然而,历史学家詹纳·波马塔(Gianna Pomata)解释说,林奈喜欢用女性的名字可能是因为他相信卵源论,这种理论源于 17 世纪对女性生殖贡献的重新评判,认为新生命预先存在于卵子中。不管是以上哪种情况,林奈都是借用名门女性的社会地位提升植物学的声誉。在现代早期科学中,这种做法屡见不鲜。[54]

216

林奈没有理由怀疑钦琼伯爵夫人这个故事的真实性,但 19 世纪博物学家洪堡和当今历史学家却指出这个故事是虚构的。钦琼伯爵的日记中根本没有提及夫人的疾病或神奇的疗法,当时在秘鲁生活的其他欧洲人也没有人留下过相关的记载。[55]

　　在18世纪的植物命名体系中，我发现戈塞是唯一以此方式永载史册的男性奴隶。就我所知，没有美洲印第安人获此殊荣，尽管有大量的植物学名从当地的美洲印第安语言衍变过来。然而，有几位欧洲女性却作为"传奇"人物，获得了命名的殊荣。林奈在《植物学评论》中强调了他从古希腊文献中借取了几个女性名字：菊科的堆心菊属（*Helenium*），取自斯巴达国王墨涅拉俄斯（Menelaus）的王后海伦（Helen）；菊科的蒿属（*Artemisia*），取自卡里亚王后（Artemisia，Queen of Caria）；锦葵科的蜀葵属（*Althaea*），取自古希腊卡尔西登的埃涅阿斯国王（King Aeneas of Chalcedon）之妻奥尔瑟雅（Althea）。除了钦琼伯爵夫人，林奈还在命名体系中纪念了第二位出身名门的18世纪英国女性安妮·蒙森女士，她是查理二世的曾孙女，林奈用她的名字命名了一个南非牻牛儿苗科的多蕊老鹳草属（*Monsonia*），可能是因为蒙森女士再婚时嫁给了东印度公司的陆军上校，到异国殖民地有了学习植物学的想法。卡尔·通贝里1774年曾在好望角报告说，"安妮·蒙森女士从英国经过漫长而艰辛的远航，不仅是为了陪伴丈夫……也是希望能满足自己的博物学兴趣"。通贝里将其描述为一位约60岁的老妇，热衷于采集标本，尤其是动物标本，她谙习各种语言，包括拉丁文，"还自掏腰包，带着一位绘图员，协助她采集标本，并把罕见的标本画下来"。[56]

　　为了征得同意将这份荣耀赋予蒙森女士，林奈写了一封热情洋溢的信，极尽18世纪的赞美之词，不过据林奈的传记作者威尔弗里德·布伦特（Wilfrid Blunt）推测，这封信可能从未寄出去："很久以来，我都在努力控制自己的激情，却难以抑制，此时它如火焰般燃烧。对我来说，这不是第一次被一位女士点燃爱火，我想您的丈夫也会原谅我，这并没有损害他的荣耀……据我所知，大自然从未有217　过一位女性能与您相提并论——您就是人中之凤。"他还打算在信中装上一些秘鲁百合（*Alströmieria*）的种子，"像几颗罕见的珍珠"，林奈认为在英国应该没人见过。关于多蕊老鹳草属，林奈继续写道："但我能否有幸得到爱的回报，恳请您能答应我一件事：请允许我能和您生一个可爱的女儿，作为我们爱的见证——可爱的多蕊老鹳草属。如此一来，您的盛名将永远留在植物的王国。"[57]

需要注意的是，这位现代植物学之父却没有将此殊荣赋予其他颇有声望的植物学女性。如前文所言，梅里安的诸多贡献并没有得到林奈类似的认可；博福特公爵夫人在格洛斯特的庄园里有着广阔的植物园，但直到 19 世纪的罗伯特·布朗（Robert Brown）才以她的名字命名了桃金娘科的缨刷树属（*Beaufortia*）。菲利贝尔·柯默森曾以其探险助手珍妮·巴雷特的名字命名了一个属 *Baretia*，但植物学家并没有保留这个属名，后来被改成了楝科的杜楝属（*Turraea*）。柯默森将还曾以女天文学家妮科尔–蕾娜·勒波特（Nicole–Reine Lepaute，1723—1788）命名了绣球（*Peautia coelestina*），但很快也被弃用，这种植物现在的学名是 *Hydrangea macrophylla*。[58]

由此可见，在林奈的命名体系中，18、19 世纪仅有一位被释放的苏里南奴隶和几名出身名门的女性以命名方式被纪念。尽管如此，这些例子并没有违背选择名字的宗旨：非洲人和女性同样被纳入传奇人物之列，才得以在 18 世纪的命名实践中受到称颂。

尽管林奈在命名法则上非常苛刻，但他还是保留了一些确立已久的"野蛮"名字。需要强调的是，这些名字被采纳的前提是：简短、拉丁化后仍有吸引力、欧洲人读起来也不难。我在前文中提到了曼陀罗属（*Datura*），其他非欧洲名字还包括：羽衣草属（*Alchemilla*）、槟榔属（*Areca*）、咖啡属（*Coffea*）、愈疮木属（*Guaiacum*）、郁金香属（*Tulipa*）和丝兰属（*Yucca*）等。尽管林奈对里德·托特·德拉肯斯坦的"野蛮"名字不屑一顾，但他还是保留了 12 属的马拉雅拉姆语名字，如三敛（*Averrhoa bilimbi*）、光棍树（*Euphorbia tirucalli*）和蒌叶（*Piper betle*）等。在命名实践中，拉丁文占支配地位，系统分类和索引都是用拉丁文，但也会有特林加语（Telinga）、孟加拉语（Bengalese）、印度语（Hindoo）、梵文、阿拉伯语、荷兰语、法语、西班牙语、加勒比语，以及很多其他语言的名字也会被当作同种异名在列。[59]

218　　　还要注意的是，林奈制定的规则也常常不被遵守。他强烈抨击在其他学科已经用过的术语，如解剖学或动物学词汇，还特别嘲笑"阴蒂"（*Clitoridis*）一词，但他并没有弃用这个词，即豆科的蝶豆属（*Clitoria*），一直到维多利亚早期，这个词因太过敏感而遭弃用。[60] 19世纪 30 年代，德库尔蒂写道，因为植物的"花与女性身体的器官非常相似"就用 *Clitore sensible* 这个名称很不合适。他提供了一个新名 *Nauchea pudica*①，纪念雅克 – 路易斯·诺什（Jacques – Louis Nauche，1776—1843）医生及其在专业上的谦虚（*pudor*）品质。[61]

其他命名方式

　　林奈体系在 18 世纪遭到了很多人的强烈反对，准确说来都是围绕命名的问题。那时候并没有人预知林奈体系会被当成现代分类学的基础，据同时代的人称，在当时植物学家"对分类方法的狂热"的确如同"传染病"般盛行。法国的米歇尔·阿当松在 1763 年曾数出了 65 种不同的分类体系，他的英国同行罗伯特·桑顿（Robert Thornton，1768—1837）在 1799 年则列举了 52 种分类体系。尽管林奈体系在瑞典和英国处于统治地位，但它在欧洲大陆尤其是法国和德国，还没有被完全接受。如前文所言，在众多体系中，林奈体系直到 1905 年才被定为现代植物学的"起点"，得到公认。[62]

---

　　① 　该学名现在也已被弃用，而蝶豆属依然用 *Clitoria*。

林奈主要的竞争对手是同时代的布丰,时任巴黎皇家植物园园长。布丰反对所有分类体系的建立,尤其嘲笑林奈体系,认为它过于抽象,最重要的是太人为化。在布丰广受欢迎的《博物志》(*Histoire naturelle*, 1749)中,他谴责各种分类体系的传播,每种体系都有一套命名方法。"恕我直言",他继续道,"每种方法不过就是一部词典,里面的名称按照一定的规则排列,反映特定的分类思想,结果不过就跟按字母顺序排列一样武断而已"。博物学家们的众多方法也是各种"充满人为想法的体系",他强调说,没有什么方法可以囊括整个自然界的事物。他写道,"自然处于无法感知的细微渐变之中,不可能用严格的纲、属、种完全精确地去描述"。尽管布丰也承认这些方法有启发意义:它们制造了一套普适性用语,有助于相互理解,简化了工作,帮助了记忆,有利于研究,也为博物学家提供了一个假想的目标,让他们真正努力去探索一套能精确描绘自然事物的体系。他认为,"如果发现哪种体系描述准确、细节新颖、观察敏锐,也没什么稀奇的"。[63]

在命名方面,布丰采用了传统的方式,将某个物种已知的所有名称都列出来,他引用了亚里士多德和普林尼等古人用的名字,也引用了 16 世纪的康拉德·格斯纳(Conrad Gesner, 1516—1565)、尤利西斯·阿尔德罗万迪(Ulisse Aldrovandi, 1522—1605)、皮埃尔·贝隆等人用的名字,以及现代的约翰·雷、林奈、雅各布·克莱因(Jacob Theodor Klein, 1685—1759)和玛蒂兰·布里松(Mathurin Jacques Brisson, 1723—1806)等人用的名字。对布丰来说,所有"普通"的名称都同等重要,不管是希腊语、拉丁语、意大利语、西班牙语、葡萄牙语、英语、德语、波兰语、丹麦语、瑞典语、荷兰语、俄语、土耳其语、"萨瓦语"(Savoyard)、古法语还是格里森州(Grison)的罗曼什语(Romanche)。对新大陆的动植物来说,他则提供了印第安语、墨西哥语和巴西语名称,以及生活在那里的法国人使用的名称,这些名称通常是用法语转录的美洲本土名称。[64]

　　布丰反对欧洲人将异域动植物归入旧世界分类体系的做法。他警告说，南美洲有条纹的猫科动物不应该叫老虎，这种做法会让人以为在那里发现了原本不存在的生物。糟糕地更改、挪用、错误使用名称，或者乱起新名都会让人混淆对自然秩序的理解。与新起的拉丁名相反，本土名称可以提供物种的地理分布信息的线索，例如水牛没有希腊名和罗马名，因为这种动物在旧世界不存在。如布丰指出的那样，水牛（buffalo）这个异国名字表明它来自其他国度。异国名称的另一个优点是，它们可以显示出不同地方动物之间的关系，例如人们会推测卡宴的 *cariacou* 可能和巴西 *cuguacu* 或 *cougoua-cou - apara* 是同一种生物，因为它们的名字很相似。巴黎皇家科学院布丰的继任者菲利克斯·维克·达吉尔（Félix Vicq d'Azyr，1748—1794）也加入了这场论辩，追问林奈为何要限定植物名称只能使用希腊语和拉丁语词根。他质疑道，使用植物在"不同国家原本的名字"不是更可取么？[65]

　　比林奈出生晚 20 年的米歇尔·阿当松，也强烈批判林奈的人工体系。在他看来，林奈体系对结实器官数量比例的重视很"不自然"，而且对雄性器官关注过度。毫无疑问，他批判的是林奈用植物雄性器官或者说雄蕊的数量、相对比例和位置作为纲一级的分类标准，而用雌性器官或者说雌蕊的数量和相对比例作为目一级的分类标准。在林奈的分类树中，纲在目的上一级，也就是说他优先用雄性器官作为自然界生物地位的判定标准。[66]

　　阿当松同样批判了林奈的命名法，反对他大规模地修订植物名称，谴责他武断地改掉了植物学和医药中大部分耳熟能详的名字。阿当松举了个例子，林奈荒谬地将一种殖民地植物以牛津大学约翰·迪伦纽斯（John Dillenius，1684—1747）的名字命名为五桠果（*Dille-nia*），取代了原本的惯用名称 *Sialita*。他甚至拒绝用自己名字命名

一种猴面包树为 *Adansonia*，援引说"植物学家的虚荣心"是阻碍这门科学的三大原因之一。阿当松谴责道，林奈要求所有生物名称都以 *ia*、*um* 或 *us* 结尾，只不过揭露了林奈一味靠使用拉丁文从而让其命名法显得"充满科学气息"。[67]阿当松与图尔内福、布丰、拉马克和法国哲学家更普遍的观点一致，反对林奈，在自己的科学著作中拒绝使用拉丁文，而是用本国的法语写作。

阿当松对林奈的挑战并非只是嘲笑对方，他还提出了截然不同的命名方式。首先，他认为要保留约定俗成的名称，尤其是有重要经济价值的植物，因为医生、药剂师和在田间采集草药的人等非植物学家都知道这些名字，而且在使用时可以轻易区分。[68]因此，林奈的 *Mirabilis* 应该恢复为药喇叭（jalap）、四点花（the four‑o'clock flower，紫茉莉）这样的名字。

对植物新种的命名，阿当松强烈建议采用任何语言的本土名字，不管是"法国人、英国人、德国人、非洲人、美洲人还是印度人"常用的名字，只要它们不是太长即可。他在塞内加尔采集植物时，学习了沃洛夫语（Wolof），并在《植物的科》（*Familles des plantes*，1763）中记载了大量这种语言的植物名称。由此可见，阿当松拥护的是实用的平民主义命名方法。例如，里德·托特·德拉肯斯坦《印度马拉巴尔花园》常常提供了"婆罗门"和马拉雅拉语等各种语言的植物名称，如果要在其中选一个时，阿当松会倾向于更简短、绝大多数人读起来最容易的名称。阿当松明确批判从未走出欧洲的林奈说，"如果武断的作者们到远处旅行，他们会发现在其他国家（非洲、美洲或印度），我们的欧洲名称才被认为是野蛮的"。对阿当松而言，在真正的自然体系确立之前，命名法都不该被固定下来，在那之前命名法都应该以方便简洁为原则。阿当松兼收并蓄、去中心化的命名法，构建了人类统一性和多样性图景，他和布丰一样，都倾向于采用世界上多种语言里的植物名称。[69]

221

　　就林奈来说，他当然不认同阿当松的修正。他写道，对手的"自然"体系其实是最不自然的，林奈的追随者们还把阿当松的分类称为"混乱不堪的科"（Familia confusarum）。林奈在写给亚伯拉罕·贝克（Abraham Bäck，1713—1795）的信中，不可一世地称赞自己的成果："阿当松自己没有经验，我可以证明他写的所有东西都是从我的著作中东拼西凑的。"[70]

　　为什么林奈体系比阿当松的更受青睐？我们从中可以看到，个人癖好和制度上的政治因素对科学历史的影响。从一开始，林奈就下意识地维护自己的事业。例如，他写了一部颂扬自己的植物学史，称赞自己"为整个植物学打造了一个新的根基"。他也精心打造了自己在乌普萨拉大学的植物园和学术地位，在庞大的植物学帝国中确立了自己的核心角色。他几乎不旅行，但他与全欧洲的博物学家都在通信，大量学生在他明确的指示下被派往美洲、非洲、印度、锡兰、爪哇、日本和澳洲等地，其中23位最后也成了教授。林奈的儿子并没有成为父亲一样的人物，但也继承了他的衣钵，维护着他的名誉。因此，林奈的分类法和命名法能够得到传播，可能并不是仅仅因为其本身的价值。[71]

　　与林奈形成对比的是，阿当松从未获得过一个学术职位，他在法国学术圈子复杂的斗争中出局，也错失18世纪法国植物学的中心即皇家植物园的职位。因此，他几乎没什么学生和通信者。秉承着启蒙运动的理性精神，阿当松提出的植物命名新方法植根于更一般性的语言革新中，清除了过时的重叠字母和双元音，例如他会把nommes改成nomes，把Theophrastus简写成Teofraste。阿当松这种理性化的写作却造成了很大的障碍，他的书没有被广泛阅读，不像布丰《博物志》那样广受欢迎。尽管阿当松的独女也成为一名植物学家，但她和当时大部分女性一样，无法获得学术职位。[72]

　　欧洲还有其他人也批判林奈体系。《亚洲研究》（Asiatick Resear-

ches)期刊的创始人威廉·琼斯爵士(Sir William Jones, 1747—1794)
反对林奈性分类体系,让人"浮想联翩",完全不适合"出身和教育良 222
好的女性"。琼斯还认为,林奈用最先描述植物的人去命名它们很
"幼稚",他建议应该完全拒绝这种做法。他举例说,*Champaca* 和
Hinna 不仅更优雅,对一种印度或阿拉伯植物来说也远比林奈的
Michelia(含笑属)和 *Lawsonia*(散沫花属)更实用。

我还痛心地发现,这位伟大的瑞典植物学家认为,这是为博物
学这个分支(即植物学)付出努力后能得到的最高奖赏,也是唯一
的回报,即把一个人的名字与一种植物关联起来。他宣称这种方
式可以促进植物学的发展,也为植物学添彩,值得以神圣的敬畏之
心传承下去。他说道,在赋予这份崇高的荣耀时要怀着赤子之心、
一丝不苟,不可因为某些目的亵渎了这份荣耀,如出于某个人的好
意或为了永恒的记忆,除非是他选择的追随者,否则谁都不行,圣
人也不行。

琼斯从林奈 150 个这样的名称中选了一个,争辩说,芭蕉(*Mu-sa*)在命名时并非源自某个固有名称,不过是这种水果的阿拉伯单词
的荷兰语发音罢了。琼斯和阿当松都建议保留植物常用的名称(经
常是印度本土名称),但就印度而言,他却更喜欢梵文名称,觉得它
们比"方言俗名"更好,因为梵文堪称印度的拉丁语。[73]

除了出于审美角度的这些批判外,在印度马德拉斯(Madras)的
外科医生怀特洛·艾因斯列(Whitelaw Ainslie, 1767—1837)从实用
性方面指出,欧洲植物学家给热带国家的树木和灌丛起的一些英语
名称"晦涩又陌生",他不得不用常见的印度词汇将其替换,这样才
能更容易从当地人那里获取这些植物。[74]

在非洲和新大陆殖民地也有反对林奈的声音。新西班牙的西

班牙克里奥尔人，如牧师植物学家何塞·拉米雷斯（José Antonio de Alzate y Ramírez, 1737—1799）抱怨林奈体系掩藏了植物位置、环境和花期等关键信息，也忽视了栽培所需的土壤特征。他进一步评论说，林奈的性体系没能抓住植物的重要特征，如用途。在法兰西岛和卡宴工作的让 - 巴蒂斯特 - 克里斯托夫·菲塞 - 奥布莱也支持保留植物原产地的本土名称。法国的反林奈情绪相当强烈，路易十五下令重新给皇家植物园的植物分类命名。安托万 - 劳伦·德·裕苏（Antoine - Laurent de Jussieu，1748—1836）时任植物园的植物学家教授，用他和叔叔伯纳德·德·裕苏的"自然体系"重新对园内植物分类，而命名则采用菲塞 - 奥布莱的植物名称。[75]

这些曾经的争论早已被遗忘，现在的植物学继续贯彻林奈的原则，在植物分类学和命名法中欧洲语言依然享有优先权。1905 年维也纳植物学大会在德堪多起草的命名法规基础上，追随林奈，把优先权作为植物类群命名的主导规则。这些大会差不多 5 年举行一次，冠上"国际"的大红标题，在很大程度上都是欧洲的——现在逐渐变成北美的——盛事。例如，1959 年的大会，118 名被提名的代表只有 8 名不是来自欧洲、北美、澳洲和苏联。印度、中国、非洲、中美洲和南美洲这些有着悠久植物学传统的国家和地区，却几乎没有代表。而且，参会的人以男性为主，例如，20 世纪 50 年代的会议，分类学会场 19 名参会者只有 2 名女科学家：阿姆斯特丹抽雪茄的女权主义者约翰娜·韦斯特迪克（Johanna Westerdijk）和澳大利亚阿德莱德的康斯坦丝·厄德利（Constance M. Eardley）。类似地，大会议程通常都是以世界领头的那几个国家的语言发布：英语、法语、德语，偶尔是西班牙语和俄语，或者是主办国的语言，例如日语。这些会议通常都在第一世界的城市：巴黎（1900 年）、费城（1904 年）、维也纳（1905 年）、布鲁塞尔（1910 年）、伦敦（1924 年）、伊萨卡岛（1926 年）、剑桥（1930 年）、阿姆斯特丹（1935 年）、斯德哥尔摩

(1950 年)、巴黎(1954 年)、蒙特利尔(1959 年)、爱丁堡(1964 年)、西雅图(1969 年)、列宁格勒(1975 年)、悉尼(1981 年)、柏林(1987年)、东京(1993 年)、圣路易斯(1999 年)和维也纳(2005 年)。[76]

　　18 世纪植物命名法成为帝国的一项工具,将植物从本土的文化语境中剥离出来,置于欧洲人最容易理解的知识框架里。随着现代植物学的兴起,一种特殊的欧洲命名体系随之发展起来,将世界植被原本多样化的地域性和文化特质统统吞噬。

　　正如我们看到的,即便在 18 世纪的欧洲,林奈命名法也有众多的竞争者。要是阿当松的命名体系被选作植物命名法的起点,今天的命名或许会对世界上的各种语言更加包容。但也要看到的是,帝国主义有多种形式,即使阿当松也很少会关注塞内加尔人、毛里求斯人和圭亚那人如何对动物进行分类。现在甚至很难知道还有哪些本土分类法和命名体系存在,马拉巴尔海岸丰富的分类和命名实践在里德·托特·德拉肯斯坦《印度马拉巴尔花园》中得到了最好的呈现。欧洲的文本还收集、整理和保存了大量的非欧洲知识体系,但据理查德·格罗夫(Richard Grove)称,里德·托特·德拉肯斯坦这本书是现存文本中,"关于 17 世纪伊泽瓦(Ezhava)①植物学知识唯一可信的文字记载"。尽管依然免不了将殖民地的命名体系赶上绝路的危险,但阿当松的方法在认可全球植物学知识方面,比起林奈体系显得更加兼容并包。[77]

　　剑桥大学的沃尔特斯(S. M. Walters)曾指出,将林奈作为现代植物学的起点强化了现代分类学和命名体系以欧洲植物区系为重中之重的局面,林奈《植物种志》中差不多有 2/3 的植物属原产欧洲。据沃尔特斯称,世界上的开花植物中能让林奈可选的那些在很

224

―――――――――

　　①　印度喀拉拉(Karala)地区的部落。

大程度上决定了当前植物分类学的特点。沃尔特斯还特别指出,早期分类学家划分的类群大小以方便为宜,以至于现在植物各科的大小常常取决于此科确立的时间:一个植物科确立时间越早,它包含的植物种类通常就越多。[78]他还注意到,被子植物各科相对稳定,只是因为分类学家不愿意修改它们,所以不能以此认定特定类群之间的界限就必然是正确的。威廉·斯特恩有趣地补充道,"现代科学产生于热带之外,不过它也不可能从热带产生,这种假设倒也不无道理"。按斯特恩的说法,林奈能够建立起他的分类体系仅仅是因为在其早期的事业生涯中,他从瑞典几个教区和乌普萨拉种类少得可怜的植物园里认得了一些植物,他并没有像后来的探险者那样,被热带地区丰富而复杂的自然世界所折服。[79]

　　换句话说,林奈的分类学和命名法并没有什么神圣之处。在某种意义上,他的方法不过就是有机世界通用的"标准键盘"(QWERTY),其成功在很大程度上归因于确立和传播时的种种偶然性,也就是说有一些天然的内在优势而已。这种情况在历史长河中时有发生:有些东西一旦被固定下来,就很难用其他方式去思考它们,以至于我们终将忘记它们原本有其他可能性。

结论　无知学

庞大的人口才能让殖民地富强；平庸弱小的人口只会造就贫穷，毫无作为。

——让－巴泰勒米·达齐，1776

自古以来，堕胎……就是抑制人口膨胀的常用手段。然而，一旦意识到每个生命个体对国家来说都很重要时，保护每个人的生命就成为国家最重要的责任。

——弗朗茨·居特纳，1845

欧洲人选择忽视西印度群岛的堕胎药。究竟是谁的知识没有传到欧洲？美洲印第安人的？非洲人的？还是他们一起创造的混杂知识？是什么让欧洲人对异国堕胎药选择忽视？又是什么让他们逐渐污蔑医药传统中的堕胎行为？

无知有多种形式，在此我并没有兴趣探讨保密性的知识隔离，如行会或军队秘密；或者西班牙人的秘密，他们为了在竞争中保持优势，拒绝将新大陆众多皇家探险活动中收集到的知识拿出来发表；抑或是殖民地奴隶们的秘密，他们向欧洲人隐瞒自己的医药知识。我也无意讨论公开禁止、被认为无用或危险的知识所造成的无知，如欧洲巫术或西印度群岛的奥比巫术。我感兴趣的是，18世纪各种因素的交互影响如何导致某些知识得到开发，另一些知识却被湮没，以及在自然探索中优先资助、全球战略、国家政策、科学机构的建制、贸易格局、性别政治这些干预探索对象选择的幕后推手。

在讨论堕胎药的案例之前,我先谈谈 18 世纪植物学中另外两种与众不同的无知。[1]

226 英国著名的植物学家威廉·斯特恩曾注意到,18 世纪分类学家有一个根本性的知识误区。对现代早期欧洲的分类学家而言,一个迫在眉睫的问题是,不同大陆上的植物有多相似? 例如,约翰·雷曾向牙买加的汉斯·斯隆打探,岛上有没有美洲和欧洲常见的植物,以及准确的本土植物信息。正如我们在前文看到的,斯隆本人发现整个加勒比地区植物都很相似,因为植物被有意无意从南美洲大陆和其他地方带到岛上,最开始是泰诺人,后来是西班牙人、荷兰人、英国人和非洲奴隶。1753 年以前欧洲人采集植物大多在港口和延绵的海岸,这些地区在 200 余年来已经被欧洲人的航海和贸易路线严重干扰,这也进一步让植物学家以为热带各地的植物很相似。比如,一袋袋的农产品在开船前堆在港口,通常会携带土壤和杂草种子,在不经意间被带到其他国家并扎根下来。于是,全球的热带港口很快就有了同样的杂草植物。采集者可能会在东、西印度群岛发现同样的植物,但因为不明白这个过程,还以为是发现地的本土植物。这种人为造成的物种相似性导致分类学家错误地假定,尽管热带地区多样性很高,但植被却高度相似。[2]

斯特恩的这个发现指向了一种特别的无知类型,即因为没有意识到特殊的文化活动会导致欧洲贸易路线上的植被相似性,因此不知道热带植被丰富的多样性。这种类型的无知与堕胎药相关的无知不同之处在于,这种错误一旦被发现就会被积极纠正过来。当洪堡、邦普朗、库克和班克斯的航海探险发现热带植被极为丰富的事实后,这个错误的科学结论很快就被纠正了。欧洲的植物学家和分类学家们便不再纠缠植被相似性的问题,他们乐于接受新信息带来的结论更正。

其他的谬见则产生于 18 世纪的运输技术。例如,在洪堡时期,人们对植物(尤其植株较小的种类)的了解要比石头和矿物更多。植物很轻,更容易运输,而植物中又要数肉质植物和球茎植物最受青睐,因为它们更容易在漫长而昂贵的旅程中存活下来并抵达欧洲。[3]欧洲人有意识地做这些选择,一旦船只变大、速度变快,他们也很快改变选择。

227

　　但对堕胎药的无知完全不同于以上情况。在讨论堕胎药的无知学时,需要提醒的是,关于它们的知识极少被明文禁止。探险者指南并没有警告生物勘探者们不要收集这类知识,医生们在欧洲行医时警告使用这类药物的危险性,尽管他们其实知道并使用各种堕胎手段。的确,众多女性的生命依赖这类知识,新的异国堕胎药被发现时(事实上博物学家在一个多世纪里已经屡次发现这类药物),关于它们的知识并未被传播。与上述两个例子不同,文化张力封锁了引进异国堕胎技术的关卡,唾手可得的知识却不受欢迎。

　　谁的知识会被如此断然拒绝?这条知识链有何特征,又在何处断掉?玛丽亚·梅里安记载了美洲印第安人和非洲奴隶将金凤花作为堕胎药。我们并不知道这种植物来自何方,是加勒比地区本土植物,还是从海上漂流而来,或者被商船或运奴船运来。我们也无从查证金凤花作为堕胎药的知识是如何在不同的人、不同的文化之间传播。然而,我们确实知道的是,1687年斯隆在牙买加探险期间和1699—1701年梅里安在苏里南期间,这种植物被用作堕胎药,而且18世纪50年代格里菲斯·休斯发现它可以作为通经剂。我们还知道的是,早至17世纪四五十年代,庞西就发现圣多明各生长着这种植物;晚至18世纪90年代,米歇尔－艾蒂安·德库尔蒂还写到它在圣多明各被用作堕胎药。

　　这种植物何以分布在整个加勒比腹地并作为堕胎药使用?这可以列举几种可能性解释。第一种可能性解释是漫无目的的植物传播。这种后来名为金凤花的植物可能是被洪水从圭亚那海岸和奥里诺科(Orinoco)河谷冲到加勒比地区，而且洪水大到足够让南赤道海流转向北方流。据说这样的海流常常会携带植物和小动物，让它们漂流到向风群岛。坚硬的豆荚和种子可以毫不费力地开启它们的旅行，而且此属植物的种子可以耐受咸咸的海水。[4]

228　这种植物也可能是夹杂在牲畜饲料里被带走的，还可能藏在从一个地方移栽植物到另一个地方时的土壤中，毕竟人类自古以来就会把栽培植物传播到新地方。各种各样的种子和植物因商业、医药、食物和好奇心等目的被专门运往不同的地方，例如，在卡宴的荷兰植物学家在 17 世纪初就将大量的标本(通常分开放在不同的箱子，以确保运输安全)运往荷兰的植物园和东印度群岛。欧洲人也将食物原材料的种子运往他们定居的各个地方，甚至他们的"食物补给站"也常常储存着欧洲植物和牲畜，例如好望角、圣赫勒拿岛(Saint Helena)或毛里求斯岛等。因此，在有意无意间这种开花植物可以通过多种途径传播到各地。[5]

还有一种可能性解释是，金凤花可能起源于非洲，或者说它在很早的时候通过往东的贸易在那里驯化成功，最终被欧洲人带到了加勒比地区。17 世纪的航海者理查德·利贡(Richard Ligon，1585—1662)曾记载，他从非洲西海岸佛得角(Cape Verde)群岛的圣雅戈(Saint Jago)将植物种子带到西印度群岛的巴巴多斯。然而，需要记住的是，佛得角在 17 世纪是航线交汇处和贸易中心，如果利贡从圣地亚哥运出植物，那这些植物其实可能来自欧洲人到过的世界上任何地方。而且，庞西在伊斯帕尼奥拉岛发现金凤花要比利贡带种子到巴巴多斯至少早十年，18 世纪英国园艺大师菲利浦·米勒进一步怀疑利贡的记载，说"很确定的是，那种植物原本就长在牙买加，胡斯顿(Hounstoun)医生后来在远离定居点的树林里发现了它"。胡斯顿也指出，它"原本就长在维拉克鲁兹(La Vera Cruz)和坎佩切(Campeachy，即 Compeche)，他还在那里发现了两个开红花和黄花的变种"。[6]

　　还有一种说法是,这种植物可能原产非洲,是奴隶将它们带到加勒比地区的。例如,在《黑米》(*Black Rice*)一书中,作者朱迪思·卡尼(Judith Carney)考证说非洲人不仅将大米从非洲带到了新大陆,也将其栽培技术带了过去。商人和奴隶经常会从非洲携带植物产品作为食物或药物,例如,牙买加巴斯植物园的植物学家和管理员托马斯·丹瑟曾发现,在斯隆之前"黑人"将一种叫"Bichey"的非洲水果传到了牙买加,另一种非洲水果"Aka"也是"在希伯特(Hibbert)先生船上的黑人带过来的"。[7]

　　非洲人有很长的堕胎历史,他们可能在沦为奴隶时将金凤花饱满的种子随身带着,尽管这种可能性很小。西非有金凤花,但在那里它并非是常用的堕胎药之一。不过,奴隶们倒是可能在加勒比热带地区发现了与自己在家乡使用的相似植物,在非洲西海岸就长着一种与梅里安的孔雀花很像的植物,被称为 *Caesalpiniaceae swartzia madagascariensis*,其种子在塞内加尔和津巴布韦都是广为人知的堕胎药物。无论在苏里南、牙买加和圣多明各的奴隶们是怎么开始使用金凤花的,可以确定的是,在他们被卷入加勒比地区危险重重的性经济之前,他们已经知道了堕胎药的存在。[8]

　　19 世纪瑞士植物学家奥古斯丁·比拉姆·德堪多(Augustin Pyrame de Candolle, 1778—1841)①还提出了另一个可能性,金凤花原产印度,后来被欧洲人带到了加勒比。1991 年《锡兰植物志》(*Flora of Ceylon*)却相反,指出金凤花是从美洲传到了亚洲西南部。印度和周边地区生长着大量的金凤花,早在 17 世纪 70 年代就被荷兰东印度公司引入欧洲,梅里安很可能就是去苏里南之前在阿姆斯特丹见过这种植物,因为她称的"孔雀花"原本就是它的东印度名称。如果说 17 或 18 世纪东印度群岛把金凤花作为堕胎药使用的

①　前文中阿方斯·德堪多的父亲。

229

话,那这种知识并没有被传入欧洲。[9]

最后一种可能的假设是,这种开花植物原产美洲热带地区,而它作为堕胎药的知识也来源于美洲印第安人。如我们所知,西班牙人的记载里可查到美洲印第安人早在殖民者来之前就对堕胎药很熟悉了。到 17 世纪时,金凤花在整个加勒比地区普遍用作堕胎药,从苏里南到法属安的列斯群岛再到牙买加这种用法都很常见,表明泰诺人的祖先萨拉多迪人(Saladoid)早就知道这种植物及其用途的知识,并随着他们的迁移传到了南美洲外的诸多岛屿。洪堡在 18 世纪末写道,他在奥里诺科盆地发现人们普遍使用堕胎药,给他留下了很深的印象,尽管他并没有鉴定是哪种植物。萨拉多迪人最初从今天委内瑞拉东北部扩散到圭亚那,他们一发现格林纳达后,在不到一个世纪的时间就通过小安的列斯群岛迁移到波多黎各(Puerto Rico),大安的列斯群岛早在公元前 4000 年就有人类居住的痕迹。人口、知识、饮食、习俗、仪式和技术的这种快速迁移或许可以解释这些地区植物利用的相似性。当然,颠沛流离的非洲人把金凤花这种植物的用途告诉泰诺人也是可能的,但更可能的还是泰诺人和阿拉瓦克人教会了新来的非洲人这些知识。丹瑟将金凤花列为牙买加巴斯植物园里“最珍稀的本土植物”之一。阿瑟·布劳顿(Arthur Broughton, c. 1758—1796)整理牙买加私家植物园欣顿·伊斯特(Hinton East)的植物名录时,也指出金凤花是加勒比本土植物:莎士比亚(Shakespeare)先生 1782 年从洪都拉斯引进了一个黄花变种到牙买加。[10]

在西印度群岛,博物学家鉴定出来的堕胎药植物不止金凤花一种,爱德华·班克罗夫特还提到了“沟草根”,也被称为蒜味草或母鸡草,原产亚马孙河流域,当地人都知道这种植物可以用来堕胎。在班克罗夫特记载这种植物的 18 世纪中叶,关于它多种用途(包括堕胎)的知识已经传到了巴巴多斯,他搬到圭亚那之前在这里工作。

尽管这种植物的堕胎药效来自美洲印第安人,班克罗夫特在文中也指责奴隶用这种植物堕胎,在他看来这种行为损害了西印度群岛种植园的利益。奴隶妇女在某个时候向阿拉瓦克人学会了把这种植物制成堕胎药的方法,当时圭亚那的每个种植园几乎都还有阿拉瓦克人居住。尽管班克罗夫特和其他欧洲医生了解沟草根的用途,但生物勘探者们觉得这种知识不值得带回欧洲,[11]在伦敦、巴黎、莱顿或爱丁堡的药典上都没有提到过这种用法。

　　班克罗夫特也提到了非洲植物秋葵的堕胎药性。植物地理学家追溯到秋葵原是阿比西尼亚(Abyssinian)中部的栽培植物,这个地区包括现在的埃塞俄比亚和厄立特里亚国(Eritrea)的某些山区。秋葵在1658年前的某个时候被引入巴西,17世纪80年代被引入苏里南,它很容易干燥和携带,奴隶可能将这种植物带往新大陆作为船上的食物,他们也可能是偷偷将其带上船。班克罗夫特记载说,"意欲打胎"的奴隶妇女发现"使用这些豆荚可以润滑子宫管道",有助于打胎。然后她们就用沟草根或"含羞草"引产,后者也原产热带美洲尤其是巴西。我们可以在此找到一个奴隶妇女将医疗技术传到新大陆的例子,她们还富有创造性地将这些技术融入到从美洲印第安人那学的医疗方法中。女性在西非扮演着重要的医者角色,所以她们将这些知识用到新环境中一点也不奇怪。除了在西印度群岛使用的非洲堕胎药,牙买加常用的160种药用植物中,还有差不多60种其他药用植物在非洲也经常用到,如牙买加番泻叶和可乐果(Kola nut,也称为bissy nut)。[12]

　　正如第三章谈到的,在法国殖民地圣多明各,米歇尔-艾蒂安·德库尔蒂记载了几种用作堕胎药的植物。第一种是二裂马兜铃,林奈学名为 *Aristolochia bilobata*,也被称为马蹄藤(horseshoe creeper)或西印度群岛的荷兰人烟斗,在安的列斯群岛的医生们似乎会开这种药,德库尔蒂警告他们不要把这种药开给孕妇。欧洲人

231

已经很熟悉马兜铃植物，这种西印度群岛变种也是这个类群的植物。德库尔蒂还提到了刺芹，或者称为臭刺芹、长芫荽，拉丁学名 *Eryngium foetidum*，原产中美洲。尽管如此，它却有一个希腊 - 拉丁语衍生出来的名字，与原产地的名称毫无关系。这种植物现在苏里南被用来治疗热病、腹泻、呕吐和流感，在波多黎各则被做成沙拉酱，蘸土豆条吃。奴隶妇女还用一种叫灌状婆婆纳的植物，加勒比人称之为 *cougari*，我们可以推测非洲女性是从美洲印第安人那里学会了怎么用它。最后，德库尔蒂还提到了在岛上发现的另一种刺激性的通经剂（*emmenagogue excitante*），本地称为 *Trichilie à trois folioles* 或 *arbre à mauvais'gen*，没有拉丁学名。[13]

如我们所见，堕胎药的知识从南美洲和非洲传到了加勒比地区，但这种知识在向欧洲传播时却受阻。在这个案例中，贸易与流行的观念交织，阻碍了堕胎药从新大陆运往欧洲。

德库尔蒂提到的多种堕胎植物都有林奈式的命名，但在当时的欧洲各大药典中，它们一个也没有出现。为什么会这样？正如我前面提到的，异国堕胎药的知识并没有被明文禁止，无知学可以为此提供更深入的解释。我们需要知道的是，行会是如何建构起来的，在这个过程中某些知识被污名化，对这些知识的发掘遭受阻碍。18 世纪的生物勘探者们在西印度群岛专门寻找有用和有利可图的植物，医药圈子、殖民机构和政府政策都在很大程度上阻止了他们把异国堕胎药的知识引入欧洲。

如第四章所讨论的，欧洲的医药圈断然拒绝堕胎药：对新药物试验的热情却没有延伸到这些潜在的救命药物上。我在第三章已经谈到，有一些证据显示堕胎药和大多数的女性药物一样，都是助
232 产士在主导。虽然医生们会在行医时用到堕胎药物，但他们通常只是在孕妇生命处于非常危险的情况下才用，当时的欧洲医生们对堕

胎方法几乎没有全面的经验。即使引产是合法的,也从来没有轻易实施过:就算没有道德上的恐惧,医学上的危险也使其遭到反对。医生们不希望处于行业下风的助产士们影响到自己的地位,他们竭尽全力开发科学的产科学,对助产术嗤之以鼻并保持距离,当然也包括堕胎实践。在进入 19 世纪时,医学法理学的兴起,欧洲法律圈强化了对堕胎(或者法国政府称之为 *fausses – couches forcées*)的限制,使得堕胎药的研究变得更为困难,即使没到完全不可能的程度。[14]

如我们所见,殖民事业基本上是男性的事业,大部分种植园主和奴隶都是男性,殖民官员、博物学家和殖民地医生也是。科学探险之旅作为殖民主义事业的一部分,几乎不关心与女性相关的生活,殖民官员们(如庞西和里德·托特·德拉肯斯坦)对医药的最大兴趣来自于对商人、种植园主、贸易公司队伍的保护,而这些人中几乎没有女性。也是因为这个原因,医生们采集药用植物,做药物试验,如秘鲁树皮、药喇叭和吐根等,因为这些药物对来到热带的士兵、船员和欧洲定居者至关重要。充满男性气质的殖民事业,其本身并没有否定对女性专用药物的采集。当时的体液医学观依然非常重视性别差异对疾病及其治疗的影响,在整个现代早期,医生们在测试女性疾病新疗法时都非常谨慎。

现在,我们可以想象,欧洲大规模的殖民扩张原本可以为避孕药物的开发创造条件。新大陆的发现引发了前所未有的大规模植物迁移,朝着不同的方向传播到每个角落。在殖民前后,泰诺人和加勒比人在南美洲与加勒比群岛的商贸线上买卖木薯、玉米、山药、香蕉、烟草、大蕉、菠萝、棉花和染料植物。奴隶从非洲引入了大量植物到新大陆,包括大米和安哥拉豌豆,理查德·利贡证实“黑人”将一种植物种子带在身上,这种植物有粗大的根茎(可能是山药),晒干后“味道很好”。英国人为了养蚕,将桑树从远东迁移到弗吉尼亚殖民地，他们还把墨西哥药喇叭和吐根通过英国移植到巴巴多斯，葡萄牙人将南美洲的西红柿从里斯本（Lisbon）港口引种到巴巴多斯。在整个16、17世纪，欧洲人将暴利的经济作物如小麦、甘蔗、靛蓝和咖啡从东方带到西方，而把玉米、土豆、红薯、烟草和金鸡纳从西方带到东方。到了18世纪末，由不同大陆上差不多1600个植物园形成的网络，将欧洲在全球的领地都连接起来。马提尼克植物园是一个典型的例子，栽种的360属植物来自秘鲁、欧洲、日本、马达加斯加、埃及、中国、印度尼西亚、苏里南和其他遥远的土地。[15]

随着植物迁移的快速发展，生物勘探者们可能会基于不同的政治目的和性别上的考虑采集避孕药物。这类药用植物跟随泰诺人轻而易举就从南美洲迁移到加勒比地区，或者随西非人从他们的故乡被带到大小安的列斯群岛。然而，知识的传播链却在这里断掉了，尽管欧洲人常常热衷于新商品的开发，但避孕药物却没有流入贸易市场。

在这个时期，开发堕胎药或其他任何能控制生育的药物都直接损害了重商主义国家的利益。荷兰共和国的领袖、英国君主立宪制、法国君主专制政体都推行增加人口的政策，而不是控制生育。重商主义政府靠健康、增长的人口来实现国家财富的扩大，人口可以增加作物和商品产量，维持常备军队的规模，为国家大量纳税交租。法国尤其害怕人口减少，因为罗马天主教大量的独身男女教徒、《南特敕令》（Edict of Nantes）①的废除导致新教徒被迫迁走、战争、女佣结婚率低、农业不受重视，放荡不羁的生活方式等，这些都对人口增长不利。同样影响人口增长的重要因素还有堕胎、弑婴、

---

① 亨利四世在1598年颁布的敕令，承认国内胡格诺教徒的信仰自由，并平等地享有公民的权利，但他的孙子路易十四在1685年颁布了《枫丹白露敕令》，宣布基督新教为非法，《南特敕令》也随之废除。

婴儿死亡率等,都被看成在人类生命伊始就造成了巨大的破坏。人口越来越成为一件国家大事,尼娜·热尔巴(Nina Gelbart)曾提出,"女性的身体被当成一项国家财富,在某种程度上接受国家的监管,国家有使用的权力,以保证社会稳定的生殖率。已婚妇女有道德上的义务,生育公民与爱国主义捆绑在一起,是实现其公共价值的方式"。当时的评论者们将孩子当商品讨论,当成"民族的财产、王国的荣耀以及帝国的精神和巨大财富"加以歌颂。在这种氛围下,女性被鼓励"生养人类"。[16]

234

换句话说,重商主义也是强烈的多生育主义。例如,英国植物学家和医生尼希米·格鲁(Nehemiah Grew, 1641—1712)提交了一份题为"增强英国财富和国力的最有效手段"的纪要给安妮女王,列举了英国经济四个核心的方面:土地、制造业、海外贸易和人口。其中,人口关涉到劳动力、士兵、海员和市场,被认为是增加国家财富极为重要的方面。在同一时期,让-巴蒂斯特·科尔贝也在采取措施,以增加西印度群岛的法国人口,1668 年他指示这些岛上的行政长官们将结婚年龄降为男孩 18 岁、女孩 14 岁。他提醒公司的官员,增加岛上的人口就会增加公司的利润,从而增加法国的财富。[17]

重商主义政府寻求医生、植物学家和助产士的帮助,以"增加"他们的人口。医生们依靠实际经验,积极参与公共事务,成为政府医疗监管者,保障公共健康,增加国家活力和实力,让国家繁荣富强。城市医院和产科医院的扩建和改善降低了穷人和工人阶级的死亡率和发病率,医生们参与公共卫生预防,如接种天花疫苗,在 1803 年时被认为是"人口增长的一个重要原因"。国家也努力促进助产学的发展,包括在医疗器械公司监管下的国家级考核和认证体系。在法国,皇室政府聘请助产士安热莉克·杜·库德雷培训全国的助产士,这项任务被认为是在为普罗大众谋福祉。她在其助产术手册中反复强调,助产士是在保护未来的"国家主体"而为国家做贡献，这些孩子"在上帝眼里是宝贝，是家庭的有用之才，也是国家必不可少的财富"，她用来教学的人体模型有一些运到了法国的加勒比殖民地。[18]

235　殖民地医生将维持健康的人口当成自己的一部分使命，在很多人看来，"人口决定了一个殖民地的繁荣、财富和实力"。圣多明各的皇家医生让–巴泰勒米·达齐也曾在卡宴担任军队医生，他在书中指出了治疗"黑人"特殊疾病的最好方法。达齐列举了从殖民地流向法国的财富，其中就包括重商制度，他强调殖民地的繁荣主要依赖于奴隶人口的兴旺，因为"没有黑人就没有耕种、产品和财富"。[19]

维持奴隶人口的健康是医生的工作，花最少的钱喂饱奴隶则是植物学家的任务。引进便宜食物以降低喂养种植园奴隶的成本，最著名的例子莫过于18世纪90年代班克斯在西印度群岛驯化波西尼西亚面包果。1769年，班克斯跟随库克船长的探险队前往塔希提岛时，意识到这种多产的食物带来的好处，他和同僚植物学家丹尼尔·索兰德便向国王乔治三世提议将面包果引种到西印度群岛，1787年国王便派遣了声名狼藉的威廉·布莱（William Bligh）前往塔希提岛去完成这个目标。船队在塔希提岛花了半年时间采集和繁育这种植物，然后载着1000多棵树苗向西横跨太平洋。尽管这种多产的植物从未抵达到西印度群岛，但英国海军最终却将其成功地带到了牙买加和圣多明各。18世纪70年代，米歇尔–勒内·德·奥贝特伊尔在圣多明各报告说，发现了其他便宜而丰富的食物来源。他注意到最早的奴隶将大米和木薯粉从非洲故乡带到了西印度群岛，他们将后者做成一种可口的面包。他计算出，一个奴隶每年只需工作两小时，就可以种出足够20名奴隶吃的这些食物。然而，从种植园主的立场考虑，最好还是找到可以在岛上自然生长的食物喂养奴隶，如香蕉、酸橙、土豆、红薯等，在哪里都可以种，也不需要怎么看管，还可以在所有季节都能供应食物。德·奥贝特伊尔估计，这两种方法结合起来,在16000卡鲁①(约50000英亩)的土地上可以喂养290000名奴隶。[20]

　　殖民地医生还有个任务是尽力提高婴儿出生率,减少死亡率。查尔斯·阿尔托指出了在法国殖民地培训助产士的必要性:"妇女们不该因无知就有擅自牺牲自己,这是违背国家利益的"。他主张殖民地立法机构审核和认证助产士,而且国王的内外科医生都要积极监督她们,殖民地关于生育的法律大部分都直接借鉴欧洲。法国殖民地1718年重申了亨利二世的1556/7年法令,禁止瞒报怀孕和弑婴,警告说"有必要对极其可恶的犯罪行为提出警示,在我们国家很普遍的是,大量孕妇被欺骗或因为其他原因怀孕,又被不怀好意的人蛊惑……掩饰或隐瞒怀孕的事实……秘密生下小孩,然后弑婴,让他们窒息或用其他方式摆脱,让他们在受洗之前就找个隐秘的地方丢弃或在异教徒的土地上埋掉"。法令还指出,"隐瞒怀孕并弑婴或让婴儿窒息的妇女将被惩戒,还将被示众,以儆效尤。如果她们隐瞒怀孕事实,被发现时候婴儿又死去的话,她们会被控告谋杀,即使她们宣称生下来就是死婴"。这条法令先后在1758年、1765年和1784年在法国殖民地被重申,助产士和外科医生都不准偷偷给孕妇接生。[21]

　　长期以来,欧洲的助产士都负责为教会和国家监管生育,汇报隐瞒的怀孕和非法行为,调查私生子父亲的名字,通常在妇女分娩时可以问出来。殖民地医疗机构也希望让助产士一起阻止弑婴和堕胎行为造成的奴隶人口损失,殖民地法律规定所有奴隶都要向助产士报告怀孕之事,后者再向负责登记的外科医生报告。殖民地医生默认种植园助产士负责奴隶妇女的接生或帮忙杀死新生儿,所以奴隶助产士在引产或接生了死婴时,会和母亲一起被严惩。培训和

236

　　① 海地的面积度量单位 carreaux,1卡鲁为1.29公顷或3.18英亩。

认证助产士的计划中包括培养她们的忠诚，同时，种植园主还给奴隶妇女发点小饰品，奖励更多的食物，放假等，激励她们生更多的孩子。

为了国家利益，欧洲和殖民地都建起了弃婴养育院，以尽力保护更多孩子。在殖民地的孤儿院里，种族经济决定了孩子的命运。例如，马提尼克岛曾宣布所有的弃婴都要被送到白人女士医院（*Hôpital des Dames Blanches*），在皇家检察官在场的情况下，皇家医生会宣布孩子是白人还是有色人种。如果小孩被宣布为白人，就记录在小孩的受洗证明上；如果肤色待定，国家会出资先养育一年再重新确定；如果被宣布为有色人种，也会在受洗证明上做好记录，但小孩之后会作为国王的财产被卖掉；如果小孩是黑人又被卖掉的话，但其母亲后来宣称或证明孩子是自由人时，母亲则需要支付小孩在弃婴养育院所有的花费。[22]

欧洲人"增加"殖民地人口的强烈愿望常常让其他国家政策成为摆设。德·奥贝特伊尔注意到，1685 年《南特敕令》被废除，法国领土上的新教徒被驱赶，犹太人也被禁止在法国殖民地定居，但事实上这些规定很少执行。他写道，殖民地有"来自各个国家和各种教派"的人，只要定居者们勤劳节俭，没人会追问他们出生地或宗教信仰。他补充说，是否能为殖民地创造价值才是评价一切的标准。在威廉三世统治时期，牙买加岛议会恳求国王驱逐岛上的犹太人，但国王因为他们的勤劳并没有采纳。[23]

在这种情形下，贸易公司、科研机构和政府等植物探险的参与方对增加欧洲药典上的避孕药物便毫无兴致。洪堡在 19 世纪之初揭示了欧洲男科学家为何不从新大陆采集避孕和堕胎药物，语言障碍让他难以鉴定和了解用于特殊目的的草药，但他可以求助于一位叫吉利（Gili）的耶稣会士，后者在奥里诺科河流域作为当地人的告解神父长达 15 年，扬言自己非常了解已婚妇女的秘密。洪堡很惊讶地发现美洲印第安人用的堕胎药物很安全,指出欧洲对这种药物的需求,因为他很同情年轻妈妈,"她们害怕生孩子,因为根本不知道怎么给小孩喂食、穿衣和供养他们",但他却拒绝将这些灵验的药物传到欧洲。他其实很了解欧洲在用的一些堕胎药物,列举了刺柏、芦荟,以及肉桂和丁香精油,他担心的是从新大陆向欧洲引入堕胎药和避孕药会恶化"城镇里已经堕落的生活方式,有 1/4 的小孩刚出生就被父母遗弃"。他还担心新药物对欧洲人娇弱的体质来说可能药性太强,写道,"野蛮人身体强健,不同的身体机能之间更独立,对过量药物和有害物质有更强和更长时间的抵抗能力,而不像文明世界的女性那样脆弱"。[24]

更重要的是,洪堡明确表示自己不愿意收集这类医药知识,还 238
因为与人口增长密切相关的重商主义观念。洪堡在列举奥里诺科河流域印第安人口减少的原因时,没有考虑天花。这种病虽然夺取了其他地方无数人的生命,但他觉得此病没有传到这样的穷乡僻壤。他强调的原因包括美洲印第安人对基督教传教活动的厌恶、不利于健康的湿热气候、糟糕的饮食、小孩的致命疾病,最重要的一点是妇女对自己生育的控制。他写道,众所周知,母亲们用草药避孕。受过教育的欧洲男性都很清楚,避孕和堕胎变成了一个禁忌话题,洪堡在结论时补充说:"我认为有必要了解这些令人不愉快的病理学知识,因为不管对最野蛮的人类还是高度文明的人类来说,这些细节可以揭示难以察觉的人口变化原因。"[25]

总之,堕胎行为深深植根于殖民地斗争之中,18 世纪欧洲及其殖民地的性别关系致使生物勘探者们没有收集关于堕胎的知识,或者说不想了解加勒比地区医学实践中这方面的知识。梅里安的孔雀花既与植物学历史的革命联系在一起,也与身体的历史转变联系在一起。在这个时期,更一般性的科学处于快速传播之中,欧洲关于避孕药物的知识却在衰退。在这个案例中,性别政治没有为我们展示一个与众不同的知识体系，却勾勒出一个关于无知的独特图景。欧洲人关于堕胎药的"无知学"指的是他们不想接受殖民地收集的知识，源自"谁应该控制女性生育"的长期抗争。反过来，这种无知塑造了欧洲女性的生存体验，她们失去了轻易获得避孕药和堕胎药的机会，从而约束了她们的生育自由，也常常限制了她们的职业自由。欧洲中上阶级女性逐渐被塑造成家庭天使和生育工具的形象，典型的特点是听天由命，不可救药。金凤花奇特的历史揭示了探险者如何在浩瀚的自然知识中进行精心挑选，他们受到国家和全球的战略、资助和外贸模式、发展中的学科层级、个人兴趣、专业需求等因素的影响，在这个过程中遗失了大量有用知识。

　　尽管知识没有传到欧洲，但在加勒比地区还依然存在。在巴
239　西、牙买加、哥斯达黎加、马提尼克岛、瓜德罗普岛、多米尼加岛和多米尼加共和国等地旅行时，我曾咨询过很多人关于现在的堕胎药使用情况。在哥斯达黎加，我被一位西班牙后裔的男导游告知，"每个人"都知道这些药方，现在也依然在用。他还告诉我，在我们徒步的地方不远处有个村庄，最近有位"小女子"刚打掉了一个非婚子。在多米尼加岛，我兴致勃勃地与一位加勒比人聊了两小时的加勒比历史和文化，这个民族现在还有大约3000人生活在加勒比腹地。这位妇女很有趣也很坦率，在聊得比较顺畅后我最终将话题转向了生育控制的问题上。她准备回答我的问题，但扫了我一眼平静地说道，"不过，这可是秘密"，我便不再多问。她又想了下后，叫上丈夫，一起采了一株长在后门台阶上的植物过来，告诉我说，为了避免怀孕，在性生活后女性会喝下这种植物做的茶，并用它洗澡。

　　在多米尼加岛距离第一次交谈的地方大约5英里处，我又遇到了一位没有执照的乡村医生。他将自己与在城镇行医赚钱的"丛林医生"区别开来，告诉了我三种堕胎药植物的名字。其中一种被他

插图 C.1 一位商人在卖草药。20世纪初来自马提尼克岛的明信片。

叫作"Shadow Benny",其实就是18世纪90年代德库尔蒂鉴定出来的刺芹(*Eryngium foetidum*),是圣多明各常用的堕胎药物。因为堕胎在多米尼加是非法的,这位乡村医生希望我不要透露他的名字。[26]看他并不避讳地谈论堕胎这事,我就把之前那位加勒比妇女给我的植物给他看，这位非裔医生否定了这种植物可以避孕的说法。我不知道该如何解释两人不一致的说法。

　　在这些随意的交谈中，18 世纪欧洲生物勘探者向加勒比本地人获取隐秘知识的某些障碍出现在我们面前。这里面有语言带来的问题：她的本土语言在多米尼加已经消亡，她和苏里南的阿拉瓦克人正在致力于恢复这种语言。这位加勒比妇女和我说的是英语，但我们在谈论植物时却没有用相同的名称。我没法问她是否知道孔雀花、巴巴多斯的骄傲、金凤花等，因为我在这个国家待的时间太短，还无从了解梅里安的这种开花植物在当地叫什么。另一个问题是保密和顾虑，因为堕胎在这个大部分人信仰罗马天主教的国家是非法的。让人好奇的是，国家政治究竟让欧美女性失去了哪些简单、安全而有效的生育控制和堕胎方法？连无辜的植物也被卷入政治之中。

241

注 释

导 论

[1] Merian, *Metamorphosis*,插图 I.1 说明。

[2] Guillot, "La vraie 'Bougainvillée.'" Shteir, *Cultivating Women.*

[3] 除了下文引用的著述，还可参考 John MacKenzie, ed. , *Imperialism and the Natural World* (Manchester: University of Manchester, 1990) ; N. Jardine, J. Secord and E. Spary, eds. , *Cultures of Natural History: From Curiosity to Crisis* (Cambridge: Cambridge University Press, 1995) ; Yves Laissus, ed. , *Les Naturalistes français en Amérique de Sud* (Paris: Édition du CTHS, 1995) ; Tony Rice, *Voyages: Three Centuries of Natural History Exploration* (London: Museum of Natural History, 2000).

[4] Robert Proctor, *Cancer Wars: How Politics Shapes What We Know and Don't Know about Cancer* (New York: Basic Books, 1995), 8 ; Robert Proctor, "Agnotology: A Missing Term to Describe the Study of the 'Cultural Production of Ignorance'" (手稿)。

[5] 例如，可参考 Steven Shapin and Simon Schaffer, *Leviathan and the Air – Pump: Hobbes, Boyle, and the Experimental life* (Princeton: Princeton University Press, 1985) ; Thomas Laqueur, *Making Sex: Body and Gender from the Greeks to Freud* (Cambridge, Mass. : Harvard University Press, 1990) ; Schiebinger, *Nature's Body*; Nelly Oudshoorn, *Beyond the Natural Body: An Archeology of Sex Hormones* (New York: Routledge, 1994) ; Mario Biagioli, ed. , *The Science Studies Reader* (New York: Routledge, 1999).

[6] Pratt, *Imperial Eyes*, 6 ; Balick and Cox, *Plants, People, and Culture*, 29 – 30.

[7] Crosby, *Columbian Exchange*; Lucile Brockway, "Plant Science and Colonial Expansion: The Botanical Chess Game," in *Seeds and Sovereignty: The Use and Control of Plant Resources*, ed. Jack Kloppenburg, Jr. (Durham: Duke University Press, 1988), 49 – 66 ; Sidney Mintz, Sweetness and Power: The Place of Sugar in Modern History (New York: Viking, 1985). Guerra, "Drugs from the Indies." Mackay, *In the Wake*

of Cook, 123 – 143.

[8] Henry Hobhouse, *Seeds of Change: Five Plants that Transformed Mankind* (London: Sidgwick& Jackson, 1985); Clifford Foust, *Rhubarb: The Wondrous Drug* (Princeton: Princeton University Press, 1992); Jarcho, *Quinine's Predecessor*; Larry Zuckerman, *The Potato: How the Humble Spud Rescued the Western World* (Boston: Faber and Faber, 1998); Susan Terrio, *Crafting the Culture and History of French Chocolate* (Berkeley: University of California Press, 2000); Henry Hobhouse, *Seeds of Wealth: Four Plants that Made Men Rich* (London: Macmillan, 2003).

[9] Miller, *Gardener's Dictionary*, s. v. "Poinciana (pulcherrima). "

[10] Stearn, "Botanical Exploration," 175. 大量的植物学史都是以植物分类学的发展为主线,例如 Julius von Sachs, *Geschichte der Botanik vom XVI. Jahrbundert bis* 1860 (Munich, 1875); Edward Lee Greene, *Landmarks of Botanical History*, 2 vols. (Washington, D. C. : Smithsonian Institution, 1909).

[11] Daubenton, *Histoire naturelle*, ix. Haggis, "Fundamental Errors"; Jaramillo – Arango, *Conquest*; John Dixton Hunt, ed. , *The Dutch Garden in the Seventeenth Century* (Washington, D. C. : Dumbarton Oaks, 1990). Harold J. Cook, "The Cutting Edge of a Revolution? Medicine and Natural History near the Shores of the North Sea," in *Renaissance and Revolution: Humanists, Scholars, Craftsmen and Natural Philosophers in Early Modern Europe*, ed. J. Field and F. James (Cambridge: Cambridge University Press, 1993), 45 – 61; Steven Harries, "Long – Distance Corporation, Big Sciences, and the Geography of Knowledge, " *Configurations* 6 (1998): 269 – 304.

[12] Theodor Fries, ed. , *Bref och skrifvelser*, 9 vols. (Stockholm: Aktiebolaget Ljus, 1907—1922), I, col. 8, 27; 转引自 Koerner, *Linnaeus*, 104. 牙买加的医生托马斯·丹瑟在谈到殖民地植物园时说,"现在不像以前那样只作为大学的附属机构,而是……在沿海和工业城镇,已成为所有文雅之士普遍感兴趣的对象,甚至包括商人。"(*Some Observations*, 3 – 4). Bourguet and Bonneuil, ed. , *Revue*, 14. Jacob Bigelow, *American Medical Botany, Being a Collection of the Native Medicinal Plants of the United States* (Boston, 1817—1820), vii. Gascoigne, *Science in the Service of Empire*; Drayton, *Nature's Government*; Spary, *Utopia's Garden*; Olarte, "Remedies for the Empire"; François Regourd, "Sciences et colonization sous l'ancien régime: Le Cas de la Guyane et des Antilles Françaises" (Ph. D. diss. , Université de Bordeaux 3, 2000).

[13] Smellie, ed. , *Encyclopaedia Britannica*, s. v. "Botany. " Diderot and d'Alembert,

ed. , *Encyclopédie*, s. v. "Botanique." Nicolas, "Adanson et le movement colonial," 447.

[14] Stearn in Linnacus, *Species plantarum*, 68. 也可以参考 Koerner, *Linnaeus*, 6 – 7, 43, 48 – 49. 关于医学与植物学之间的密切关系,可以参考 Philippe Pinel, *The Clinical Training of Doctors*, ed. Dora Weiner (1793; Baltimore: Johns Hopkins University Press, 1980).

[15] Koerner, *Linnaeus*, 121.

[16] De Beer, *Sloane*, 72 – 73. 在斯隆之前,一位美国医生在 1672 年也提到了牛奶巧克力,但最先将这种饮料推广到英国的人是斯隆。他将饮料配方从牙买加带回英国并卖给了一位药材商,后者以"汉斯·斯隆爵士的牛奶巧克力"为名进行销售。直到 1885 年,热巧克力才转为吉百利(Cadbury)公司生产。

[17] 关于马德里植物园园长,转引自 Olarte, "Remedies," 46. Diderot and d'Alembert, ed. , *Encyclopédie*, s. v. "Amérique."

[18] Thunberg, *Travels*, vol. 1, ix. Guerra 提出,"香料"(spices)的搜寻开启了海上贸易路线,他所指的香料包括所有调味品、药物、香水和染料等。直至 18 世纪,植物学家的探险都是沿着贸易路线在进行。Adanson, *Voyage*, 318. Stroup, *Company of Scientists*; Mackay, "Agents of Empire", 39.

[19] 见 Aublet, "Observations sur la culture de café," 此文附在 Benjamin Moseley, *Traité sur les propriétés et les du café* (Paris, 1786) 一书后面, 100 – 104;也可参考 Jean Tarrade, *Le Commerce colonial de la France à la fin de l'Ancien Régime*, 2 vols. (Paris: Presses universitaires de France, 1972), vol, 1, 34.

[20] Mackay, "Agents of Empire," 6, 38 – 57; Latour, *Science in Action*, 第六章; Long, *History*, vol. 2, 590. Daniel Headrick, *The Tools of Empire* (New York: Oxford University Press, 1981).

[21] McClellan, *Colonialism and Science*, 148. Duval, *King's Garden*, 69, 99. Mackay, *In the Wake of Cook*, 17.

[22] McClellan, *Colonialism and Science*, 63; Hulme, *Colonial Encounters*, 4; Philip Curtin, *The Rise and Fall of the Plantation Complex* (Cambridge: Cambridge University Press, 1990). Lafuente and Valverde, "Linnaean Botany"; Jorge Cañizares – Esguerra, *How to Write the History of the New World: Histories, Epistemologies, and Identities in the Eighteenth – Century Atlantic World* (Stanford: Stanford University Press, 2001).

[23] *Petit Robert*, s. v. "Botaniste"; *Oxford English Dictionary*, s. v. "Botany."

[24]关于士兵与水手的死亡率,可参考 Francisco Guerra,"The Influence of Disease on Race, Logistics and Colonization in the Antilles,"*Biological Consequences of European Expansion*, 1450—1800, ed. Kenneth Kiple and Stephen Beck (Aldershot: Ashgate, 1997), 161 – 173, esp. 164 – 167.

[25]Thunberg, *Travels*, vol. 1, viii; Aublet, *Histoire*, vol. 1, xvii; Daubenton, *Histoire naturelle*, x.

[26]Trapham, *Discourse*, 28, 30; Ligon, *History*, 2, 99. [Bourgeois], *Voyages*, 503; Humboldt (and Bonpland), *Personal Narrative*, vol. 5, 209.

[27]Blair,*Pharmaco – Botanologia*, v. 美洲、非洲和其他第三世界本地居民的知识常常被不恰当地归为"本土知识"(indigenous knowledge),区别于"正确""普遍"的科学知识。而且,"本土的"仅仅被等同于"第三世界"时(常常如此),抹杀了知识与实践中的文化多样性,在很广大的谱系中将这一切均质化。"本土的"原本只意味着原产于某地,欧洲人也曾经有、现在依然有自己的本土知识,与非欧洲人并无差异。Achoka Awori, "Indigenous Knowledge, Myth or Reality?" *Resources: Journal of Sustainable Development in Africa* 2 (1991): 1; Peter Meehan, "Science, Ethnoscience, and Agricultural Knowledge – Utilization," in *Indigenous Knowledge Systems and Development*, ed. David Brokensha, D. Warren, and Oswald Werner (Washington, D. C.: University Press of America, 1980), 379. 也可参考 Mary Alexandra Cooper, "Inventing the Indigenous: Local Knowledge and Natural History" (Ph. D. diss., Harvard University, 1998).

[28][Schaw], *Journal*, 114.

[29]Varro Tyler, "Natural Products and Medicine," in *Medicinal Resources of the Tropical Forest*, ed. Michael Balick, Elaine Elisabetsky, and Sarah Laird (New York: Columbia University Press, 1996), 3 – 10, esp. 7.

[30]Merson, "Bio – prospecting,"*Nature and Empire*, ed. MacLeod, 284.

[31] Cox, "The Ethnobotanical Approach." J. W. Harshberger, "The Purposes of Ethno – Botany," *Botanical Gazette* 21 (1896): 146 – 154.

[32]Environmental Policy Studies Workshop, 1999, School of International and Public Affairs, *Access to Genetic Resources* (New York: Columbia University School of International and Public Affairs, Environmental Policy Studies, Working Paper #4, 1999), 3 – 16, 18 – 23.

[33]1494 年 6 月,双方经过谈判签署了《托德西拉斯条约》(Treaty of Tordesillas),将界线向西移了 10 个经度,认可了葡萄牙在巴西的权益。Walvin, *Fruits of Em-*

pire, 2 – 7.

[34] 关于性别与种族问题,可参考 Schiebinger, *Nature's Body*; Kathleen Wilson, *The Island Race: Englishness, Empire and Gender in the Eighteenth Century* (London: Routledge, 2003); Felicity Nussbaum, *The Limits of the Human: Fictions of Anomaly, Race, and Gender in the Long Eighteenth Century* (Cambridge: Cambridge University Press, 2003).

[35] 关于 Seneca, 转引自 Noonan, *Contraception*, 27n33. Lewin, Fruchtabtreibung. Boord, *Breviarie of Heath*, 7. 在此感谢 Andrew Wear 的提醒,让我注意到该文本; 也可参考 Astruc, Traité, vol. 5, 326 – 327.

[36] 关于加勒比奴隶女性的反抗以及生存策略,可参考 Jenny Sharpe, *Ghosts of Slavery: A Literary Archaeology of Black Women's Lives* (Minneapolis: University of Minneapolis Press, 2003), xiv – xxiii.

[37] Maehle, *Drugs on Trial*.

[38] Freind, *Emmenologia*, 68 – 69, 73. Sloane, *Voyage*, vol. 1, cxliii.

[39] Louis Montrose, "The Work of Gender in the Discourse of Discovery," *Representations* 33 (1991): 1 – 41, esp. 8. De Beer, *Sloane*, 38 – 41; Sloane, *Voyage*, vol. 1; Goslinga, *The Dutch in the Caribbean and in the Guianas*, 268.

[40] McNeill, "Latin," 755.

[41] Olarte, "Remedies," 116; Engstrand, *Spanish Scientists*.

[42] Tarcisco Filgueiras, "In Defense of Latin for Describing New Taxa," *Taxon* 46 (1997): 747 – 749.

[43] McNeill, "Latin," 755.

[44] [Schaw], *Journal*, 27 – 28, 31, 50. Sloane, *Voyage*, vol. 2, 346. Thiery de Menonvillle, *Traité*. F. Richard de Tussac, *Flore des Antilles*, 4 vols. (Paris, 1808 – 1827), vol. 1, 9 – 10.

[45] Aublet, *Histoire*, vol. 1, xvii.

第一章 远航

[1] Stafleu, *Linnaeus*, 145 ; 转引自 Koerner,*Linnaeus*, 115.

[2] Lafuente and Valverde, "Linnaean Botany."

246

[3] 关于远航的牧师,见 P. Fournier, *Voyages et découvertes scientifiques des missionnaires naturalistes français* (Paris: Paul Lechevalier, 1932). 关于牧师博物学家,参考 Steven Harris, "Long – Distance Corporations, Big Sciences, and the Geography of Knowl-

edge," *Configurations* 6 (1998): 269 - 304. 我们可以从皮埃尔·巴雷尔被任命为皇家植物学家一事中看到这种转变,国王起初是想为卡宴殖民地找一位神职人员,但同时希望他能接管那里的医院。最后实在找不到人的时候,国王任命了巴雷尔,但他拒绝免费给士兵看病,每位来看病的士兵要给他一把手枪作为酬劳。巴雷尔声称自己以植物学家的身份索要报酬,而不是医生。Lacroix, *Figures de savants*, vol. 3, 31 - 35, esp. 32.

[4] De Beer, *Sloane*, chap. 1; Stagl, *History of Curiosity*, 85. Koerner, *Linnaeus*, 56.

[5] 关于 Ray and Lister,转引自 de Beer, *Sloane*, 26 - 28. 男爵以上的男性要想成为皇家学会会员不需要其他会员投票选举。

[6] De Beer, *Sloane*, 30 - 31. Marcus Rediker, *Between the Devil and the Deep Blue Sea: Merchant Seamen, Pirates, and the Anglo - American Maritime World*, 1700—1750 (Cambridge: Cambridge University Press, 1987), 124; Reede, *Hourtus*; Heniger, *Hendrik Andriaan van Reede*, 269. Cannon "Botanical Collections," esp. 141; Grainger, *Essay*, iv; Moseley, *A Treatise on Sugar*; Walvin, *Fruits of Empire*.

[7] De beer, *Sloane*, 32 - 42.

[8] [Thomas Birch], "Momoirs relating to the Life of Sir Hans Sloane, formerly President of the Royal Society," British Library, Manuscripts Collection; Add. 4241, 25. De Beer, *Sloane*, 101; Macgregor, "The Life," 15, 23.

[9] Sloane, V*oyage*, vol. 1, preface.

[10] Ibid. , *preface*, xlvi.

[11] Ibid. , *preface*.

[12] Thunberg, *Travels*, vol. 2, 132. Maria Riddell, *Voyages to the Madeira, and Leeward Caribbean Isles with Sketches of the Natural History of these islands* (Edinburgh, 1792), preface.

[13] 关于她的研究,见 T. E. Bowdich and Sarah Bowdich, *Excursions in Madeira and Porto Santo* (London, 1825); D. J. Mabberley, "Robert Brown of the British Museum: Some Ramifications, " in Alwyne Wheeler and James Price, eds. , *History in the Service of Systematics* (London: Society for the Bibliography of Natural History, 1981), 101 - 109, esp. 103 - 104; Pycior, Slack, and Abir - Am, eds. , *Creative Couples*. 关于 19 世纪的女性旅行者,可参考,Shteir, *Cultivating Women*; Susan Morgan, *Place Matters: Gendered Geography in Victorian Womens' Travel Books about Southeast Asia* (New Brunswick: Rutgers University Press, 1996).

[14] Trapham, *Discourse*, 5. [Bourgeois], *Voyages*, 438; Thunberg, *Voyages*, vol.

2, 281.

[15] Jonann Blumenbach, *On the Natural Varieties of Mankind* (1795), trans. Thomas Bendyshe (1865; New York: Bergman, 1969), 212n2,在这本著作中,布鲁门巴赫收集了长期以来的一些观点。Pouppé – Desportes, *Histoire des maladies*, vol. 1, 247 57. Marie de Rabutin – Chantal, marquise de Sévigné, *Correspondance*, ed. Roger Duchêne (Paris: Gallimard, 1972), vol. 1, 370.

[16] Davis, *Women on the Margins*, 169 – 171.

[17] 这些人中,还有来自中欧的流离失所的年轻男孩,饥饿的他们在喧嚣的港口城市寻找差事,结果被诱拐到船上打工。Pimentel, "The Iberian Vision," 23.

[18] 关于 Sandrart, 转引自 Elisabeth Rücker, "Maria Sibylla Merian," Fränkische Lebensbilder 1, (1967): 225; Schiebinger, *Mind*, 26 – 27, chap. 3; Davis, *Women on the Margins*, Wettengl, "Maria Sibylla Merian"; and Segal, "Merian as a Flower Painter," 84. Archives nationals, Paris, AJ XV 510, no. 331.

[19] Merian, *Metamorphosis*, "An den Leser."

[20] Rücker, *Merian* 17, 19, and 21; Segal, "Merian as a Flower Painter," 86; Wettengl, "Maria Sibylla Merian," 18.

[21] James Anderson, *Correspondence for the Introduction of Cochineal Insects from America* (Madras, 1791), 18 – 19.

[22] Merian, *Metamorphosis*, 插图 52 说明。也可参考 Sörlin, "Ordering the World for Europe," 52; Merian to Petiver, 27 April, British Library, Manuscripts Collection, Sloane 4064, f. 70; English translation Sloane 3321, f. 176.

[23] Merian, *Metamorphosis*, "An den Leser," 插图 4、5、10、11、21、27、32、36、42、44、48、49、59 说明;Davis, *Women on the Margins*, 177.

[24] Merian, *Metamorphosis*, "An den Leser," 插图 35 说明, Merian to Volkammer, 8, Oct. 1702, in Rücker, *Merian*, 22 – 23.

[25] Stewart Mims, *Colbert's West India Policy* (New Haven: Yale University Press, 1912), 81. Cole, *Colbert*, vol. 2, 1 – 55.

[26] James E. McClellan III and François Regourd, "The Colonial Machine: French Science and Colonization in the Ancien Régime," in *Nature and Empire*, ed. MacLeod, 31 – 50, esp. 32; Gascoigne, *Science in the Service of Empire*; Drayton, *Nature's Government*, 66 – 67.

[27] 由于医学院 (Faculté de médicine)的反对,这条皇室敕令推迟到 1635 年才签署。Stroup, *A Company of Scientists*, 169 – 179; Spary, *Utopia's Garden*.

［28］Duval, *King's Garden*, 12, 19, 45, 48; Joseph Pitton de Tournefort, *Relation d'un Voyage du Levant*, 2 vols. (Paris, 1717).

［29］Duval, *King's Garden*, 36 – 37.

［30］La Condamine, "Sur l'arbre du quinquina," 326; *Colloque International "La Condamine"* (Mexico: IPGH, 1987). La Condamine, *Relation abrégée*, 26 – 27. 也可参考 Roger Hahn, *The Anatomy of a Scientific Institution: The Paris Academy of Science 1666—1803* (Berkeley: University of California Press, 1971).

［31］Thiery de Menonville, *Traité*, civ. Mackay, *In the Wake of Cook*, 182; McClellan, *Colonialism and Science*, 152 – 156.

［32］Jeremy Baskes, *Indians, Merchants, and Markets* (Standford: Standford Uinversity Press, 2000), 9 – 15.

［33］Thiery de Mononville, *Traité*, vol. 1, 5 – 6, 43.

［34］Ibid. , 59 – 60.

［35］Ibid, 61.

［36］Ibid. , vol. 2, 39 – 40, 44 – 46.

［37］Ibid. , vol. 1, 137 – 138, 144 – 145, 184, 190 – 191.

［38］Ibid. , 208 – 209.

［39］Ibid. , xcvi, civ. *Affiches américaines* 3 (1780), 附录; McClellan, *Colonialism and Science*, 154; Pluchon, "Le Cercle des philadelphes."

［40］Mackay, *In the Wake of Cook*, 182; Koerner, *Linnaeus*, 150; Rushika Hage, *Cochineal* (Minneapolis: James Ford Bell Library, 2000).

［41］Thiery de Menonville, *Traité*, vol. I, civ, 260,着重强调了此内容。

［42］Merson, "Bio – prospecting," *Nature and Empire*, ed. MacLeod, 284;也可参考 Kerry ten Kate and Sarah Laird, *The Commercial Use of Biodiversity: Access to Genetic Resources and Benefit – sharing* (London: Earthscan, 1999).

［43］Duval, *King's Garden*, 12, 18.

［44］Patrice Bret, in "Le Réseau des jardins coloniaux: Hypolite Nectoux (1759—1836) et la botanique tropicale, de la mer des Caraibes aux bords du Nil," *Les naturalists français*, ed. Laissus, 185 – 216, esp. 187; Leblond, *Voyage*; Lacroix, *Figures de savants*, vol. 3, 78.

［45］John Woodward, *Brief Instruction for Making Observations in all Parts of the World*, ed. V. A. Eyles (1696; London: Society for the Bibliography of Natural History, 1973), 12 – 13. Joseph Banks, *The Endeavour Journal of Joseph Banks* (1768—

248

1771) ed. J. P. Sandford, 2 vols. (Sydney: State Library of New South Wales, 1998) vol. 1, 157 – 158; Drayton, *Nature's Government*, 67.

[46] Taillemite, *Bougainville*, vol. 349. 法国国家档案馆保管部主任 Étienne Taillemite 出版四本布甘维尔旅程日记（from Bougainville, Fesche, de Rochefort, and de Versailes）。

[47] Ibid., vol 1, 350. 关于康姆森部分，转引自重印手稿 Monnier et al., *Commerson*, 99. 1689 年 4 月 15 日这条法令，见 book IV, title III, article xxv. 1765 年 3 月 25 日 的法令见 article MLXIII，重申了 1689 年的法令，收录于 Taillemite, *Bougainville*, vol. 1, 90.

[48] Monnier et al., *Commerson*, 97.

[49] Guillot, "La vraie 'Bougainvillée, '"38.

[50] 康姆森、维韦兹（Vivez）和布甘维尔的记录参考重印的 Taillemite, *Bougainville*, vol. 1, 349; vol. 2, 101, 237 – 241, 485.

[51] Ibid., vol. 2, 238.

[52] Ibid., vol. 1, 349, vol. 2, 240, 也可参考 Denis Diderot, *Supplément au voyage de Bougainville*, ed. Gibert Chinard (Paris: Droz, 1935), 131 – 132.

[53] Taillemite, *Bougainville*, vol. 1, 349 – 350.

[54] Ibid., vol. 1, 349; vol. 2, 241.

[55] Ibid., vol. 2, 101.

[56] Ibid., vol. 1, 89, 349.

[57] Lizabeth Paravisini – Gebert, "Cross – Dressing on the Margins of Empire," in *Women at Sea*, ed. Lizabeth Paravisini – Gebert and Ivette Romero – Cesareo (New York: Palgrave, 2001), 59 – 98; Catalina de Euruso, *Lieutenant Nun: Memoir of a Basque Transvestite in the New World*, trans. Michele Stepto and Gabriel Stepto (Boston: Beacon Press, 1996); Brigitte Eriksson, "A Lesbian Execution in Germany, 1721: The Trial Records," *Journal of Homosexuality* (1980—1981): 27 – 40. Sophie Germain, *Oeuvres philosophiques*, ed. Hippolyte Stupuy (Paris, 1896), 271; Kenneth Manning, "The Complexion of Science," *Technology Review* (Nov. /Dec. 1991): 63; Elizabeth Blackwell, *Pioneer Work in Opening the Medical Profession to Women* (1895; New York: Schocken, 1977), vii. Laissus, "Voyageurs naturalists," 316.

[58] John Reihold Foster 将布甘维尔日记翻译成了英文版，见 *A Voyage Round the World* (London, 1772), 300. Monnier et al., *Commerson*, 99, 109 – 111.

[59] Taillemite, *Bougainville*, vol. 1, 443; Pycior, Slack, and Abir – Am, eds., *Creative*

249

Couples.

[60] Laissus, "Voyageurs naturalists," 316; Jean Chaïa, "Jean – Baptiste Patris: Mede-
cin botaniste à Cayenne," *95ᵉ Congrès national des sociétés savantes* 2 (1970):
189 – 197.

[61] Lafuente, "Englightenment in an Imperial Context," 161. Lafuente 界定的克里奥尔
人仅限于在美洲出生的欧洲人,不包括出生于美洲的非洲人。

[62] McClellan, *Colonialism and Science*, part III; Drayton, *Nature's Government*, 64 – 65;
Nassy, *Essai*, 164. 仁爱社仅接受了一位女会员 Mlle. Lemasson Le Golf, du Havre
(Pluchon, "Le Cercle des philadelphes," 168). *Mémoires du cercle des philadelphes*
1 (1788),该刊物仅出版了这一期。

[63] Jacques Michel, "La Guyane sous l'Ancien Régime," *G. H. C.* 18 (1990): 178.

[64] Aublet, *Histoire*, preface.

[65] Ibid.

[66] Louis Malleret, ed. , *Un Manuscript inédit de Pierre Poivre: Les Mémoires d'un voya-
geur* (Paris: Publications de l'Ecole Française d'Extréme – Orient, 1968),也可参考
Emma Spray, "Of Nutmegs and Botanists: The Colonial Cultivation of Botanical Iden-
tity," in *Colonial Botany*, ed. Schiebinger and Swan. Balick and Cox, *Plants*, *Peo-
ple*, *and Culture*, 135.

[67] Chaïa, "A Propos de Fusée – Aublet. "

[68] Aublet, *Histoire*, preface. Henri Froidevaus, "Les Recherches scientifiques de Fusée
Aublet à la Guyane Française," *Bulletin de géographie historique et descriptive*
(1897): 425 – 469. Mark Plotkin, Brian Boom, and Marlorye Allison, *The Ethnob-
otany of Aublet's Histoire des plantes de la Guiane Françoise*, 1775 (St. Louis: Mis-
souri botanical Garden, 1991).

[69] Aublet, *Histoire*, preface.

[70] Chaïa, "A Propos de Fusée – Aublet," 61 – 62.

[71] Blunt, *Compleat Naturalist*, 117. Latour, *Science in Action*, chap. 6.

[72] Marie – Noëlle Bourguet, "*Voyage et histoire anturelle* (fin XVIIᵉᵐᵉ siècle – début
XIXᵉᵐᵉ siècle)," *Le Muséum au premier siécle de son histoire*, ed. Claude Blancha-
ert, Claudine Cohen, Pietro Corsi, Jean – Louis Fischer (Paris: Muséum National
d'Histoire Naturelle, 1997), 163 – 196, esp. 177. 也可参考 Daubenton, *Histoire
naturelle*, viii. Koerner, *Linnaeus*, chap. 5.

[73] Drayton, *Nature's Government*, Part I. Stearn, ed. , *Humboldt*.

250

[74] Sörlin, "Ordering the World for Europe," 64.

[75] Sloane, *Catalogus plantarum*. Dandy, *Sloane Herbarium*; MacGregor, "The Life," 22 – 24, 28; Cannon, "Botanical Collections."

[76] Aublet, *Histoire*, 104.

[77] Schiebinger, *Mind* chap. 2. 也有例外,波特兰公爵夫人在白金汉郡的布尔斯特罗德(Bulstrode)就拥有很大的花园,参考 David Allen, *The Naturalist in Britain* (1976; Princeton: Princeton University Press, 1994), 24 – 25.

[78] "Lists of Plants in the Garden at Badminton, chiefly made by Mary Somerset" and "Lists of Seeds and Plants Belonging to Mary Somerset," British Library, Manuscripts Collection, Sloane 3343, 4070 – 4072. 关于公爵夫人花园的最完整历史,可参考 Douglas Chambers 的深入介绍 "'Storys of Plants': The Assembling of Mary Capel Somerset's Botanical Collection at Badminton," *Journal of the History of Collections* 9 (1997): 49 – 60. 在 19 世纪,家族中的一位女性发明了羽毛球运动,球场规格就是按巴德明顿庄园入口大厅大小来的。Cottesloe and Hunt, *The Duchess of Beaufort's Flowers*, 10. Sir Hans Sloane's Collection, Natural History Museum, London, H. S. 131 – 142. 关于 Sherard,转引自 Phyllis Edwards, "Sir Hans Sloane and His Curious Friends," in *History in the Service of Systematics*, ed. Alwyne Wheeler and James Price (London: Society for the Bibliography of Natural History, 1981) esp. 30. 也可参考 Dandy, ed., *Sloane Herbarium*, 209 – 315.

[79] Cottesloe and Hunt, *The Duchess of Beaufort's Flowers*, 19. William Aiton, *Hourtus Kewensis* (London, 1789).

[80] Sir Hans Sloane's Collection, Natural History Museum, London, H. S. 66. 转引自 Dandy, *Sloane Herbarium*, 210. 关于这位女性,没有更多的信息。

[81] Cottesloe and Hunt, *The Duchess of Beaufort's Flowers*, 16.

[82] Segal, "Merian as a Flower Painter," 19 – 82.

[83] Merian to Petiver, 4 June 1703, British Library, Manuscripts Collection, Sloane 4063, f. 201; Sloane 4067, f. 51; 这封信也被翻译成了法语, Merian to Petiver, April 1704, Sloane 4064, f. 5. 詹姆斯·佩蒂瓦将书名简化为《苏里南昆虫志》(*History of Surinam Insects*),并重新做了梳理, British Library, Manuscripts Collection, Sloane 3339, ff. 153 – 160b.

[84] Merian to Petiver, 27 April 1705, British Library, Manuscripts Collection, Sloane 4064, f. 70; English translation Sloane 3321, f. 176. Sloane 4064, f. 70; English translation Sloane 3321, f. 176.

[85] Merian to Petiver, 27 April 1705, British Library, Manuscripts Collection, Sloane
251   3321, f. 176.

[86] Humboldt (and Bonpland), *Personal Narrative*, vol. 5, 389. Gunnar Broberg, "*Homo sapiens*: Linnaeus' Classification of Man," in *Linnaeus: The Man and His Work*, ed. Tore Frängsmyr (Berkeley: University of California Press, 1983), 185 – 186. Seymour Phillips, "The Outer World of European Middle Ages," in *Implicit Understandings*, ed. Staurt Schawartz (Cambridge: Cambridge University Press, 1994) 23 – 63; Anthony Grafton, *New Worlds, Ancients Texts* (Cambridge, Mass.: Harvard University Press, 1992).

[87] La Condamine, *Relation abrégée*, 111, 52, 106. Josine Blok, *The Early Amazons* (Leiden: E. J. Brill, 1995).

[88] La Condamine, *Relation abrégée*, 104, 111.

[89] Ibid, 103 – 109.

[90] Ibid, 105 – 108.

[91] Humboldt (and Bonpland), *Personal Narrative*, vol. 5, 387 – 394.

[92] Ibid. Sir Everard Ferdinand Im Thurn, *Among the Indians of Guiana* (London, 1883), 385.

[93] Mary Terrall, "Gendered Spaces, Gendered Audiences: Inside and Outside the Paris Academy of Sciences," *Configuration* 3 (1995): 207 – 232, esp. 219 – 223. 现在的科学家如火山学家也会描写类似的探险，"英勇地挑战可怕的险境"（William Rose, "Volcanic Irony," *Nature* 411 [2001]: 21）. Spray, *Utopia's Garden*, 83 – 84. Linnaeus, *Critica Botanica*, no. 238.

[94] Humboldt, *Vues des Cordillères*, 插图 1.5 的说明.

[95] LaCondamine, *Relation abrégée*, 25.

[96] Adanson, *Voyage*, 131.

[97] Merian to Johan Volkammer, 8 October 1702, Trew – Bibliothek, Brief – Sammlung Ms. 1834, Merian no. 1, Universitätsbibliothek Erlangen, reprinted in Rücker, *Merian*, 22. [Schaw], *Journal*, 19 – 78.

[98] "Letter to M. De laCondamine from M. Godlin des Odonais," in *A General Collection*, ed. Pinkerton, vol. 14, 256 – 269.

[99] Philip Curtin, "The White Man's Grave: Image and Reality, 780 – 1850," *Journal of British Studies* 1 (1961): 94 – 110. Thunberg, *Travels*, vol. 2, 280. 也可参考 Boxer, *The Dutch Seaborne Empire*, 243; Philip Curtin, *Disease and Empire: The Health*

of European Troops in the Conquest of Africa（Cambridge：Cambridge University Press，1998），3 - 4. Thunberg, *Travels*, vol. 1, 99. Trapham, *Discourse*, 70. Trevor Burnard, "' The Countrie Continues Sicklie': White Morality in Jamaica, 1655—1780," *Social History of Medicine* 12 (1999): 45 - 72. Humboldt（and Bonpland），*Personal Narrative*, vol. 5, 244 - 245.

［100］Richard Hakluyt, "A Short and Brief Narration of the Navigation made ⋯ to the Islands ⋯ called New France," in *A General Collection*, ed. Pinkerton, vol. 12, 659 - 660.

［101］"Letter of M. De la Condamine, written m 1773, to M. ＊＊＊＊；讲述了那些天文学家的命运,从 1735 年开始,他们参加了地球测量必不可少的实验。" ibid. , vol. 14, 257 - 258.

252

［102］Thiery de Menonville, *Traité*, vol. 1, 147. Adanson, *Voyage*, 336. Duval, *King's Garden*, 77.

［103］Risse, "Transcending Cultural Barriers," 32.

第二章　生物勘探

［1］Long,*History*, vol. 1, 6.

［2］Nicolas Culpeper, APhysicall Directory（London, 1649）, "To the Reader," Al. Pierre - Henri - Hippolyte Bodard, *Cours de botanique médicale comparée*, 2 vols. （Paris, 1810）, vol. 1, xviii, xxx. Eli Heckscher, *Mercantilism*, 2 vols. , trans. Mendel Shapiro（London：George Allen and Unwin, 1935）; Robert Ekelund and Robert Tollison, *Politicized Economies*：*Monarchy, Monopoly, and Mercantilism*（College Station：Texas A&M University Press, 1997）.

［3］［Bourgeois］, *Voyages*, 460. 隆列出了 18 世纪 70 年代大不列颠从牙买加进口各种经济植物和药用植物所支付的关税,这些植物包括蔗糖(他详尽地讨论了其医药特性)、朗姆、甜椒、生姜、棉花、咖啡、靛蓝、西米、红木、芦荟、肉桂、愈疮树脂、林仙树皮(winter's bark,曾用作补品和抗白血病药)、药喇叭、墨西哥菝葜、酸角、香草和可可(*History*, vol.1, 590). *Flore pittoresque*, vol.1, 41.

［4］［Bourgeois］, *Voyages*, 459; Long, *History*, vol. 2, 590. 据费尔曼估计,药物在横跨大西洋的运输中药效会损失四分之三。（*Description générale*, vol. 1, 83 - 84）.

［5］Drayton, *Nature's Government*, 92. Barrera, "Local Herbs," 174. Harold Cook, "Global Economies and Local Knowledge," *Colonial Botany*, ed. Schiebinger and Swan；Grove 宣称德拉肯斯坦不仅仅只收集相对原始的资料,即所谓的"信息",他

书中的分类体系还依赖于伊泽瓦的系统化的思想,即"知识"。(*Green Imperialism*, 78,89 – 90)也可参考 Mark Harrison, "Medicine and Orientalism: Perspectives on Europe's Encounters with Indian Medical Systems," *Health*, *Medicine and Empire: Perspectives on Colonial India*, ed. Biswamoy Pati and Mark Harrison (New Delhi: Orient Longman, 2001), 37 – 87. 关于信息和知识的区别,可参考 Peter Burke, *A Social History of Knowledge from Gutenberg to Diderot* (Cambridge: Polity Press, 2000), 11.

[6]Sloane, *Voyage*, vol. 1, preface; Sloane, *Catalogus plantarum*. Merian, *Metamorphosis*, 插图 45 说明.

[7]Keegan, "The Caribbean," 1262. Barrera, "Local Herbs," 166 – 167.

[8]Thomas Walduck to James Petiver, Oct. 29, 1710:"根据西班牙人自己的记载,他们在短短几年时间里驱逐或杀死了不下 120 万印第安人(确切数字不得而知),还有伊斯帕尼奥拉岛上的 300 万人、新西班牙的 600 万人和牙买加的 60 万人。(British Library, Manuscripts Collection, Sloane 2302)历史学家估计,1492 年哥伦布抵达伊斯帕尼奥拉岛时,泰诺人口在 6 万至 400 万之间, 通常认为在 100 万左右。根据西班牙人口调查数据, 到 1514 年时泰诺人只剩下约 26000,1518 年降到 18000,1542 年降到 2000。Noble David Cook, *Born to Die: Disease and New World Conquest*, 1492—1650 (Cambridge University Press, 1998), 23 – 24. 到 1524 年时,泰诺人已经不再以单独的人口计算,Rouse, *Tainos*, 169; David Henige, "On the Contact Population of Hispaniola: History as Higher Mathematics," *Hispanic American Historical Review* 58 (1978): 217 – 237.

16 世纪时,西班牙人以好战的加勒比印地安人命名了加勒比海, 西班牙人最初抵达该地区时,这些印第安人居住在小安的列斯群岛。尽管西班牙人抵达时候最先遇到的是居住在伊斯帕尼奥拉岛、古巴、牙买加和波多黎各的泰诺人,他们还是以印第安人命名了这个地区。西班牙人称这些印第安人为泰诺人,意思是"优良"或"高贵",岛上的居民曾向哥伦布表明他们不是"岛上的加勒比人"(Island - Caribs),尽管他们对自己并没有明确的称呼。Irving Rouse 认为,西班牙人常常把好斗的本地人称为"加勒比人",所以泰诺人开始反抗残暴的西班牙时,他们也被称为加勒比人。(*Tainos*, 5, 23, 155) Peter Hulme 指出,"阿拉瓦克"(Arawak)这个词是 1540 年弗雷·巴特拉(Fray Gregorio Batela)造的,而加勒比人或卡利纳人(Kalina)只是当地人自己的叫法。Hulme 指出,更重要的是早期欧洲移民描绘的加勒比地区种族分布图本身就是殖民扩张的产物,以至于欧洲人有时候刻意做出的这种区分与美洲印第安人自己的标准并不一致。(*Colonial Encounters*, 60, 67)也可以参考 Henri Stehlé, "Évolution de la connaissance botanique et biologique aux

Antilles françaises," *Comptes rendues du congrès des Sociétés Savantes* 1 (1966): 275 –
290, esp. 281; David Watts, *The West Indies: Patterns of Development, Culture and
Environmental Change since* 1492 (Cambridge: Cambridge University Press, 1987).

[9] Pouppé – Desportes, *Histoire des maladies*, vol. 3, 59. 皮埃尔·巴雷尔也提供了植
物的拉丁语、法语和"印地安"名字, 但他并没有宣称自己是在编写药典。

[10] Pouppé – Desportes, *Histoire des maladies*, vol. 3, 59.

[11] [Bourgeois], *Voyages*, 67. [Anon.], *Histoire des désastres*, 47. 法国国家图书馆
指出,1795 年出版的这本书, 是米歇尔 – 艾蒂安·德库尔蒂所写, 但他 1799 年
才到圣多明各。

[12] Craton, *Searching*, 54. Stedman, *Stedman's Surinam*, 63.

[13] [Bourgeois], *Voyages*, 458, 470. 关于认可奴隶医药的其他人,可参考 Grainger,
Essay; Sheridan, *Doctors and Slaves*, 80 – 82.

[14] Judith Carney, "*African Traditional Plant Knowledge in the Circum – Caribbean Re-
gion*," *Journal of Ethnobiology* 23 (2003): 167 – 185. [Bourgeois], *Voyages*, 470.

[15] [Bourgeois], *Voyages*, 468, 470.

[16] De Beer, *Sloane*, 41 – 42. Sheridan 转引了奈特的话, *Doctors and Slaves*, 81.

[17] Descourtilz, *Flore pittoresque*, vol. 1, 16 – 17. Adelon et al., eds., *Dictionaire*,
vol. 14, s. v. "femme," 654.

[18] Barrère, *Nouvelle relation*, 204, 他每年可以拿到 2000 里弗的薪金。Nassy, *Essai
historique*, 64. Goslinga, *The Dutch in the Caribbean and in the Guianas*, 359 – 360;
Robert Cohen, *Jews in Another Environment: Surinam in the Second Half of the Eigh-
teenth Century* (Leiden: Brill, 1991). Lacroix, *Figures de savants*, vol. 3, 31 – 35.
Sloane, *Voyages*, vol. 1, xiii – xiv.

[19] La Condamine, "Sur l'arbre du quinquina" 330. 关于动物使用草药给自己治病,可
参考 L. A. J. R. Houwen, "'Creature, Heal Thyself': Self – Healing Animals in
the *Hortus sanitatis*" (unpublished lecture, Department of English, Ruhr – Universität
Bochum, Germany).

[20] Pouppé – Desportes, *Histoire des maladies*, vol. 3, 81. Long, *History*, vol. 2, 380.
James, *Medicinal Dictionary*, vol. 1, preface.

[21] Long, *History*, vol. 2, 381.

[22] Tzvetan Todorov, *The Conquest of America: The Question of the Other*, trans. Richard
Howard (New York: Harper & Row, 1984); Stephen Greenblatt, *Marvelous Posses-
sion: The Wonder of the New World* (Chicago: University of Chicago Press, 1991);

254

Latour, *Science in Action*, chap. 6; and Anke te Heesen, "Accounting for the Natural World, " in *Colonial Botany*, ed. Schiebinger and Swan. Spray, *Utopia's Garden*, 84.

[23] Pratt, *Imperial Eyes*, 6 – 7.

[24] Long, *History*, vol. 2, 287; Thunberg, *Travels*, vol. 1, 73 – 75. 通贝里写道: "公司常常需要人手,但又不愿意提高报酬, 只好对商人们贩卖劳动力时采用的各种臭名昭著的手段视而不见。

Merian, *Metamorphosis*, 插图 45 说明; 也可参考插图 7、25、13。

[25] Barker, Hulme, and Iversen, eds., *Colonial Discourse*, 7.

[26] Bancroft, *Essay*, 3.

[27] Pierre Pelleprat, *Introduction à la langue des Galibis* (Paris, 1655), 3; Pimentel, "The Iberian Vision," 26. La Condamine, "Sur l'arbre du quinquina, "340. La Condamine, *Relation abrégée d'un voyage* (Paris, 1745), 53 – 55. Humboldt (and Bonpland), *Personal Narrative*, vol. 3, 301 – 303.

[28] Humboldt (and Bonpland), *Personal Narrative*, vol. 5, 431.

[29] Leblond, *Voyage*, 138.

[30] 转引自 Blackburn, *New World Slavery*, 281.

[31] Campet, *Traité*, 55.

[32] Rochefort, *Histoire naturelle*, 449.

[33] Risse, "Transcending Cultural Barriers, "32; Estes, "The European Reception" 12; George Foster, H*ippocrates' Latin American Legacy* (Langhorne, Penn: Gordon and Breach, 1994). Spray, *Utopia's Garden*, 87; Anthony Pagden, *European Encounters with the New World* (New Haven: Yale University Press, 1993), 21.

[34] Jerome Handler, "Slave Medicine and Obeah in Barbados, ca. 1650 to 1834" *New West Indies* 74 (2000): 57 – 90. Renny, *History of Jamaica*, 171.

[35] Thomson, *Treatise*, 9 – 10.

[36] Moseley, *A Treatise on Sugar*, 190 – 205.

[37] Jerome Handler and Kenneth Bilby, "On the Early Use and Origin of the Term 'Obeah' in Barbados and the Anglophone Caribbean," *Slavery and Abolition* 22 (2001): 87 – 100; Fuller, *New Act of Assembly*, xl.

[38] Humboldt (and Bonpland), *Personal Narrative*, vol. 5, 256.

[39] Ibid., 132. La Condamine, *Relation abrégée*, 74 – 75.

[40] La Condamine, *Relation abrégée*, 74 – 75.

255

［41］Humboldt（andBonpland），*Personal Narrative*，vol. 5，132. 1660 年，法国和英国承诺把圣文森特岛交给加勒比人，1700 年马提尼克岛总督将圣文森特岛一分为二：一部分归"红色加勒比人"，另一部分归"黑色加勒比人"，即被流放的非洲人的后裔。Pouliquen，"Introduction，" in Leblond，*Voyage*，11. *Code de la Martinique*（Saint Pierre，1767），457 – 458. Sloane，*Voyage*，vol. 1，xviii.

［42］［Bourgeois］，*Voyages*，487. Fermin，*Traité des maladies*，preface.

［43］Grainger，*Essay*，70.

［44］Monardes，*Joyfull Newes*，vol. 1，136 – 137；Estes，"The European Reception，" 10. Alonso de Ovalle，"An Historical Relation of the Kingdom of Chile，" *A General Collection*，ed. Pinkerton，vol. 14，38. La Condamine，"Sur l'arbre du quinquina，"329.

［45］［Bourgeois］，*Voyages*，487. Fermin，*Description générale*，vol. 1，209.

［46］Thiery de Menonville，*Traité*，vol. 1，14. Sloane，*Voyages*，vol. 1，liv – lv.

［47］Edward Ives，*Voyage from England to India*，in the Year 1756（London，1773），462.

［48］William Eamon，*Science and the Secrets of Nature：Books of Secrets in Medieval and Early Modern Culture*（Princeton：Princeton University Press，1994），4 – 5.

［49］Jaramillo – Arango，*Conquest*，79.

［50］Thunberg，*Travels*，vol. 2，286. Nicolas，"Adanson et le movement colonial，" 440. Smith，*Wealth*，vol. 1，69. Guerra，"Drugs from the Indies，" 29. 开发一种新药大约需要 12 年，据默克公司估计，平均每 10000 种被评估的潜在药物有 20 种会进行动物实验，其中又有 10 种会做人体实验，最终仅有一种能通过美国食品和药物管理局批准上市。Robert Pear，"Research Cost for New Drugs Said to Soar，" *New York Times*（1 Dec. 2001）：C1，14. Chadwick and Marsh，eds.，*Ethnobotany*，21，42，88.

［51］Koerner，"Women and Utility，" 251. Mackay，*In the Wake of Cook*，15. R. G. Latham，ed.，*The Works of Thomas Sydenham*，2 vols.（London：Sydenham Society，1848—1850），vol. 1，82.

［52］Lowthrop，*Philosophical Transactions*，vol. 3，252 – 255.

［53］Ibid. 关于止血药开发的一个后续故事，可参考 Harold Cook，"Sir John Colbatch and Augustan Medicine，" *Annals of Science* 47（1990）：475 – 505.

［54］Sloane，*Account*，1. British Library，Manuscripts Collection，Medical Receipts Seventeenth Century，Sloane. 3998 ff. 1 – 34，50 – 58，60 b 75.

[55] Sloane, *Account*, 5.

[56] Ibid. , 13 – 14.

[57] S. W. Zwicker, *Breviarium apodemicum methodice concinnatum* (Danzig, 1638), 转引自 Stagl, *History of Curiosity*, 78. Margaret Hannay, "'How I These Studies Prize': The Countess of Pembroke and Elizabethan Science," in *Women, Science and Medicine*, ed. Hunter and Hutton, 109 – 113, 67 – 76.

[58] Schiebinger, *Mind*. Carolus Clusius, *Rariorum aliquot Stirpium, per Pannoniam, Austriam, et vicinas … Historia* (Antwerp, 1583), 345; Jerry Stannard, "Classici and Rustici in Clusius' Stirp Pannon. Hist. (1583)," in *Festschrift anlässlich der 400 jährigen Widerkehr der wissenschaftlichen Tätigkeit von Carolus Clusius (Charles de l'Escluse) im pannonischen Raum*, ed. Stefan Aumüller (Eisenstadt: Burgenländischen Landesarchiv Sonderheft V, 1973), 253 – 269. 关于 Sydenham,转引自 de Beer, *Sloane*, 25.

[59] 她的治疗方法发表于"Mrs. Stephen's Medicines for the Stone," *London Gazette*, June 16, 1739, n. p. Stephen Hales, *An Account of Some Stone* (London, 1740); James Parsons, *A Description of the Human Urinary Bladder … to which are added Animadversions on Lithontriptic Medicines, particularly those of Mrs. Stephens* (London, 1742); Arthur Viseltear, "Joanna Stephens and the Eighteenth Century Lithontriptics: A Misplaced Chapter in the History of Therapeutics," *Bulletin of the History of Medicine* 42 (1968): 199 – 220; Maehle, *Drugs on Trial*, chap. 2. 这时期的政府常常以"公共福利"之名购买有效的治疗秘方; Brockliss and Jones, *Medical World*, 622 – 623. Cope, *Cheselden*, 24 – 25.

[60] David Hartley, *A Supplement to a Pamphlet Entitled, A View of the Present Evidence for and against Mrs. Stephen's Medicines* (London, 1739), 37 – 38.

[61] Ibid. , 49 – 51.

[62] Ibid. , 39 – 40, 52.

[63] Woodville, *Medical Botany*, vol. 1, 139.

[64] Withering, *Foxglove*, 2 – 10. Cox, "The Ethnobotanical Approach," 26.

[65] Schiebinger, *Mind*, 237 – 238. Koerner, "Women and Utility," 250 – 251.

[66] John Douglas, *A Short Account of the State of Midwifery in London, Westminster* (London, 1736), 19.

[67] Margaret Pelling, "Thoroughly Resented Older Women and the Medical Role in Early Modern London," in *Women, Science and Medicine*, ed. Hunter and Hutton, 63 –

88, esp. 67, 72. Blair, *Pharmaco - Botanologia*. J. Burnby, "The Herb Women of the London Markets," *Pharmaceutical Historian* 13 (1983): 5 - 6.　　　　257

[68] Genevieve Miller, "Putting Lady Mary in Her Place," *Bulletin of the History of Medicine* 55 (1981): 3 - 16.

[69] Miller, *Adoption of Inoculation*, 63n57.

[70] Ibid., 55 - 63.

[71] Emanuel Timonius, "An Account, or History, of Procuring the Small Pox by Incision, or Inoculation," *Philosophical Transactions of the Royal Society of London* 29 (1714): 72 - 82; Sloane, "An Account of Inoculation," Miller, *Adoption of Inoculation*, 76 - 79.

[72] John Andrew, *The Practice of Inoculation Impartially Considered* (Exeter, 1765), xii.

[73] Anita Desai, intro., *The Turkish Embassy Letters by Lady Mary Wortley Montagu* (London: Virago, 1994), xv. Maitland, *Account*, 7 - 8.

[74] La Condamine, *History*, 9. Miller, *Adoption of Inoculation*, 60.

[75] Schiebinger, *Nature's Body*, 126 - 134. La Condamine, *History*, 3, 9, 10 - 12. 在圣多明各的查尔斯·阿尔托(Charles Arthaud)宣称，专制政府比较看重外貌的地方会接种天花疫苗。(*Memoire*, 8).

[76] Wagstaffe, *A Letter to Dr. Freind*. Boylston, *Historical Account*.

[77] Lord Wharncliffe, ed., *The Letters and Works of Lady Mary Wortley Montagu*, 2 vols. (London, 1893), vol. 1, 309, 352 - 353. British Library, Manuscripts collection, Add. 34327, folio 7.

第三章　异国堕胎药

[1] Goslinga, *The Dutch in the Caribbean and in the Guianas*, 268.

[2] Hilliard d'Auberteuil, *Considérations*, 65.

[3] James, *Medicinal Dictionary*, vol. 3, s. v. "Poinciana."在 Norman Farnsworth 的大量研究中,金凤花被列为堕胎药和通经剂——"Potential Value of Plants as Sources of New Antifertility Agents I," *Journal of Pharmaceutical Sciences* 64 (1975): 535 - 598, esp. 565 文章提到将叶子和种子作为堕胎药物——R. Casey, "Alledged Anti - Fertility Plants of India," *Indian Journal of Medical Science* 14 (1960): 90 - 600, esp. 593. Julia Morton, *Atlas of Medicinal Plants of Middle America* (Springfield, Ill. : Charles Thomas, 1981), 284 - 285; John Watt and Maria Breyer - Brandwijk, *The Medicinal and Poisonous Plants of Southern and Eastern Africa* (Edinburgh: Living-

stone, 1962), 564 – 565；Walter Lewis and Memory Elvin – Lewis, *Medical Botany：Plants Affecting Man's Health* (New York：John Wiley, 1977), 42.

[4] Merian, *Metamorphosis*, 插图 45 说明。Slone, *Voyage*, vol. 2, 49 – 50；斯隆在书的附录中引用了梅里安的作品 (*Voyage*, vol. 2, 384)。梅里安的书出版于 1705 年；斯隆的书出版于 1707 年 (vol. 1) 以及 1725 年 (vol. 2)。Descourtilz, *Flore pittoresque*, vol. 1, 27 – 30. 这种植物会引起子宫收缩。

258

[5] Tournefort, Élémens, vol. 1, 491 – 492；vol. 3, plate 391. 也可参考 Du Tertre, *Histoire*, vol. 1, 125 – 126. Chevalier, *Lettres*, 111. Descourtilz, *Flore pittoresque*, vol. 1, 27 – 30. 对德库尔蒂的讨论也可以参考 Leon Rulx, "Descourtilz," *Conjonction* 39 (1952)：40 – 48.

[6] Stedman, *Stedman's Surinam*, 26, 271 – 272. Goslinga 详细描述了苏里南的责罚方式：1741 年有两名奴隶被锯掉了腿；1765 年有 3 人被锯掉了腿，一人被割断了肌腱；1722 年有两人被切断肌腱,3 人被锯掉了腿。从 1765 到 1787 年, 至少有 16 名黑人被锯掉一条腿 (*The Dutch in the Caribbean and in the Guianas*, 382, 399.) *Le Code noir* (Paris, 1685), article 38；Long, *History*, vol. 2, 440；Sloane, *Voyage*, vol. 1, lvii. Dalling 的证词可参考 *House of Commons*, ed. Lambert, vol. 72, 433.

[7] Sloane, *Voyage*, vol. 1, lvii, cxliii；vol. 2, 50. 据猜测,斯隆称这种植物为"flour"，意思是它可以长成漂亮的花篱,但这个词常常也指的是女性的"花"(flowers、flours 或 fleurs),在英语和法语中暗指月经。据斯隆称,装病的大"骗子"都是下人,"白人和黑人都有"。Shorter, *Women's Bodies*, 181；也可参考 McLaren, *History*, 160. Charles – Louis – François Andry 曾警告医生在给女性开通经剂前要确认对方没有怀孕,他写道,经常有年轻女孩为了保住名声找医生骗药,为了掩盖人性的缺点就犯这么可怕的罪行。(*Matière Médicale*, vol. 2, 22.) Dimsdale 写道,"我要是知道病人怀孕,绝不会给她接种；但有些人会隐瞒怀孕的实情而接种,我希望不要发生不幸的事,我指的是流产"。(*Present Method*, 21 – 22). Rublack, "The Public Body," 64.

[8] James, *Medicinal Dictionary*, vol. 1, s. v. "abortus, or aborsus." 也可参考 Adrian Wilson, in "William Hunter and the Varieties of Man – Midwifery," *William Hunter and the Eighteenth – Century Medical World*, ed. W. F. Bynum and Roy Porter (Cambridge：Cambridge University Press, 1985), 343 – 369, esp. 350 – 351. Slone, *Voyage*, vol. 1, cxliii；also Shorter, *Women's Bodies*, 190. Ersch and Gruber, *Encyclopädie*, s. v. "Abtreibung."

[9] Riddle, *Contraception*；Riddle, *Eve's Herbs*；Shorter, *Women's Bodies*. 也可参考 Susan

Klepp 的观点,见"Lost, Hidden, Obstructed," 71 – 73. 19 世纪的 J. Thomsen 认为这类知识属于"女性生命的专属秘密",是靠"接生婆"一代代传承下来的。("Ein Fall von Abtreibung der Leibesfrucht," *Vierteljarsschrift für gerichtliche und öffentliche Medicin* 1［1864］: 315 – 328, esp. 316)。然而,Monica Green 认为,欧洲中世纪时女性的健康并非完全掌握在女性手上(Women's Healthcare in the Medieval West［Aldershot, Hamp. : Ashgate, 2000］)。*Dazille, Observations sur les maladies des negres*, vol. 2, 56; Williamson, *Medical. . . . Observation*, vol. 2, 206 – 207. 也可参考 Sheridan, *Doctors and Slaves*, 95, 268 – 291; Moitt, *Women and Slavery*, 63 – 68; and Karol Weaver, "The Enslaved Healers of Eighteenth – Century Saint Domingue," *Bulletin of the History of Medicine* 76 (2002): 429 – 460. 另外,大型种植园通常会有一位雅司病护理人员和一位婴儿、儿童看护人员。在牙买加和安提瓜岛,种植园医院通常由"年迈的女黑人"负责日常管理,有一名欧洲男医生会监督她的工作。Renny, *History*, 179; Adair, *Unanswerable Arguments*, 118. Paul Brodwin, *Medicine and Morality in Haiti: The Contest for Healing Power* (Cambridge: Cambridge University Press, 1996), 28 – 32.

［10］Dancer, *Medical Assistant*, 200. Fermin, Traité des maladies, 13, 98 – 100. 在欧洲也是一样,女性常常只能向医生的夫人描述她们的病情。(Jacques Barbeu du Bourg, *Gazette d'Épidaure, ou Recueil de nouvelles de médecine*, 4 vols.［Paris, 1762］, vol. 3, 30)。

［11］Zvi Loker, "Professionnels medicaux dans la colonie de Saint Domingue au XVIIIème siècle," *Revue de la société haïtienne d'histoire, de géographie et de géologie* 39 (1981): 5 – 33. *Almanach historique de Saint Domingue*(［Cap François, 1779］, 111)记载了一位名叫贝希特(Becht)的皇家医生和"殖民地男助产士",没有提到任何产婆。*Affiches américaines* (7 August 1769). No. 31, 266. Arthaud, *Observations*, 78. "Quaker Records: 'At a Meeting of the Midwives in Barbadoes II. XII. 1677,'" *Journal of the Barbados Museum and Historical Society* 24 (1957): 133 – 134.

［12］Riddle, *Eve's Herbs*, 11, 180 – 181; *The Case of Mary Katherine Cadière, against the Jesuite Father John Baptist Girard* (London, 1731), 13. 也可参考 Rublack, "The Public Body," 62. Mauriceau, *Traité*, 191 – 192. Sloane, *Voyage*, vol. 1, 13.

［13］Schiebinger, *Has Feminism Changed Science?*

［14］Oxford English Dictionary, s. v. "aborted." Schiebinger, *Nature's Body*, chap. 2.

［15］Mauriceau, *Traité*, 187. 这也是产婆安热莉克·库德雷(Angélique Marguerite Le

Boursier du Coudray) 对流产 (*faussse – couche*) 的理解 (*Abrégé*, 44) ; *Dictionaire des science médicale* 中 " faussse – couche " 词条作者 Charles – Chretie – Henri Marc 也认为该词是从 " fausse – grossesse " 一词衍生而来。(Adelon et al. , *Dictionaire*, vol. 14 , s. v. " faussse – couche ") . James, *Medicinal Dictionary*, vol. 1 , s. v. " abortùs, or aborsus. " Boord, *Breviarie of Health* , 7. Smellie, *Encyclopedia Britannica*, s. v. " midwifery. "

[16] Burton, " Human Rights, " 427 – 428. 格林姆在 *Deutsches Wörterbuch* (1854) 的 " Fehlgeburt " 词条下提到了 " abortus " 和 " fausse – couche "。为了更好地区分 " miscarriage " 相关词汇的区别, 可参考 Ersch and Gruber, *Encyclopädie*, s. v. " Fehlgebären. " Zedler, *Universal Lexicon*, s. v. " Abortus, " " Abtreiben. "

[17] Oxford English Dictionary, s. v. " abortion. " Owsei Temkin and Lilian Temkin, eds. , *Ancient Medicine: Selected Papers of Ludwig Edelstein* (Baltimore: Johns Hopkins Press, 1967) , 9 , 13 ; Zedler, Universal Lexicon, s. v. " Abortus " ; Adelon et al. , eds. , *Dictionaire*, vol. 2 , s. v. " avortement, " 492 – 494. Chauncey Leake, ed. , *Percival's Medical Ethics* (Baltimore: William and Wilkins, 1927) , 134 – 135.

[18] Stukenbrock, *Abtreibung*, 19 – 20. Robert Jütte, ed. , *Geschichte der Abtreibung: Von der Antike bis zur Gegenwart* (München: C. H. Beck, 1993) ; Sibylla Flügge, *Hebammen und heilkundige Frauen: Recht und Rechtswirklichkeit im 15. und 16. Jahrhundert* (Frankfurt am Main: Stroemfeld Verlag, 1998) ; Günter Jerouschek, " Zur Geschichte des Abtreibungsverbot, " *Unter anderen Umständen: Zur Geschichte des Abtreibung*, ed. Gisela Staupe and Lisa Vieth (Dresden: Deutsches Hygiene – Museum, 1993) , 11 – 26. 关于 Churchlaw, 转引自 Riddle, *Eve's Herbs*, 131 , 158. 关于普通法, 转引自 John Keown, *Abortion*, *Doctors and the law* (Cambridge: Cambridge University Press, 1988) , 4 – 5 , 173n39. William Blackstone, *Commentaries on the Laws of England*, 4 vols. (Oxford, 1765) , vol. 1 , 129 – 130 ; François André Isambert, ed. , *Recueil général des anciennes lois Françaises*, 29 vols. (Paris, 1821—1833) , s. v. " Infanticide " ; " grossesse. " Adelon et al. , eds. , *Dictionaire*, vol. 2 , s. v. " avortement " ; 495 – 496 ; Burton, " Human Rights, " 431. 法国殖民地的法典与法国本土基本一样, 除了地点、人物、商品不同, 以及适应当地习俗的一些要求, 实际上与法国各省份的要求是一致的。*Code de la Martinique* (Saint Pierre, 1767) , preface.

[19] Frank, *System*, vol. 2 , 61. Stukenbrock, *Abtreibung*, 20.

[20] Mauriceau, *Traité*, 191 – 192. Frank, *System*, vol. 2 , 84 – 122 ; Tardieu, *Étude*. 关

260

于 Mauriceau，转引自 James，*Medicinal Dictionary*，vol. 1，s. v. "abortus，or abor-sus."

[21] Duden，*Disembodying Women*，79 – 82.

[22] Dancer，*Medical Assistant*，267. 关于怀孕征兆，见 Albrecht von Haller，*Vorlesungen über die gerichtliche Arzneiwissenschaft*，2 vols.（Bern，1782），vol. 1，52 – 61；关于堕胎药，见 Frank，*System*，vol. 2. 也可以参考 Gottlieb Budaeus，*Miscellanea medico – chirurgia，practica et forensia*（Leipzig，1732—1737）；William Cummin，*The Proofs of Infanticide Considerer*（London，1836）；Tardieu，*Étude*. Freind，*Emmenologia*，5 – 7. Smellie，*Encyclopedia Britannica*，s. v. "midwifery."

[23] *Encyclopedia Britannica*，11th ed.（New York：Encyclopaedia Britannica，1910），s. v. "medical jurisprudence."

[24] Stofft，"Avortement criminal，" 79. Adelon et al.，*Dictionaire*，vol. 2，s. v. "avortement，" 497.

[25] Diderot and d'Alembert，eds.，*Encyclopédie*，s. v. "fausse – couche." Mauriceau，*Traité*，191 – 192.

[26] Norman Himes，*Medical History of Contraception*（Baltimore：Williams and Wilkins，1936）；Noonan，*Contraception*. Lewin，*Fruchtabtreibung*；Leibrock Plehn，*Hexenkräuter*. McLaren，*History*. Shorter，*Women's Bodies*；Riddle，*Contraception and Eve's Herbs*. Gunnar Heinsohn and Otto Steiger，*Die Vernichtung der Weisen Frauen*（Herbstein：März，1985）. Rublack，"The Public Body，" 65.

[27] Riddle，*Contraception*；Riddle，*Eve's Herbs*；Leibrock – Plehn，*Hexenkräuter*. 关于本草学历史，可参考 Wilfrid Blunt and Sandra Raphael，*The Illustrated Herbal*（New York：Thames and Hudson，1979）；Jerry Stannard，*Herbs and Herbalism in the Middle Ages and Renaissance*（Aldershot，Hampshire：Ashgate，1999）. Nicholas Culpeper，*Pharmacopoeia Londinensis*；or，The London Dispensatory（London，1669），36. Gerard，*Herbal*，s. v. "Of Savin." 有些草药可以"刺激女性月经"，参考 Lucile Newman，"Ophelia's Herbal，" *Economic Botany* 33（1979）：227 – 232.

[28] 例如，Jean Donnison，*Midwives and Medical Men：A History of Inter – Professional Rivals and Women's Rights*（London：Heinemann，1977）；Riddle，*Contraception*；Hilary Marland，ed.，*The Art of Midwifery：Early Modern Midwives in Europe*（London：Routledge，1993）；Gelbart，*King's Midwife*；Evenden，*Midwives*.

[29] Alexander Hamilton，*A Treatise of Midwifery*（Edinburgh，1785）. Beryl Rowland，*Medieval Woman's Guide to Health：The First English Gynecological Handbook*（Kent，

261

Ohio: Kent State University Press, 1981), 97. Talbot, *Natura Exenterata*, 193 – 194.

[30] Bourgeois, "Instructions," 120. *Statuts et Reiglemens ordonnez pour toutes les matronnes, ou saiges femmes* (Paris, 1587), 6; Wendy Perkins, *Midwifery and Medicine in Early Modern France: Louise Bourgeois* (Exeter: University of Exeter Press, 1996), 4. James Aveling 记载了从 1567 年起针对英国产婆的禁令 (*English Midwives* [1872; London: Elliot, 1967]). 也可参考 Evenden, *Midwives*, 205 – 208. 1605 年,法国"斯特拉斯堡 (Strasbourg)法令"禁止产婆堕胎 (Shorter, *Women's Bodies*, 189). Rublack, "The Public Body," 68.

[31] Louis Bourgeois, *Recueil de secrets* (Paris, 1710), 84 – 87. Bourgeois, "Instructions," 121. Nicholas Culpeper, *A Directory for Midwives* (London, 1760), 61. 简·夏普建议孕妇要避免高山白蛇根(*Eryngium alpinum*)这种植物,它可能会导致堕胎. Riddle, *Eve's Herbs*, 154. Leibrock – Plehn, *Hexenkräuter*, 157;关于贾斯汀·西格蒙德, 也可参考 Waltrund Pulz, "Gewaltsame Hilfe? Die Arbeit der Hebammen im Spiegel eines Gerichtskonflikts (1680—1685)," *Rituale der Geburt*, ed. J. Schlumbohm, B. Duden, J. Gélis, and P. Veit (Munich: Beck Verlag, 1998). Le Boursier Du Coudray, *Abrégé*, 44 – 51. 只有到了 19 世纪,才有证据显示堕胎主要是由助产士实施的。在 1851—1865 年间,法国有 1145 人被指控堕胎罪, 其中 3/4 是女性,且多为产婆。1846—1850 年间,被控告的人中,每 100 人就有 37 位产婆、9 名医生、1 位药剂师和草药医生、2 位"骗子",以及 2 位保姆。Tardieu, *Étude*, 12, 22.

[32] Gelbart, *King's Midwife*, 27 – 28; Stofft, "Avortement criminel," 76. Jürgen Schlumbohm, "The Pregnant Women Are Here for the Sake of the Teaching Institution," *Social History of Medicine* 14 (2001): 59 – 78, esp. 66.

[33] *Lettres de Gui Patin*, ed. J. H. Reveillé – Parise, 3 vols. (Paris, 1846), vol. 3, 225 – 226. Stofft, "Avortement criminal," 79. 巴黎外科医生皮埃尔·迪奥尼斯也认为是助产士为妇女实施堕胎手术;他还提到,要是位高权重的妇女因堕胎死去,助产士也会丢命。(Traité, 419)

[34] Rublack, "The Public Body."

[35] Hermann, *Materia medica*, 130 – 131, 214 – 216, 279 – 281, index. Carl Linnaeus, *Materia medica* (Amsterdam, 1749).

[36] 关于 Boccaccio,转引自 Leibrock – Plehn, *Hexenkräuter*, 163,在这些方法中, 可能包括未成熟的葡萄做成的果汁与芸香。Mme. Clude Gauvard, "*De Grance espe-*

262

cial": Crime, état et société en France à la fin du Moyen Age, 2 vols. (Paris: Publications de la Sorbonne, 1991), vol. 1, 316 – 317. Ben Jonson, *Epicoene*, *or*, *The Silent Woman* (London, 1620), 58 – 62. Donatien – Alphonse – François, marquis de Sade, *The Bedroom Philosopher* (Paris: Olympia Press, 1957), 53.

[37] Mary Wollstonecraft, *The Wrongs of Woman* (1798; Oxford: Oxford University Press, 1976), 109. 丹尼尔·笛福(Daniel Defoe)描述的人物莫尔·弗兰德斯(*Moll Flanders*)在分娩后利用助产士抛弃了婴儿 (*Moll Flanders*, ed. James Sutherland [Cambridge, Mass. : Riverside Press, 1959], 148 – 150). Lewin, *Fruchtabtreibung*, 377. 在 19 世纪,使用外科手术堕胎更为常见。当时有个悲惨的例子,32 岁的伊丽莎·威尔逊(Eliza Wilson)付了 4 先令给一位屈莱顿夫人(Mrs. Dryden)的堕胎者,后者用器具尝试了两次,都失败了。威尔逊只好又付了 2 镑 10 先令给斯宾塞·林菲尔德夫人(Mrs. Spencer Linfield),因为据邻居说不少"上流女士"都来找这位夫人堕胎。不幸的是,最后这次尝试让威尔逊丧命了。*Full Account of the Extraordinary Death of Eliza Wilson*, *by Mrs. Linfield*, *Midwife at Walworth*, *Caused by Abortion* (London, 1845). Löseke, *Materia medica*, 387 – 388. 现在的科学家在猪和老鼠身上做的实验表明,刺柏是有效的堕胎药,但有时候也会致命。N. Page et al. , "Teratological Evaluation of Juniperus Sabina Essential Oil in Mice," *Planta Medica* 55 (1989): 144 – 146; Brondegarrd, "Sadebaum," 335.

[38] Shorter 发现欧洲四种最常用的堕胎药是薄荷、鼠尾草、百里香以及迷迭香,紧随其后的是麦角、芸香和刺柏(*Women's bodies*, 183),然而根据我的研究,最常使用的是刺柏。J. H. Dickson and W. W. Gauld, "Mark Jameson's Physic Plants: A Sixteenth Century Garden for Gynaecology in Glasgow?" *Scottish Medical Journal* 32 (1987): 60 – 62. Monica Green, "Constantius Africanus and the Conflict between Religion and Science," in *The Human Embryo*, ed. G. R. Dustan (Exeter: University of Exeter Press, 1990), 47 – 69; Woodville, *Medical Botany*, vol. 2, 256; Riddle, *Contraception*, 160; 关于 Linnaeus,转引自 Brondegaard, "Sadebaum," 340, 344.

[39] Woodville, *Medical Botany*, vol. 2, 256. Zedler, Universal Lexicon, s. v. "Sadebaum. " Riddle, *Eve's Herbs*, 54.

[40] Professor Klosezu Breslau, "Vermischte Bemerkungen aus dem Gebiet der practischen Medicin," *Journal der practischen Heilkunde* (1820): 3 – 18, esp. 5 – 6.

[41] 转引自 Lewin, *Fruchtabtreibung*, 328. Brondegaard, "*Sadebaum*," 341, 342.

[42] Stofft, "Avortement criminel. " G. – R. Le Febvre de Saint – Ildephont and L. – A.

de Cézan, ed. , *État de médecine, chirurgie et pharmacie en Europe pour l'année* 1776, *présenté au Roi*（Paris, 1776）, 231. McLaren 曾估算被遗弃在弃婴堂的人数：1670—1862年在法国鲁昂共有 65 000 人被遗弃，在这个时期巴黎每年有超过 4000 人被遗弃（History, 162）。Diderot and d'Alembert, eds. , *Encyclopédie*, s. v. "fausse – couche."

[43] Smith, *Wealth*, vol. 1, 88.

[44] Diderot and d'Alembert, eds. , *Encyclopédie*, s. v. "fausse – couche."

[45] Bancroft, *Essay*, 371 – 372.

[46] Bartolomé de Las Casas, *Historia de las Indias*, 3 vols. （Mexico: Fondo de Cultura Económica, 1951）, vol. 2, 206. Girolamo Benzoni, *La Historia del Mundo Nuovo* （1572; Caracas: Academia Nacional de la Historia, 1967）, 94.

[47] Humboldt（and Bonpland）, *Personal Narrative*, vol. 5, 28 – 32. 也可参考 N. Y. Sandwith, "Humboldt and Bonpland's Itinerary in Venezuela," *Humboldt*, ed. Stearn, 69 – 79.

[48] Humboldt（and Bonpland）, *Personal Narrative*, vol. 5, 31 – 32. Thomas Jefferson, *Notes on the state of Virginia*, ed. Thomas Abernethy（New York: Harper and Row, 1964）, 58.

[49] Labat, *Nouveau voyage*, vol. 2, 122, 126.

[50] Craton, *Searching*, 87.

[51] Fuller, *New Act of Assembly*, vi.

[52] Stedman, *Stedman's Surinam*, 136.

[53] Barbara Bush 探讨了女性在这场暴乱中扮演的角色（*Slave Women*, 65 – 73）。Stedman, *Stedman's Surinam*, 130, 266. 使用的毒物包括 *le jus de la canne de Madere, le Mancanilier, le Laurier Rose,* and *la graine de Lilas.* Hillliard d'Auberteuil, *Considérations*, vol. 2, 139.

[54] Stedman, *Stedman's Surinam*, 272. 关于 Ligon, 转引自 Bush, *Slave Women*, 121.

[55] Du Tertre, *Histoire*, vol. 2, 505. Long, *History*, vol. 2, 440. 奴隶女性比男性更容易被释放，至少在法属殖民地新奥尔良是这样，因为她们卖价更低，对白人的威胁也更少。L. Virginia Gould, "Urban Slavery – Urban Freedom," in *More than Chattel*, ed. Gasper and Hine, 298 – 314, esp. 306. 也可以参考 Goslinga, *The Dutch in the Caribbean and in the Guianas*, 529. 牙买加的威廉·贝克福德（William Beckford）反对奴隶主释放奴隶仅仅是为了在他们年老时不用养他们。（*Remarks*, 23, 96）。

[56] Rouse, *Taino*, 145, 151, 158; C. R. Boxer, *Women in Iberian Expansion Overseas*, 1415—1815 (New York: Oxford University Press, 1975), 35 – 36.

[57] Carton and Walvin, *A Jamaican Plantation*, 14 – 19. Gautier, *Soeurs*, 31, 33. Moitt, *Women and Slavery*, 10. Blackburn, *New World Slavery*, 291. Du Tertre, 264 *Historire*, vol. 2, 455. 说来也奇怪,殖民地的大量欧洲女性都是未婚或寡居,圣多明各的法国女性只有一半结婚。按斯特德曼的话说,这些未婚女性在守寡后生气勃勃:她们的生活方式很健康,身体很好,"我知道不少妻子活得比四任丈夫还久,却从没见过一位活过两任妻子的男性"。(*Stedman's Surinam*, 22); Goslinga, *The Dutch in the Caribbean*, 279; McClellan, *Colonialism and Science*, 56 – 57. 隆留意了 1673 年牙买加城镇的欧洲男性与女性人口。(*History*, vol. 1, 376). Direction des Archives de France, ed. , *Voyage*, 47 – 50. Trevor Burnard, "European Migration to Jamaica, 1655—1780," in *The William and Mary Quarterly* 53 (1996): 769 – 796.

[58] B. W. Higman, *Slave Populations of the British Caribbean*, 1807—1834 (Baltimore: John Hopkins University Press, 1984), 100, 115 – 119; Geggus, "Slave and Free Colored Women," 259 – 260; Moitt, *Women and Slavery*, 12 – 30; Gautier, *Soeurs*, 33; Beckles, *Centering Women*, 3, 7.

[59] McClellan, *Colonialism and Science*, 57; Cauna, "L'État sanitaire des esclaves," 50. 也可参考 Trevor Burnard, "The Countrie Continues Sicklie': White Mortality in Jamaica, 1655—1780," *Social History of Medicine* 12 (1999): 45 – 72. Ramsay, *Essay*, 83.

[60] Ward, *British West Indian Slavery*, 176.

[61] Stedman, *Stedman's Surinam*, xxx, 20. 在此有必要详细引用斯特德曼的话:"我得讲讲这种习俗。我确信庄重的欧洲女性定会强烈谴责这种风气,然而对于生活在这种气候中的单身汉来说,这很必要,也很常见。这些绅士们身边无一例外都有一名女奴(多为克里奥尔人)照顾他们,让他们穿戴整洁得体,为他们精心准备食物。在这个国家生活的欧洲人经常生病,在生病期间,她们会无微不至地照顾主人,就像最优秀的护士一样,不让他们睡得太晚,帮他们缝缝补补。这些女孩中有印第安人和穆拉托女性,更多的是黑人,她们本能地觉得和一个欧洲人一起生活是值得骄傲的事,尽心尽职服侍他们,通常也会对他们忠心耿耿,仿佛他们就是自己的合法丈夫,这让很多女孩感到羞愧,因为她们打破了与绅士们庄重而神圣的结合方式。但这些年轻的女奴又不能以其他任何方式结婚,因为奴隶身份决定了她们无法享有基督教的所有特权和仪式,虽然对她们来说那才是完

全合法的。让人犹豫的是,似乎不该将可以正常结婚却走上这条路的女孩称为娼妓,毕竟最亲近的朋友和亲属都鼓励她们这么做。也可参考 Ann Stoler, *Capitalism and Confrontation in Sumatra's Plantation Belt*, 1870—1979 (New Haven: Yale University Press, 1985).

[62] Stedman, *Stedman's Surinam*, 186. 杰克逊医生的证词见 *House of Commons*, ed. Lambert, vol. 82, 56. Thunberg, *Travels*, vol. 1, 137 – 138, 303. Geggus, "Slave and Free Colored Women," 265.

[63] Labat, *Nouveau voyage*, vol. 2, 126.

[64] Ibid, 22 – 126; Gautier, *Soeurs*, 31; Beckles, *Centering Woman*, 27 – 32; Garrigus, "Redrawing the Color Line," 29. 1685 年的《黑人法典》规定,一位自由男性与奴隶女性结婚, 她可以获得自由,他们的孩子也是自由人。然而,欧洲血统的自由男性很少娶他们的奴隶情妇,如果一位欧洲人娶了奴隶, 他要缴纳很重的罚金,尽管很少真正执行。Sue Peabody, "Négresse, Mulâtrese, Citoyenne: Gender and Emancipation in the French Caribbean, 1650—1848," in *Gender and Emancipation in the Atlantic World*, ed. Pamela Scully and Diana Paton (Raleith: Duke University Press, 2004).

[65] Labat, *Nouveau voyage*, vol. 2, 128 – 132; Beckles, *Centering Women*, 74.

[66] Stedman, *Stedman's Surinam*, 133. Goslinga, *The Dutch in the Caribbean*, 357 – 379.

[67] Goslinga, *The Dutch in the Caribbean*, 358.

[68] 没过多久,蒂里·德·梅农维尔与跟踪他的一位男人搭话, 他以为人家是间谍,结果人家看上了他。梅农维尔指出,这位绅士就是宫里的人,"那里所有的东西都刷着最漂亮的颜色",原来他是王子的朋友。Thiery de Menonville, *Traité*, vol. 1, 69 – 70, 128.

[69] David de Issac Cohen Nassy, *Historical Essay on the Colony of Surinam*, trans. Simon Cohen (1788; Cincinnati: American Jewish Archives, 1974), 41. Goslinga, *The Dutch in the Caribbean*, 376. Bancroft, *Essay*, 375.

[70] Aublet, "Observations sur le trairement des négres," Manuscript NHB 452, published as "Observations sur les négres esclaves" *Histoire*, vol. 2, 111 ff. Laissus, "Voyageurs nturalistes," 316; Direction des Archives de France, ed. , *Voyage*, 64; *Nouvelle biographie universelle* (Paris, 1852—1866), s. v. "Aublet"; "Extrait d'un manuscript de Robert Paul Lamonon, deposé à la Bibliothéque nationale," *Magasin Encyclopédique*, ed. A, L. Millin, 12 (1802): 365 – 367. Trevor Burnard, "The sexual Life of an Eighteenth – Century Jamaican Slave Overseer," *Sex and Sexuality in*

Early America, ed. Merril Smith（New Work：New Work University Press, 1998）, 163 – 189；Douglas Hall, *In Miserable Slavery：Thomas Thistlewood in Jamaica, 1750—1786*（London：Macmillan, 1989）.

[71] Monique Pouliquen, "Introduction," in Leblond, *Voyage*, 5 – 19；Pouliquen, ed., *Voyages*, 39；Monique Pouliquen, "Que sont devenus les manuscrits de Jean – Baptiste Leblond?" *G. H. C. Bulletin* 79（1996）：1532 – 1535.

[72] Barbara Bush, "White 'Ladies,' Coloured 'Favorites' and Black 'Wenches'：Some Considerations on Sex, Race and Class Factors in Social Relations in White Creole Society in the British Caribbean," *Slavery and Abolition* 2（1981）：244 – 262, esp. 249；Hazel Carby, *Reconstructing Womenhood：The Emergence of the Afro – American Woman Novelist*（New York：Oxford University Press, 1987）, 20 – 39；Evelyn Brooks Higginbotham, "African – American Women's History and the Metalanguage of Race," *Signs：Journal of Women in Culture and Society* 17（1992）：251 – 274, esp. 262 – 266；Nussbaum, *Torrid Zones*. Sloane, *Voyage*, vol. 1, 248 – 249. 与这个时期博物学家谈到的大部分药物一样，野凤梨有多种用途；人们还认为它可以治疗"热病、除虫"，酿酒和治疗口腔溃疡。也可参考 Long, *History*, vol. 3, 738. 1955 年在牙买加，野凤梨仍被当作堕胎药物。G. Asprey and Phyllis Thornton, "Medicinal Plants of Jamaica," *West Indian Medical Journal* 4（1955）：68 – 82, 145 – 168.

[73] Long, *History*, vol. 2, 436. [Schaw], *Journal*, 112 – 113. [Edward Trelawny], *An Essay Concerning Slavery*, etc.（London, 1746）, 35 – 36. 在东印度群岛的欧洲人也记载了当地人的堕胎实践。在 17 世纪早期，第一任荷兰总督皮耶特·博特（Pieter Both）反对再有荷兰女性前往摩鹿加群岛（Moluccas）或安汶（Ambon），因为她们会过上有伤风化的可耻生活，"对我们国家来说是极大的耻辱"。然而，他却建议自己的人娶本地妇女，前提是对方并非穆斯林，因为穆斯林妇女在怀上基督徒的孩子后会打掉。Boxer, *The Dutch Seaborne Empire*, 216.

[74] McCellan, *Colonialism and Science*, 59.

[75] Bancroft, *Essay*, 371 – 372.

[76] Descourtilz, *Flore pittoresque*, vol. 8, 284.

[77] Ibid., 306, 317.

[78] Stedman, *Stedman's Surinam*, 22, 148. 杰克逊医生的证词见 *House of Commons*, ed. Lambert, vol. 82, 54 – 55. Susan Socolow, "Economic Roles of the Free Women of Color of Cap Français," in More than Chattel, ed. *Gaspar and Hine*, 279 – 297,

esp. 288. 圣多明各的人口可以粗略分为三类：欧洲人，直接从欧洲移民或者出生于此的欧洲人；自由的有色人种，包括自由的非洲人或"黑白混血儿、欧洲人与印第安人的混血后代（mestizos）、或 1/4 黑人血统和 3/4 欧洲血统的人（quadroons）"；奴隶，到了 18 世纪晚期，奴隶总人口为 450 000 人，是前面两类人总和的 7 倍多。

[79] Sheridan, *Doctors and Slaves*, 224; McClellan, *Colonialism and Scince*, 53. David Geggus, "Une Femille de La Rochelle et ses Plantations de Saint Domingue," in *France in the new world*, ed. David Buisseret (East Lansing: Michigan State University Press, 1998), 119-138, esp. 127. Hilliard d'Auberteuil, *Considérations*, vol. 1, 65; [Collins], *Practical Rules*, 151. Grainger, *Essay*, 5. Beckford, *Remarks*, 26. 类似地，奴隶主会权衡治疗奴隶的费用和买新奴隶的成本。1646 年弗吉尼亚一项法案的前言中写道，治疗存在着不确定性，常常还让结果更糟糕，比替换掉奴隶和仆人的代价要大得多，因此种植园主觉得让奴隶自生自灭是最人性化，也是最经济的做法。Cowen, "Colonial Laws."

[80] 18 世纪八九十年代，正值奴隶贸易受到了威胁，为"激励人口增长"，奖励奴隶母亲成为普遍做法，这些手段最后还被写进了诸岛的法律条款中。马提尼克岛 1786 年的一条法律规定，要减轻奴隶孕妇的劳动。（Geneviève Leti, *Santé et société esclavagiste à la Martinique* [Paris: Editions L'Harmattan, 1998], 116）。牙买加 1792 年的一条法律则规定，种植园主人给监工 3 英镑，让他平均分给奴隶母亲和助产士，这条法律在 1827 年被废除。Henrice Altink, "Representations of Slave Women in Discourses of Slavery and Abolition, 1780—1838" (Ph. D. diss., University of Hull, 2002), chap. 1. Stedman, *Stedman's Surinam*, 272-273; Aublet, *Histoire*, vol. 2, 120; 安提瓜岛土著民 Thomas Norbury Kerby 在 1790 年的证词，见 *House of Commons*, vol. 72, 303. Marietta Morrissey, *Slave Women in the New World: Gender Stratification in the Caribbean* (Lawrence: University Press of Kansas, 1989), 101-102.

[81] 关于沃斯·帕克种植园的记载，转引自 Craton and Walvin, *Jamaican Plantation*, 134. Blackburn, *New World Slavery*, 291; Gautier, *Soeurs*, 122-123; Geggus, "Slave and Free Colored Women," 267.

[82] 托马斯的证词见 *House of Commons*, ed. Lambert, vol. 71, 252. 1789—1812 年间，牙买加医生约翰·威廉姆森（John Williamson）也评论说，堕胎在奴隶中"司空见惯"。（*Medical … observations*, vol. 1, 198, 200.）[Collins], *Practical Rules*, 153. 1777—1783 年间，安提瓜岛医生 亚戴尔（Adair）也有类似发现。（*Unanswer-*

able Arguments, 121）. M. Cassan, *Considértions sur les rapports qui doivent existe entre les colonies et les métropoles*（Paris, 1790）, 125 - 127. 也可参考 Ward, *British West Indian Slavery*, 165 - 189; Bush, *Slave Women*, chap. 7.

[83] Arthaud, *Observations*, 75; Debien, *Esclaves*, 363 - 366; Cauna, "L'État sanitaire des esclaves," 52; Ramsay, *Essay*, 90.

[84] Thomson, *Treatise*, 111. Long, *History*, vol. 2, 433. Sheridan, *Doctors and Slaves*, 224 - 245.

[85] [Le Père Nicolson], *Essai sur l'histoire naturelle de l'isle de Saint - Domingue*（Paris, 1776）, 55. 这是常见的主题;见 Williamson, *Medical…Observations*, vol. 2, 200. Campet, *Traité*, 58 - 59; Hilliard d'Auberteuil, *Considérations*, vol. 2, 66. [Collins], *Practical Rules*, 157. 也可参考 [Anon.], *Negro Slavery; or, a View of some of the more Prominent Features of that State of Society*（London, 1823）, 75 - 76: "（在牙买加）堕胎非常普遍,以至于人们认为采取这些手段堕胎,是因为奴隶主的暴戾以及其他不容反驳的残暴因素。

[86] [Anon.], *Histoire des désastres*, 89 - 90.

[87] Jean - Barthélemy Dazille, *Observations sur le teténos*（Paris, 1788）, 216 - 217. Dazille, *Observations sur les maladies des negres*, vol. 2, 75 - 77. Michel - Étienne Descourtilz, *Voyages d'un naturaliste*, 3 vols.（Paris, 1809）, vol. 3, 119.

[88] 22. 1. 1788 Sieur Tourtain au Comte de la Luzerne, AN, Col. F390, fol. 237, 转引自 Gautier, *Soeurs*, 114. 也可参考 Debien, *Esclaves*, 365.

[89] 杰克逊的证词见 *House of Commons*, ed. Lambert, vol. 82, 58. 杰克逊描述的情况也发生在法兰西群岛。参考 Cauna, "L'État sanitaire des esclaves," 21. Stephen Fuller, *Two Reports from the Committee of the Honourable House of Assembly of Jamaica*（London, 1789）.

[90] Médéric - Louis - Élie Moreau de Saint - Méry, *Description topographique, physique, civile politique et historique de la partie française de l'isle Saint - Domingue*, 3 vols.（1797; Paris: Librairie Larose, 1958）, vol. 1, 61. Klepp, "Lost, Hidden, Obstructed," 101. Thomson, *Treatise*, 113.

[91] Bernard Moitt, "Slave Women and Resistance in the French Caribbean," in *More than Chattel*, ed. Gasper and Hine, 245.

第四章　金凤花在欧洲的命运

[1] Long, *History*, vol. 3, 852 - 853, "岛上植物和其他产品概要,适合出口或家庭使

用和消费"中的一部分。

[2] [Denis Joncquet] , *Hortus Regius* (Paris 1666) , 3 ; *Traitté des plantes par Bohin Fasius et celles du Jardin Roual* , *leurs vertu et leurs qualities* (1694) , Ms. 1906 , Bibliothèque centrale , Muséum national d'historie naturelle (MNHN) , Paris ; *Catalogus plantarum* [*Horti Regii Parisiensis*] (1766) , 228 ; René Desfontainces , *Catalogus plantarum Horti Regii Parisiensis* , 3rd ed. (Paris , 1829) , 303 ; Bernard de Jussieu , *Hortus Regius Parisiensis ordine alphabetico* , *conscriptus* 1728 , Ms. 1364 , Bibliothèque centrale , MNHN , Paris , 194 ; "Catalogue des plantes apportées en France par le capitaine de vaisseau Milius commandant le Lys , " Ms. 305 , Bibliothèque centrale , MNHN , Paris. 让 – 巴蒂斯特·迪·泰尔特和庞西一样 , 想在法国栽种金凤花。尽管他从安的列斯群岛带回来的种子已经长成了"手指长的"小树苗 , 但没有活过第一个寒冬。(*Histoire* , vol. 2 , 154). Herman Boerhaave , *Index alter plantarum quae in Horto Academico Lugduno – Batavo* (Leiden , 1720) , part 2 , 57 ; Breyne , *Exoticarum* , 61 – 64 ; Wijnands , *The Botany of the Commelins* , 59 ; Carl Linnaeus , *Hortus Upsaliensis* , *exhibens plantas exoticas* (Horto Upsaliensis Academiae , Stockholm , 1748) , vol. 1 , 101.

[3] Miller , *Gardener's Dictionary* , s. v. "Poinciana (pulcherrima). "

[4] Herman Boerhaave , *Historia plantarum* , *quae in Horto Academico Lugduni – Batavorum crescunt cum earum characteribus* , & *medicinalibus virtutibus* (Rome , 1727) , 488 – 489. Boerhavave 的《药物志》(*Materia medica* , London , 1741) 囊括了古今医药 , 但并没有提到金凤花。但他的书信却显示他了解梅里安的作品 , 见 *Boerhaave's Correspondence* , ed. G. A. Lindeboom (Lieden : Brill , 1962) , part 1 , 78. Herman Boerhaave , *Traité de la vertu des médicamens* , trans. M. de Vaux (Paris , 1729) , 391. *Catelogue des plantes du Jardin de Mrs. les apoticaires de Paris* (Paris , 1759). Charles Alston , *Index plantarum* , *praecipue officinalium* , *quae in Horto Medico Edinburgensi* (Edinburgh , 1740)) ; Alston , *Lectures*.

[5] Dancer , *Medical Assistant* , 380 ; [Bourgeois] , *Voyages* , 465.

[6] Woodville , *Medical Botany* , vol. 1 , vii ; Thomson , *Treatise* , 144 ; Cullen , *Treatise* , vol. 1. vi ; Alston , *Lectures* , vol. 1 , 2.

[7] Bernard , *Introduction* , 101 ; Maehle , *Drugs on Trial* ; Jean Astruc , *Doutes sur l'inoculation de la petite verole* (Paris , 1756) ; Hildebrandt , *Versuch* , 86.

[8] Störck , *Essay* , 12 – 13.

[9] Felice Fontana , *Traité sur le vénin de la vipère* , *sur les poisons Americains* , *sur le laurier – cerise et sur quelques autres poisons végétaux* (Florence , 1781) ; Melvin Earles ,

"The Experimental Investigation of Viper Vemon," *Annals of Science* 16 (1960): 255 – 269. Roger French, *Dissection and Vivisection in the European Renaissance* (Aldershot: Ashgate, 1999), 207. Maehle, "Ethical Discourse," 218, 225.

[10] Fermin, *Description générale*, vol. 1, 70.

[11] LaCondamine, Relation abrégée, 208 – 210. See also Wolfgang – Hagen Hein, "The History of Curare Research," *Botanical Drugs of the Americas in the Old and New Worlds*, ed. Wolfgang – Hagen Hein (Stuttgart: Wissenschaftliche Verlagsgesellschaft, 1984), 43 – 49.

[12] Condamine, *Relation abrégéé*, 208 – 210.

[13] Hérissant, "Experiments," 77 – 78.

[14] Ibid. 在 19 世纪 90 年代,氯仿被开发出来之前(甚至之后),动物实验中会用箭毒让动物不再动弹,这个时期反活体解剖者辩驳道,尽管动物已经无法动弹,但它依然有意识,会感觉到痛苦。Maehle, "Ethical Discourse."

[15] Johann Friedrich Gmelin, *Allgemeine Geschichte der Gifte*, 3 vols. (Leipzig, 1776), vol. 1, 34.

[16] Julia Douthwaite, *The Wild Girl, Natural Man, and the Monster: Dangerous Experiments in the Age of Enlightenment* (Chicago: University of Chicago Press, 2002), 72. 关于 Johann Ritter, 转引自 Stuart Strickland, "The Ideology of Self – Knowledge and the Practice of Self – Experimentation" (Max – Planck – Institut für Wissenschaftsgeschichte, preprint 65, 1997), 25.

[17] Albert von Haller, "Abhandlung über die Wirkung des Opiums auf den menschlichen Körper," *Berner Beiträge zur Geschichte der Medizin und der Naturwissenschaften* 19 (1926): 3 – 31. Simon Schaffer, "Self Evidence," *Critical Inquiry* 18 (1992): 327 – 362, esp. 336.

[18] Boylston, *Historical Account*, vi. 这种做法一直延续至今,1973 年 Sir Douglas Black 发现,"如果你坐在志愿者旁边,告诉他你已经在自己身上做过实验,而且没有发生任何不好的后果,就很容易得到他的配合。而且如果先做自体实验,也会有非常好的机会消除漏洞。"

Lawrence Altman, *Who Goes First: The story of Self – Experimentation in Medicine* (New York: Random House, 1987), 12.

[19] Rolf Winau, "Experimentelle Pharmakologie und Toxikologie im 18. Jahrhundert" (Mainz: Habil. Schrift, 1971). Störck, *Essay*, 12 – 14.

[20] Thomson, *Treatise*, 145 – 146.

270   [21]Hérissant，"Experiments，"79.

[22]Bourgeois，"Instructions，"119. 阿拉蒂亚·塔尔博特1655年出版的书中包含了1720个"药方和实验"，但没有记载在病人身上做的实验（*Natura Exenterata*）。另外还有一位女性玛丽·富歇（Marie de Maupeou Fouquet），声称她发表的药方都是建立在实验的基础上（*Recueil de recptes choisies*）[Villefranche，1675]. Lynette Hunter，"Woman and Domestic Medicine：Lady Experimenters，1570—1620，" *Women，Science and Medicine*，ed. Hunter and Hutton，89 – 107. [Anon.]，*A Sovereign Remedy for the Dropsy*（London，1783）.

[23]Maehle，*Drugs on Trial*；Brockliss and Jones，*Medical World*. 迈克·瑞恩抱怨医学院于伦理问题"置之不理"，为医生们传授"医药的奥秘"，却完全不提他们对彼此或对大众的责任"（*Manual*，37 – 38）。*Lettres à M. Moreau contre l'utilité de la transfusion*（Pairs，1667）.

[24]Hildebrandt，*Versuch*，85. Risse，*Hospital Life*，5. Guy，*Practical Observations*，xii；Susan Lawrence，*Charitable Knowledge：Hospital Pupils and Practitioners in Eighteenth - Century London*（Cambridge：Cambridge University Press，1996），237；Johanna Geyer - Kordesch，"Medizinische Fallbeschreibungen und ihre Bedeutung in der Wissensreform des 17. und 18. Jahrhunderts，" *Medizin，Gesellschaft und Geschichte* 9（1990）：7 – 19. Brockliss and Jones，*Medical World*，730 – 782.

[25]Paula Findlen，"Controlling the Experiment：Rhetoric，Court Patronage and the Experimental Method of Francesco Redi，" *History of Science* 31（1993）：35 – 64.

[26]Miller，*Adoption of Inoculation*，226；关于《绅士杂志》（*Gentleman's Magazine*），转引自 Razzell，*Conquset*，viii. Charles - Marie de La Condamine，*Memoires pour servir à l'histoire de l'inoculation*（Paris，1768），71. Arthaud，*Memoire*，11.

[27]Mary Fissell，"Innocent and Honorable Bribes：Medical Manners in Eighteenth - Century Britain，" in *The Codification of Medical Morality*，ed. Robert Baker，Dorothy Porter，and Roy Porter（Dordrecht：Kluwer，1993），19 – 46；Gianna Pomata，*Contracting a Cure：Patients，Healers，and the Law in Early Modern Bologna*（Baltimore：Johns Hopkins University Press，1998）.

[28]Dimsdale，*Present Method*，4.

[29]Withering，*Foxglove*，3 – 4.

[30]Hildebrandt，*Versuch*，77. Rolf Winau，"Vom kasuistischen Behandlungs - versuch zum kontrollierten klinischen Versuch，" *Versuche mit Menschen in Medizin，Humanwissenschaft und Politik*，ed. Hanfried Helmchen and Rolf Winau（Berlin：Walter de

Gruyter, 1986), 83 – 107. Denis Dodart, *Mémoires pour servir à l'histoire des plantes* (Paris, 1676), 10. Christian Wolff, *Disputatio philosophica de moralitate anatomes circa nimalia viva occupatae* (Leipzig, 1709), 28 – 40.

[31] Maupertuis, *Lettre*, section 11, "Unilités du supplice des criminels."

[32] Francis Bacon, *Sylva sylvarum* (Leiden, 1648), book iv, experiment 400. 克洛德·贝尔纳(Claude Bernard)在 16 世纪曾记载,加布里埃洛·法洛皮奥(Gabriello Fallopius)先后在比萨大学和帕多瓦大学担任解剖学教授,托斯卡纳大公(Grand Duke of Tuscany)曾将一个已经判刑的罪犯交给他,任由他杀死或解剖,结果他 271 为了测试鸦片毒瘾发作的后果,让该罪犯吸食过量鸦片而毙命。还有一个著名的罪犯"默东(Meudon)的弓箭手",成功忍受了肾切开术,然后被赦免了罪行。(*Introduction*, 100)。

[33] J. B. Denis, *Lettre écrite à Monsieur de Montmort*… (Paris, 1667); Farr, "The First," 160.

[34] Maupertuis, *Lettre*. 格奥尔格·希尔德布兰特(Georg Hildebrandt)记载了 16 世纪晚期用罪犯做剧毒的毛茛科乌头属(*Aconitum*)植物实验(*Versuch*, 77)。Bynum, "Reflection," 32. Maitland, *Account*, 8. Andrew, *Practice*, vii. 安东·冯·斯托克也发现,接种天花对"女士"(*beau sexe*)"非常有利",因为不会像自然感染的天花那样在脸上留疤痕。(*Traité*, 111)。

[35] Nicholas Orme and Margaret Webster, *The English Hospital*: 1070—1570 (New Haven: Yale University Press, 1995). John Leake, *An Account of the Westminster New Lying – in Hospital* (London, 1765), 1. Amit Rai, *Rule of Sympathy*: *Sentiment*, *Race*, *and Power*, 1750—1850 (New York: Palgrave, 2002), 33.

[36] Risse, *Hospital Life*, 21 – 22. Brockliss and Jones, *Medical World*, 673 – 700.

[37] Sigrun Engelen, "Die Einführung der Radix Ipecacuanha in Europa" (Ph. D. diss. , Universität Düsseldorf, Institut für Geschichte der Medizin, 1967), 38 – 46. Monro, *Treatise*, vol. 3, 201. Charles Talbot, "America and the European Drug Trade," in *First Images of America*: *The Impact of the New World on the Old*, ed. Fredi Chiappelli, 2 vols. (Berkeley: University of California Press, 1976), vol: 2, 833 – 851, esp. 840. Lafuente, "Enlightenment in an Imperial Context," 161 – 162. Risse, "Transcending Cultural Barriers." John Hume, "An Account of the True Bilious, or Yellow Fever," in *Letters*, [Monro, ed.], 195 – 264. Pierre Pluchon, ed. , *Histoire des médecins et pharmaciens de marine et des colonies* (Toulouse: Privat, 1985); McClellan, *Colonialism and Science*, 92 – 94, 128 – 129, 133 – 134.

[38]Donald Hopkins, *Princes and Peasants*: *Smallpox in History* (Chicago: University of Chicago Press, 1983), 82, 224 – 225.

[39]Schiebinger, *Has Feminism Changed Science*? Chap. 6.

[40]Brockliss and Jones, *Medical World*, 411. Wagstaffe, *Letter to Dr. Freind*, 4. Harold Cook 的一个重要观点是,17 世纪的军队医院已经在开发医疗手段和药物,以用于更广泛的人群,而不再像盖伦医学那样需要针对不同体质的个体进行长期的细致观察。("Practical Medicine and the British Armed Forces after the 'Glorious Revolution'," *Medical History* 34 [1990]: 1 – 26) William Bynum 也同样强调,史学家必须区分古代和现代早期至少三种不同的治疗方式:为富人提供的温和而特别有针对性的治疗方案,针对自由穷人速战速决的治疗方法,以及大众化的奴隶医疗,尤其是在古代。("Reflections on the History of Human Experimentation," in *The Use of Human Beings in Research*, ed. Stuart Spicker et al. [Dordrecht: Kluwer, 1988], 29 – 46, esp. 32)。

[41]至今仍不清楚究竟是谁发起的纽盖特实验,在此我采用了斯隆的报告"An Account of Inoculation,"517. 理查德·米德(Richard Mead)也曾记载过,认为实验是由"国王下达的命令,既为了皇族,也为了臣民"(*Works*, vol. 2, 145)。Emanuel Timonius, "An Account, or History, of Procuring the Small Pox by Incision, or Inoculation," *Philosophical Transactions of the Royal Society of London* 29 (1714): 72 – 82, esp. 72. 普遍认为男性是医学实验的主要受试者,因此史学家们只关注到纽盖特的 6 名囚犯是男性,完全忽略了这次实验是为相同人数的男女设计的。

[42]James Parsons,*A Description of the Human Urinary Bladder* (London, 1742); Jean – Dominique – Luc Ambialet, *Essai sur l'usage et l'abus du quinquina* (Montpellier, 1801), 31. "Some New Experiments of Injecting Medicated Liquors into Veins," *Philosophical Transactions of the Royal Society of London* 30 (1667): 564 – 565. Lowthrop, *Philosophical Transactions*, vol. 3, 234.

[43]Lowthrop, *Philosophical Transactions*, vol. 3, 234.

[44]Thomas Fowler, *Medical Reports of the Effects of Tobacco* (London, 1785), 72 – 79.

[45]Philippe Pinel, *The Clinical Training of Doctors*, ed. and trans. Dora Weiner (1793; Baltimore: Johns Hopkins University Press, 1980), 78 – 79.

[46]Fanny Burney, *Selected Letters and Journals*, ed. Joyce Hemlow (Oxford: Oxford University Press, 1986).

[47]Störck, *Essay*, case III. 很奇怪的是,这个时期的乳腺癌都是用鸟蛋来描述肿瘤

272

大小。我们都知道,英国女性至今有时还被称为"鸟",在 18 世纪象征女性身体比例的是鸵鸟,因为它有显眼的宽大骨盆和柔软的长脖子。Schiebinger, *Mind*, chap. 7.

[48] Störck, *Essay*, case XI, 49 – 52.

[49] Guy, *Practical Observations*, xiii, 36 – 39. 关于用颠茄治疗癌症,参考 James, *Modern Practice of Physic*; and M. Marteau, "Observation sur la guérison d'un cancer à la mammelle," *Journal de médecine, chirugie, pharmacie* 14 (1761): 11 – 27.

[50] LaCondamine, *History*, 15 – 16, 28.

[51] Kay Dickersin and Yuan – I Min, "Publication Bias: The Problem that Won't Go away," *Annals of the New York Academy of Sciences* 703 (1993): 135 – 148. Guy, *Practical Observations*, 6.

[52] Cope, *Cheselden*, 24 – 25. Leake, *Lectures*, preface. 关于人体模型,参考 Gelbart, *King's Midwife*.

[53] *The Jamaica Physical Journal* 1 (1834): 1. 在 19 世纪,牙买加医师如托马瑟·丹瑟和詹姆斯·汤姆森在牙买加发表了他们的医学论著。1765 年后,来自英属西印度群岛的学生有时会在费城大学(现宾夕法尼亚大学)医学院学习。K. R. Hill and I. S. Parboosingh, "The Frist Medical School of the British West Indies and the Frist Medical School of America," *West Indian Medical Journal* 1 (1951): 21 – 25. 圣多明各的仁爱社的研究涉及科学各领域,也包括医学,他们早期论文中包括各种研究,尤其是矿泉水的医疗作用。

[54] Thomson, *Treatise*, 151 – 156.

[55] 约翰·基耶尔在 1768 年和 1774 年分别接种了 700 人和 146 人,1773 年也为他人接种,但是没有记录数据(Monro, ed. , *Letters*, 8, 64)。

[56] Sheridan, *Doctors and Slaves*, 66, 254 – 255; Heinz Goerke, "The Life and Scientific Works of Dr. John Quiter," *West Indian Medical Journal* 5 (1956): 23 – 27.

[57] Sheridan, *Doctors and Slaves*, 252.

[58] [Monro, ed.], *Letters*, 43, 56. 另一个强制性接种的人群是士兵,他们不能自己选择是否接种。(Paul Kopperman, "The British Army in North America and the West Indies, 1755—1783, " manuscript).

[59] [Monro, ed.], *Letters*, 8, 23 – 24, 65.

[60] Ibid. , 13, 17, 25. 理查德·米德注意到,大多数小孩甚至包括西印度群岛奴隶,要到 5 岁才接种(*Works*, vol. 2, 146)。詹姆斯·格兰杰(James Grainger)在圣基茨当医生,1761 年,他的女儿才刚开始长牙,他就冒险为她接种了。John

273

Nichols,*Illustrations of the Literary History*, 8 vols. (London, 1858), vol. 7, 277.

[61]Dimsdale,*Present Method*, 21 – 22. *Memoir of the Late William Wright*, M. D. (Edinburgh, 1828), 340 – 341.

[62][Monro, ed.], *Letters*, 11, 54 – 56.

[63]Ibid., 46, 67 – 69.

[64]关于奴隶助产士,可参考 Moreau de Saint – Méry, *Description*, vol. 1, 22;圣克里斯托夫岛和尼维斯岛上行医的罗伯特·托马斯证词见 *House of Commons*, ed. Lambert, vol. 71, 248. 关于比姆牧师,转引自 Bush, *Slave Women*, 139.

[65]Michael Craton, *Searching for the Invisible Man* (Cambridge, Mass. : Harvard University Press, 1978), 218, 259 – 264.

[66]Letter IV from Dr. Thomas Fraser, M. D. of Antigua to Dr. D. Monro, London, May 22, 1756 in [Monro, ed.], *Letters*, 110, 106 – 107.

[67]Wagstaffe, *A Letter to Dr. Freind.*

[68]关于白人与黑人身体互换性,可参考 Londa Schiebinger, "Human Experimentation in the Eighteenth Century: Natural Boundaries and Valid Testing, " in *The Moral Authority of Nature*, ed. Lorraine Daston and Fernando Vidal (Chicago: University of Chicago Press, 2003), 384 – 408. Thomson, *Treatise*, 3.

[69]Sloane, *Voyage*, vol. 1, x. 关于斯特德曼,转引自 Bush, *Slave Women*, 142;Bancroft, *Essay*, 371 – 372; Descourtilz, *Flore pittoresque*, vol. 8, 284, 306, and 317; James, *Medicinal Dictionary*, s. v., "abortus"; Horatio Wood, *A Treatise on Therapeutics* (London, 1874), 537; Riddle, *Eve's Herbs*, 231.

[70]例如, *Pharmacopoea Londinensis* (1618); *Pharmacopoea Amstelredamensis, senatus auctoritate munita, & recognita* (1636); *Codex Medicamentarius Parisiensis* (1638). 例如,1618 年 5 月的伦敦药典,收录的药物类别包括了 712 种复方:药水、汤剂、糖饵剂、糖锭、药膏等;还包含 680 种单方, 根据根、叶子、树胶与树脂、动物器官、盐分以及金属等归类。M. P. Earles, *The London Pharmacopoeia Perfected* (London: Chamelon Press, 1985), 13, 15; George Urdang, "Pharmacopoeias as Witnesses of World History," *Journal of the History of Medicine and Allied Sciences* 1 (1946): 46 – 70; John Abarham, *Science, Politics and the Pharmaceutical Industry: Controversy and Bias in Drug Regulation* (New York: Saint Martin's 1995), 38; Georges Dillemann, "Les Remèdes secrets et la réglemention de la pharmacopée Française," *Revue d'histoire de la pharmacie* 23 (1976): 37 – 48; David Cowen, "Colonial Laws Pertaining to Pharmacy," *American Pharmaceutical Association* 23

（1934）: 1236 – 1243. ［Chandler］, *Frauds Detected*, 1 – 2, 5 – 11.

［71］Cowen, *Pharmacopoeias*, 5. Monro, *Treatise*, vol. 2, 444 – 446; Joseph Pitton de Tournefort, *Materia Medica*; *or*, *a Description of Simple Medicines Generally us'd in Physick* (London, 1708); Georg Ernst Stahl, *Materia medica* (Dresden, 1744); James, *Modern Practice of Physic*, 总结了 Van Swieten, Hoffman, Boerhaave 等人的 工作; Andry, *Matière médicale*; Löseke, *Materia medica*. Griffith Hughes, *The Natural History of Barbados* (London, 1750), 201. Long, *History*, vol. 3, 815 – 816. Descourtilz, *Guide sanitaire*, 166.

［72］Chevalier, *Letters*, 111 – 117.

［73］*Memoir of the Late William Wright*, M. D. (Edinburgh, 1828), 85, 183, 270.

［74］Sloane, *Voyage*, vol. 1, xx.

［75］*Registres du Comité de Librairie* (March 1763), vol. 1, 122.

［76］Jürgen Schlumbohm, " ' The Pregnant Women are Here for the Sake of the Teaching Institution ' : The Lying – In Hospital of Göttingen University, 1751—1830, " *Social History of Medicine* 14 (2001): 59 – 78.

［77］Antoine Arnault, *Existe – t – il des agents emménagogues?* (Paris, 1844). 现在的女 性在不同阶段调经时,会采用避孕药片、避孕针、子宫切除或其他药物和医疗手 段,但医生们并无法确定各种调经方式使用的比例,因为每种方法不止一种功 效。避孕药物可以调节经血量,也可以避孕,子宫切除术可以终止大量出血,但 也可以用来治疗癌症。Gianna Pomata, " Menstruating Men: Similarity and Difference of the Sexes in Early Modern, " in *Generation and Degeneration: Tropes of Reproduction in Literature and History from Antiquity through Early Modern Europe* ed. Valeria Finucci and Kevin Brownlee (Durham: Duke University Press, 2001), 109 – 152. Dancer, *Medical Assistant*, 263; Monardes, *Joyfull Newes*, 13 – 14.

［78］Descourtilz, *Flore pittoresque*, vol. 8, 276. This "long train of evils," from Descourtilz, *Flore*, vol. 8, 276; J. B. Chomel, *Abrégé de l'histoire des plantes usuelles*, 3 vols. (Paris, 1738), vol. 1, 146; and Freind, *Emmenologia*, 78. Jussieu, *Traité*, 339 – 356; Smellie, *Encyclopedia Britannica*, s. v. " emmenagogues. "

［79］Angus McLaren, *Reproductive Rituals: The Perception of Fertility in England from the Sixteenth Century to the Nineteenth Century* (London: Methuen, 1984), 102 – 106. Riddle, *Contraception and Eve's Herbs*; Shorter, *Women's Bodies*.

［80］Diderot and d'Alembert, eds. , *Encyclopédie*, s. v. " emmenagogue"; Zedler, *Universal Lexicon*, s. v. " emmenagoga"; Carl Linnaeus, *Materia medica* (Leipzig, 1782),

275

225 - 226, 248. Hermann, *Materia medica and Gerard's Herbal.*

[81] Dionis, *Tratié*, 419.

[82] 关于通经剂, 可参考 Jussieu, *Traité*, 339 - 356. Monardes, *Joyfull Newes*, 13 - 14. Guenter Risse, "Medicine in New Spain," in *Medicine in the New World*, ed. Ronald Numbers (Knoxville: university of Tennessee Press, 1987), 12 - 63. Sloane, *Voyage*: *Sesamum veterum* (vol. 1, 161), vanilla (vol. 1, 180), a certain pepper (vol. 1, 242), *Lobus echinatus* (vol. 2, 41), and aloe (vol. 2, 379). Alibert, *Nouveaux élémens*, vol. 3, 69. *Mémoire sur les plantes médicinales de Saint - Domingue*, Ms. 1120, *Bibliothèque centrale*, MNHN, Paris. Woodville, *Medical Botany*, vol. 1, 22; Ainslie, *Materia medica*, 4; *Pharmacopoeia Collegii Regalis Medicorum Londinensis* (London, 1836).

[83] William Buchan, *Domestic Medicine*; *or, the Family Physician* (Philadelphia, 1774), 393; Étienne Geoffroy, *A Treatise on Foreign Vegetables* (London, 1749), 81.

[84] Freind, *Emmenologia*, 68 - 69, 73.

[85] Ibid. , 179 - 184.

[86] Ibid. , 190 - 195.

[87] Ibid. , 128 - 131. 约翰·弗赖恩德开了 4 种不同的通经剂处方。

[88] Ibid. , 143 - 145.

[89] Cullen, *Treatise*, vol. 2, 365 - 366, 566 - 587. John O'Donnell, "Cullen's Influence on American Medicine," in *William Cullen and the Eighteenth Century Medical World*, ed. A. Doig, J. P. S. Ferguson, I. A. Miline, and R. Passmore (Edinburgh: Edinburgh University Press, 1993), 234 - 251, esp. 241.

[90] Francis Home, *Clinical Experiments*, *Histories*, *and Dissections* (London, 1782), 410 - 421. Woodville, *Medical Botany*, vol. 2, 256 - 258.

[91] William Lewis, *An Experimental History of the Materia Medica* (London, 1784), 548; Monro, *Treatise*, vol. 3, 243; Henry Beasley, *The Book of Prescriptions* (London, 1856), 441.

[92] Diderot and d'Alembert, eds. , *Encyclopédie*, s. v. "savine. " Adelon et al. , eds. , *Dictionaire*, vol. 2, s. v. "avortement," 489. Ryan, *Manual*, 154; Löseke, *Materia medica*, 387 - 388.

[93] Zedler, *Universal Lexicon*, s. v. "Sadebaum. " Cullen, *Treatise*, vol. 1, 161. Brande, *Dictionary*, 357. Anthony Todd Thomson, *The London Dispensatory* (London, 1815), 251 - 252; *Medical Botany*: *Or, History of Plants in the Materia Medica*

of the London, *Edinburgh*, & Dublin Pharmacopoeias (London, 1821), 100. Albert, *Nouveaux élémens*, vol. 3, 71 – 72. 关于威廉·塞梅尔,转引自 Cotte, *Considérations médico – légales.*

[94] Astruc, *Traité*, vol. 5, 326 – 327. Tardieu, *Étude*, 2.

[95] Frank, *System*, vol. 2, 64 – 67. Gabriel – François Venel, *Précis de matière médicale*, 2 vols. (Paris, 1787), vol. 1, 299. Philippe Vicat, *Matière médicale Tirée de Halleri*, 2 vols. (Bern, 1776), vol. 2, 282 – 284.

[96] Hélie, "De l'Action vénéneuse de la rue," 184 – 185.

[97] John Burns, *Observations on Abortion* (London, 1806), 59 – 65; Jean Romain, *Dissertation sur l'avortement ou fausse – couche* (Montpelllier, 1819), 5 – 7.

[98] Olliver d'Angers, "Mémoire et consultation medico – légale sur l'avortement provoqué," *Annals d'hygiène publique et de médicine légale* 22 (1839): 109 – 133. Tardieu, *Étude* (1864 ed.), 8. Hélie, "De l'Action vénéneuse de la rue," 217.

[99] Tardieu, *Étude*, avertissement. "拿破仑法典"第 317 条规定,任何人以食物、药物、医疗手段、暴力或其他方式致使孕妇流产,无论是否经过本人同意,都将会处以监禁或强制劳动。Johann Andreae Murray, *Apparatus Medicaminum*, 6 vols. (Göttingen, 1793). Brande, *Dictionary*, 470 – 471. Hélie, "De l'Action vénéneuse de la rue," 183.

[100] 约翰·弗兰克(Johann Peter Frank)等人早在 18 世纪中叶就摒弃了此观点(*System*, vol. 2, 84 – 122)。Günter Jerouschek, "Zur Geschichte des Abtreibungsverbots," *Unter anderen Umständen: Zur Geschiichte der Abtreibung*, ed. Gisela Staupe and Lisa Vieth (Dresden: Deutsches Hygiene – Museum, 1993), 11 – 26. Burton, "Human Rights," 427 – 438. *Encyclopaedia Britannica*, 11th ed. (1910), s. v. "abortion." 1861 年"侵害人身法案"(The Offences Against the Person Act)第 58 款规定,非法堕胎将被重判终身监禁,包括妇女本人。Riddle, *Eve's Herbs*, 209, 224.

[101] Ersch and Gruber, *Encyclopädie*, s. v. "Abtreibung."

[102] Adelon et al., eds., *Dictionaire*, vol. 2, s. v. "avortement," 502 – 503.

[103] W. S. Glyn – Jones, *The Law Relating to Poisons and Pharmacy* (London: Butterworth, 1909), 172.

[104] Cotte, *Considérations médico – légales*, 3 – 4. Shorter, *Women's Bodies*, 209. *Plantes medicinales et phytotherapie* 23 (1989): 186 – 192.

[105] Tranfer Emin, "Technological Change in Pregnancy Termination, 1850—1980," SUNY Stony Brook, Dept. of History, manuscript.

[106] *Pharmacopoea Amstelredamensis* (Amsterdam, 1651); *Pharmacopoea Leidensis* (Leiden, 1718); *Pharmacopoeia Collegii Regalis Medicorum Londinensis* (London, 1721); *Pharmacopoeia Collegii Regii Medicorum Edinburgensis* (Edinburgh, 1722); Peter Shaw, *The Dispensatory of the Royal College of Physicians in Edinburgh* (London, 1727); *The Dispensatory of the Royal College of Physicians in London*, 2nd ed. (London, 1727); *Pharmacopoea Amstelredamensis* (Amstredam, 1731); *Codex Medicamentarius, seu Pharmacopoea Parisisensis* (Paris, 1732); *Pharmacopoeia Augustana renovata* (Augustae, 1734); *The British Dispensatory* (London, 1747); *Codex Medicamentarius, seu Pharmacopoea Parisiensis* (Frankfurt am Main, 1760); *Pharmacopoeia Collegii Regalis Medicorum Londinensis* (Paris, 1788); *Pharmacopoea Amstelodamensis Nova* (Amsterdam, 1792); *Pharmacopoea Austriaco - Provincialis* (Milan, 1794); John Thomson, *The Pharmacopoeias of the London, Edinburgh, and Dublin* Colleges (Edinburgh, 1815); William Barton, *Vegetable Materia Medica of the United States; or Medical Botany*, 2 vols. (Philadelphia, 1817); *Codex medicamentarius, sive pharmacopoeia gallic* (Paris, 1818); *Medical Botany: Or, History of Plants in the Materia Medica of the London, Edinburgh, Dublin Pharmacopoeias* (London, 1821); and *Pharmacopoeia Collegii Regalis Medicorum Londinensis* (London, 1836).

第五章　语言帝国主义

[1] Linnaeus, *Critica botanica*, preface, no. 213.

[2] Stafleu, *Linnaeus*; John Heller, *Studies in Linnaean Method and Nomenclature* (Frankfurt: Verlag Peter Lang, 1983); Tore Frängsmyr, ed. , *Linnaeus: The Man and His Work* (Berkeley: University of California Press, 1983); G. Perry, "Nomenclatural Stability"; Dirk Stemerding, *Plants, Animals, and Formulae: Natural History in the Light of Latour's Science in Action and Foucault's The Order of Things* (Enschede: School of Philosophy and Social Sciences, University of Twente, 1991); Schiebinger, *Nature's Body*, chap. 1; Koerner, *Linnaeus*, chap. 2.

[3] Craton and Walvin, *Jamaican Plantation*, 148 - 149; Jerome Handler and JoAnn Jacoby, "Slave Names and Naming in Barbados, 1650—1830," *William and Mary Quarterly* 53 (1996): 685 - 728; Trevor Burnard, "Slave Naming Patterns: Onomastics and the Taxonomy of Race in Eighteenth Century Jamaica," *Journal of Interdisciplinary History* 31 (2001): 325 - 346.

[4] Garrigus, "Redrawing the Color Line," 38.

[5] 瑞典植物学家奥洛夫·斯瓦茨(Olof Peter Swartz, 1760—1818)在 18 世纪 90 年代将金凤花重新分类,归到云实属(*Caesalpinia*),现在两个学名均有效。(*Obersvationes*, 165 – 166).

[6] Linnaeus, Letter to Baeck, 转引自 Nicolas, "Adanson, the Man," *Adanson*, ed. Lawrence, 51.

[7] Humboldt (and Bonpland), *Presonal Narrative*, vol. 5, 208. Barrère, *Nouvelle Relation*, 39.

[8] Jorge Cañizares – Esguerra, "Spanish America: From Baroque to Modern Colonial Science," in *Science in the Eighteenth Century*, ed. Roy Porter (Cambridge: Cambridge University Press, in press), 729; Lafuente and Valverde, "Linnaean Botany and Spanish Imperial Biopolitics."

[9] Michel Foucault, *The Order of Things: An Archaeology of the Human Sciences* (1966; New York: Vintage, 1973), 63 – 67. 福柯声明"符号是指称与其所指的事物间纯 278 粹而简单的联结,这种联结可能是任意的,也可能不是……",关于这点,可参考 Staffan Müller – Wille, *Botanik und weltweiter Handel: Zur Begründung eines natürlichen Systems der Pflanzen durch Carl von Linné* (1707—1778) (Berlin: VWB, 1999), chap. 5. 也可参考 Gordon McOuat, "Species, Rules and Meaning: The Politics of Language and the Ends of Definitions in 19th Century Natural History," *Studies in the History and Philosophy of Science* 27 (1996): 473 – 519. Jackson, "New Index."

[10] Stearn, "Background," 5. Edward Lee Greene, *Landmarks of Botanical History* (Washington, D. C. : Smithsonian, 1909); Linnaeus, *Critica botanica*, no. 256.

[11] Gerard, *Herbal*, 843 – 845. *Christian Mentzelius' Index nominum plantarum multilinguis* (Berlin, 1682). Jerry Stannard, "Botanical Nomenclature in Gersdorff's Feldtbüch der Wundartzney," in *Science, Medicine, and Society in the Renaissance*, ed. Allen Debus (New York: Science History Publication, 1972), 87 – 103; Brian Ogilvie, "The Many Books of Nature: How Renaissance Naturalists Created and Responded to Information Overload," *History of Science Society Meeting*, Vancouver, 2000.

[12] McVaugh, *Botanical Results*, 19. Simon Varey, ed. , *The Mexican Treasury: The Writings of Dr. Francisco Hernández* (Stanford: Stanford University Press, 2000). Rochefort, *Histoire naturelle*, 104 – 106. Charles Plumier, *Description des plantes de*

l'Amérique（Paris, 1693）. Reede, *Hortus.* Barrère, *Essai.* Pouppé – Desportes, *Histoire des maladies.*

[13] Linnaeus to Haller, 转引自 *Critica botanica*, vii – viii; no. 218, 229. 在参考梅里安的书时, 林奈写道:"很多博物学家在出版昆虫著作时多么可笑啊, 只会给我们展示图片, 提供相关的描述, 但却没有提供任何名字……因此, 相比之下我更喜欢《马拉巴尔花园》, 好歹给出了野蛮名字, 而不是像梅里安那样, 根本就没提供苏里南植物的名字"。林奈坚持采用希腊和拉丁语词根, 有别于后来的国际植物命名法规, 后者允许"属名……可以有任何来源"。*International Code of Botanical Nomenclature*, ed. W. Greuter（Konigstein: Koeltz Scientific Books, 1988）.

[14] Linnaeus, *Critica botanica*, no. 229; Stearn, *Botanical Latin*, 6 – 7.

[15] Linnaeus, *Critica botanica*, no. 241.

[16] Ibid. , no. 240. Schiebinger, *Nature's Body*, chap. 2.

[17] Linnaeus, *Critica botanica*, nos. 238, 240.

[18] 关于林奈"纪念杰出植物学家的名字"列表, 见 ibid. , no. 238, 11. 林奈对其中几种昆虫的了解就是来自梅里安的书。Olof Swartz, *Flora Indiae Occidentalis*, 2 vols.（London, 1797—1806）, s. v. "*Meriania purpurea.* " Wettengl, "Maria Sibylla Merian, " 13.

[19] Linnaeus, *Critica botanica*, no. 238.

[20] Ibid.

[21] Schiebinger, *Mind.* Linnaeus, *Critica botanica*, nos. 218, 229, 238.

[22] Ibid. , nos. 237, 238.

[23] Ibid. , no. 236.

[24] John Briquet, *Règles internationals de la nomenclature botanique*（Jena: Fischer Verlag, 1906）. Jackson, "New Index, " 151.

[25] Stearn, "Background, " 5. 关于植物学家萨维奇, 转引自 Linnaeus, *Species plantarum*, Stearn's intro. , 39 – 40. Aldo Pesante, "About the Use of Personal Names in Taxonomical Nomencalture, " *Taxon* 10（1961）: 214 – 221.

[26] Sloane, *Voyage*, preface.

[27] Ronald King in Robert Thornton, *The Temple of Flora*（1799; Boston: New York Graphic Society, 1981）, 9; Heinz Goerke, *Linnaeus*, trans. Denver Lindley（New York: Scribner, 1973）, 108.

[28] E. G. Voss, ed. , *International Code of Botanical Nomenclature*（Utrecht: Bohn, Scheltema, and Holkema, 1983）, 1.

279

［29］Perry，"Nomenclatural Stability，" 81.

［30］S. L. Van Landingham，"The Naming of Extraterrestrial Taxa，" *Taxon* 12（1963）：282.

［31］Sloane，*Voyage*，vol. 1，xlvi.

［32］Peter Kolb，*The Present State of the Cape of Good Hope*，trans. Guido Medley（London，1731）. Merian，*Metamorphosis*，intro. 38.

［33］在荷兰语首版和拉丁语翻译版里都用了这个拉丁术语。

［34］Heniger，*Hendrik Adriaan van Reede*，162；Breyne，*Exoticarum*，61 - 64. 德拉肯斯坦把 *crista pavonis* 和 tsjétti - mandáru 联想一起，但科默兰发现两者有些不同。Wijnands，*The Botany of the Commelins*，59.

［35］Fermin，*Description générale*，vol. 1，218. Roger，*Buffon*，275 - 278.

［36］Sloane，*Catalogus plantarum*，149. *Tacoxiloxochitl* 在现在被定名为 *Calliandra anomala*. Pouppé - Desportes，*Historie des maladies*，vol. 3，207.

［37］Merian，*Metamorphosis*，plate 45. Reede，*Hortus*，vol. 6，1 - 2. 这本书由卡斯帕·科默兰的叔叔扬·科默兰主编，从 1678 年直至 1692 年他去世，卡斯帕编制了一份分析索引另行出版，名为 *Flora Malabarica sive Horti Malabarici Catalogus*（Leiden，1696）. Hermann，*Horti academici*，192. Dan Nicolson，C. Suresh，and K. Manilal，*An Interpretation of van Rheede's Hortus Malabaricus*（Königstein：Koeltz，1988），126. 关于《马拉巴尔花园》使用的手稿见 Heniger，*Hendrik Adriaan van Reede*，148 - 149.

［38］*Poincyllane* 是由迪·泰尔特记录下来、图尔内福引入到植物分类学中的，前者将其金凤花评为法兰西群岛最漂亮的花，因为它也被称为"圣马丁岛花"（*Histoire*，vol. 2，154）；*Hortus Regius*（Paris，1666，3；Tournefort，*Élémens*，vol. 1，491 - 492；vol. 3，plate 391. Carl Linnaeus，*Hortus Cliffortianus*（Amsterdam，1737），158. Swartz，*Observationes*，166. 林奈将德拉肯斯坦的《马拉巴尔花园》列为对其分类体系贡献最大的两本书之一，另一本是牛津植物学家约翰·迪伦纽斯写的《艾尔特姆花园》（*Hortus Elthamensis*）。尽管得到了这么高的赞誉，欧洲学术派的植物学家并没有将德拉肯斯坦大量充满地方文化的知识融入著述中。Carl Linnaeus，*Genera plantarum*，5th ed.（Stockholm，1754），xii.

［39］Merian，*Metamorphosis*，intro. ，38.

［40］Jean - Pierre Clement，"Des noms de plantes，" *Nouveau monde et renouveau de l'histoire naturelle*，ed. Marie - Cécile Bénassy - Berling，3 vols.（Paris：Presses de la Sorbonne nouvelle，1986—1994），vol. 2，85 - 109.

280

[41] Olarte, *Remedies*, 116 – 118. Lopez Ruiz and José Pavón, *Florae Peruvianae et Chilensis* (Madrid, 1794).

[42] Donal McCracken, *Gardens of Empire: Botanical Institutions of the Victorian British Empire* (London: Leicester University Press, 1997), 160.

[43] D. J. Mabberley, "The Problem of 'Older' Names," in *Improving the Stability of Names*, ed. Hawksworth, 123 – 134.

[44] Stedman, *Stedman's Surinam*, 301. Marcel Dorigny and Bernard Gainot, *La Société des amis des noirs*, 1788—1799 (Paris: Unesco/Edicef, 1998). Linnaeus, *Amoenitates academicae*, s. v. "Carl Magnus Blom, *Lignum Quassiae*, 1763." 林奈在一封给贝克(Baeck)的信中写道卡尔·达尔贝里高估自己对植物学的贡献了 (*Berf och skrifvelser af och till Carl von Linné utgifna af Upsala Universitet*, part V [Stockholm: Regia Academia Upsaliensis, 1911], 127). Rolander 在苏利南时发疯了 (Koerner, *Linnaeus*, 86).

[45] 关于威廉·卡伦,转引自 Woodville, *Medical Botany*, vol. 2, 215 – 217. 见 *Pharmacopoea Amstelodamensis Nova* (Amsterdam, 1792).

[46] Fermin, *Description générale*, vol. 1, 212 – 213. Stedman, *Narrative*, 581 – 582.

[47] Nassy, *Essai historique*, 73.

[48] Linnaeus, *Amoenitates academicae*, s. v. "Cortice Peruviano," Pt. I Job. Christ. Pet Petersen, 1758. Clements Markham, *A Memoir of the Lady Ana de Osorio, Countess of Chinchon and Vice – Queen of Peru* (London, 1874); Haggis, "Fundamental Errors."

[49] La Condamine, "Sur l'arbre du quinquina," 336.

[50] Jussieu, *Description*. Jean – Étienne Montucla, *Recueil de pièces concernant l'inoculation de la petite vérole et propres à en poruver la sécurité et l'utilité* (Paris, 1756), 148.

[51] La Condamine, "Sur l'arbre du quinquina"; Jussieu, *Description*. Jaramillo – Arango, *Conquest*, 34; Jarcho, *Quinine's Predecessor*; Maehle, *Drugs on Trial*.

[52] La Condamine, "Sur l'arbre du quinquina." Stéphaine Félicité, comtesse de Genlis, *Zuma: ou, La Découverte du quinquina* (Paris, 1818).

[53] Thomas Skeete, *Experiments and Observations on Quilled and Red Peruvian Bark* (London, 1786), 2.

[54] Schiebinger, *Nature's Body*, chap. 1. Gianna Pomata, "Close – Ups and Long Shots: Combining Particular and General in Writing the Histories of Women and Men," in

Geschlechtergeschichte und Allgemeine Geschichte, ed. Hans Medick and Anne - Charlott Trepp (Göttingen: Wallstein, 1998), 101 - 124. Schiebinger, *Mind*, chap. 2.

[55] Haggis, "Fundamental Errors."

[56] Thunberg, *Travels*, vol. 2, 132. Shteir, *Cultivating Women*, 48 - 50.

[57] Linnaeus cited in Blunt, *Compleat Naturalist*, 224.

[58] Yves Laissus, "Catalogue des manuscrits de Philibert Commerson," *Revue d'histoire des sciences* 31 (1978): 131 - 162; Monnier et al., *Commerson*, 99, 109 - 111.

[59] John Edward Smith, *A Grammar of Botany* (London, 1826), 51. C. Váczy, "Hortus Indicus Malabaricus and its Importance for Botanical Nomenclature," in *Botany and History of Hortus Malabaricus*, ed. K. Manilal (Rotterdam: Balkema, 1980), 25 - 34, esp. 30 - 31. 根据 Manilal 计算, 现在的植物名称有 61 个属名和 78 个种名带有马拉雅拉姆语词根。("Malayalam Plant Names from Hortus Malabaricus in Morden Botanical Nomenclature," ibid., 70 - 76). William Roxburgh, *Plants of the Coast of Coromandel* (London, 1795—1819).

[60] Linnaeus, *Critica botanica*, no. 231.

[61] Descourtilz, *Flore pittoresque*, vol. 8, 334.

[62] 关于托马斯·马丁 (Thomas Martyn), 转引自 David Allen, *The Naturalist in Britain: A Social History* (Harmondsworth: Penguin, 1978), 39. Adanson, *Familles des plantes*, vol. 1, iii - cii.

[63] Georges - Louis Leclerc, comte de Buffon, *L'Histoire naturelle, générale et particulière* (Paris, 1749), vol. 1, 23 - 25. Roger, *Buffon*, 275 - 278. Buffon, *Histoire naturelle*, vol. 1, 8, 13 - 14, 16 - 18, 26.

[64] Roger, *Buffon*, 275.

[65] Ibid., 275 - 278. Félix Vicq - d'Azyr, *Traité d'anatomie et de physiologie* (Paris, 1786), vol. 1, 47 - 48.

[66] Schiebinger, *Nature's Body*, 13 - 18.

[67] Adanson, *Familles des plantes*, vol. 1, xl - xli, cxlix - clii, clxxiii - clxxiv.

[68] Ibid., clxxiii.

[69] Ibid., clxxiii, cxlix; vol. 2, 318. Stafleu, "Adanson and the 'Familles des plantes,'" 187. Adanson, *Familles des plantes*, vol. 1, clxxi, clxxiii. Nicolas, "Adanson, the Man," 30.

[70] Nicolas, "Adanson, the Man," 57. Baeck cited in Stafleu, "Adanson and the 'Familles des plantes,'" 176.

[71] Linnaeus, *Amoenitates academicae*, "Incrementa botanices," Jac. Bjuur. Wman. , 1753. Linnaeus, *Species plantarum*, Stearn's intro. , 11.

[72] 阿当松并非唯一一试图改革人类语言的人,沃尔纳(Volney)和莱布尼兹(Leibniz) 都希望简化现行的语言,使其变得更合理,语法简单,适合大众书写。(Stagl, *History of Curiosity*, 288)。Nicolas, "Adanson, the Man," 102.

[73] Sir William Jones, "The Design of a Treatise on the Plants of India," *Asiatick Researches* 2 (1807): 345 – 352. 原文为斜体。

[74] Ainsile, *Materia Medica*, preface.

[75] Lafuente and Valverde, "Linnaean Botany and Spanish Imperial Biopolitics." Drayton, *Nature's Government*, 77; J. Fr. Michaud, *Biographie Universelle* (Graz: Akademische Druck, 1966), s. v. "Aublet."

[76] Frans Stafleu, "Fifty Years of International Biology," *Taxon* 20 (Feb. 1971): 141 – 151, esp. 146. Sydney Gould and Dorothy Noyce, *Authors of Plant Genera* (Saint Paul, Minn. : H. M. Smyth, 1965).

[77] Grove, *Green Imperialism*, 78, 89 – 90. Albert Memmi, *The Colonizer and the Colonized*, trans. Howard Greenfeld (New York: Orion Press, 1965), 98.

[78] 沃尔特斯(Walters)曾展示了一个图表,从中可以看出超过 25 种植物的大型属确 立于 1800 年之前,6—25 种植物的中型属定型于 1800—1850 年间,只有 2—5 种 的小型属则确立于 1850—1900 年间。("shaping," 78)。Cain, "Logic and Memory."

[79] Stearn, "Linnaeus's Acquaintance," 777.

结论 无知学

[1] 罗伯特·普罗克特(Robert Proctor)曾将无知分为 3 种类型:"原初状态的无知" (知识的空白或缺失);"遗失性无知"(选择性的知识遗失或抑制);"主动建构的 无知",(故意制造怀疑,例如在烟草行业,"[对吸烟危险性的]怀疑就是我们的产 品")。Robert Proctor, "Agnotology: A Missing Term to Describe the Study of the 'Cultural Production of Ignorance,'" (manuscript). Engstrand, *Spanish Scientists*, 3.

[2] Stearn, "Linnaeus's Acquaintance."

[3] Mary Gunn and L. E. Codd, *Botanical Exploration of Southern Africa* (Cape Town: A. A. Balkema, 1981), 25.

[4] Rouse, *Tainos*, 3 – 4. Private communication, Lee Ann Newsom, Department of Anthropology, Pennsylvania State University. Charles Gunn and John Dennis, *World Guide*

282

　　　 to Tropical Drift Seeds and Fruits（New York：Quadrangle，1976）.

［5］Stearn，"Botanical Exploration，" 193；Heniger，*Hendrik Adriaan van Reede tot Drak-
　　　 enstsin*，76 – 77.

［6］Ligon，*History*，15；Miller，*Gardener's Dictionary*，s. v. *Poinciiana*（*pulcherrima*）.

［7］Judith Carney，*Black Rice：The African Origins of Rice Cultivation in the Americas*
　　　（Cambridge，Mass.：Harvard University Press，2001）. 大量非洲食物被带上奴隶船
　　　 只作为航行期间的食物。隆发现，除了奴隶，"非洲商人"常常会带"一些有价值
　　　 的药物"到新世界。（*History*，vol. 1，491）. 丹瑟也注意到，"犹太民族"将海枣和　　　283
　　　 棕榈油引种到这岛上。（*Catalogue of Plants*）. Broughton，"Hortus Eastensis."

［8］Edward Ayensu，*Medicinal Plants of West Africa*（Algonac，Mich.：Reference Publica-
　　　 tions，1978）；Maurice Iwu，*Handbook of African Medicinal Plants*（Boca Raton：CRC
　　　 Press，1993）；Beb Oliver – Bever，*Medicinal Plants of Tropical West Africa*（Cam-
　　　 bridge：Cambridge University Press，1986）. 当然，奴隶来自非洲不同的地区，每个
　　　 地区都有自己的习俗和医疗传统。关于苏里南奴隶来源地，见 *Stedman's Surinam*，
　　　 96；关于法属西印度群岛，见 Debien，*Esclaves*，39 – 68. Hans Neuwinger，*African
　　　 Ethnobotany*（London：Chapman & Hall，1996），321 – 324. Barbara Bush 在 "Hard
　　　 Labor：Women，Childbirth，and Resistance in British Caribbean Slave Societies，"一
　　　 文中探讨了非洲和加勒比海奴隶社会在堕胎实践上存在的连续性，收录于 *More
　　　 than Chattel*，ed. Gaspar and Hines，193 – 217，esp. 204 – 206. Debien，*Esclaves*，
　　　 364 – 365.

［9］Augustin – Pyrame de Candolle，*Prodromus systematis naturalis regni vegetabilis*，17
　　　 vols.（Paris，1824—1873），vol. 2，484；M. D. Dassanayake and F. R. Fosberg，
　　　 eds.，*Flora of Ceylon*，8 vols.（New Delhi：Amerind Publishing，1980—1994），
　　　 vol. 7，46 – 48. 在荷兰东印度群岛至今被当作堕胎药物。John Watt and Maria
　　　 Breyer – Brandwijk，*The Medicinal and Poisonous Plants of Southern and Eastern Africa*
　　　（Edinburgh：Living—stone，1962），564.

［10］Keegan，"The Caribbean，" 1269—1271. Dancer，*Catalogue of Plants*. Broughton，
　　　 "Hortus Eastensis，" 481.

［11］Bancroft，*Essay*，371 – 374.

［12］Ibid.，52 – 53，371 – 372. Sheridan，*Doctors and Slaves*，95.

［13］Descourtilz，*Flore pittoresque*，vol. 8，279 – 284，304 – 306，317.

［14］Debien，*Esclaves*，364.

［15］David Watts，*Man's Influence on the Vegetation of Barbados*，1627—1800（Hull，

Yorkshire: University of Hull Occasional Papers in Geography, 1966), 46. Hilliard d'Auberteuil, *Considérations*, vol. 2, 50; Ligon, *History*, 99. "Of a Letter, sent lately to Robert Moray out of Virginia," *Philosophical Transactions of the Royal Society of London* 1 (1665—1666), 201 – 202. 詹姆斯·格兰杰写道,每位种植园主都应该备有每年从英国运来的以下药物:欧芫菁、蓖麻、鹿角煤(Calcined Hartshorn)、鹿角精油(Spirit of Harshorn)、碳酸氨滴剂、丁香、肉桂油、吐根、泻药、鸦片、肉豆蔻、大黄、熏衣草精油、阿片酊(Tinctura Thebaic)、明矾、普通烧碱、汞剂、氯化汞、松节油、石膏、炉甘石蜡膏、铜绿、蓝矾"(*Essay*, 95). MsSlellan, *Colonialism and Science*, 148.

[16] Gelbart, *King's Midwife*, 91. Joseph Raulin, *De la conservation des enfans*, 3 vols. (Paris, 1768), vol. 1, "épitre au roi."

[17] 关于格鲁,转引自 Miller, *Adoption of Inoculation*, 226. Colc, *Colbert*, vol. 2, 41 – 45; Eli Heckscher, *Mercantilism*, 2 vols. (London: George Allen & Unwin, 1935), vol. 2, 160 – 161.

[18] Hilliard d'Auberteuil, *Considérations*, vol. 2, 50. 关于《绅士杂志》,转引自 Razzell, *Conquest*, viii. Le Boursier Du Coudray, *Abrégé*, ii, viii, 3, 13.

[19] Dazille, *Observaions sur les maladies des negres*, vol. 1, 1 – 2.

[20] Mackay, *In the Wake of Cook*, 123 – 143. Hilliard d'Auberteuil, *Considérations*, vol. 2, 58. 关于"卡鲁"(*carreau*)的计量值,参考 McCellan, *Colonialism and Science*, xvii.

[21] Arthaud, *Observaions*, 74, 78 – 79. Jacques Gelis, "Obstétrique er classes sociales en milieu urbain aux XVIIe · et XVIIe · siècles: Évolution d'une pratique," *Histoire des sciences médicales* 14 (1980): 425 – 433, esp. 429. 关于该法令,转引自 Médéric – Louis – Élie Moreau de Saint – Méry, *Loix & constitutions des colonies Françoises de l'Amérique sous le vent*, 6 vols. (Paris, 1784—1790), vol. 4, 4 – 6, vol. 4, 222 – 223, 837.

[22] *Second Supplément au Code de La Martinique* (Saint – Pierre, 1786), 357 – 358.

[23] Hilliard d'Auberteuil, *Considérations*, vol. 2, 52. Long, *History*, vol. 1, 570; vol. 2, 293.

[24] Humboldt (and Bonpland), *Personal Narrative*, vol. 5, 28 – 32. 约翰·弗兰克也曾记载,妇女对贫穷的恐惧让她们杀害自己的婴儿(*System*, vol. 2, 13)。

[25] Humboldt (and Bonpland), *Personal Narrative*, vol. 5, 28 – 32.

[26] 硬毛鹧鸪花(*Trichilia hirta*)的根至今依然用作堕胎药物,多米尼加共和国称为"jobobán",来自与 Lee Ann Newsom 的私人交流。

参考文献

Adair, James Makittrick. *Unanswerable Arguments against the Abolition of the Slave Trade.* London, [1790].

Adanson, Michel. *Familles des plantes.* 2 vols. Paris, 1763.

—— *A Voyage to Senegal.* London, 1759.

Adelon, Nicolas Philibert, et al., eds. *Dictionaire des sciences médicales.* 60 vols. Paris, 1812–1822.

Ainslie, Whitelaw. *Materia Medica of Hindoostan, and Artisan's and Agriculturist's Nomenclature.* Madras, 1813.

Aiton, William. *Hortus Kewensis.* London, 1789.

Alibert, Jean-Louis-Marie. *Nouveaux élémens de thérapeutique et de matière médicale.* 3 vols. Paris, 1826.

Alston, Charles. *Lectures on Materia Medica.* 2 vols. London, 1770.

Andry, Charles-Louis-François. *Matière médicale extraite des meilleurs auteurs.* 3 vols. Paris, 1770.

[Anon.]. *Histoire des désastres de Saint-Domingue.* Paris, 1795.

Aristotle. *History of Animals.* Ed. and trans. D. M. Balme. Cambridge, Mass.: Harvard University Press, 1991.

Astruc, Jean. *Traité des maladies des femmes.* 6 vols. Paris, 1761–1765.

Arthaud, Charles. *Memoire sur l'inoculation de la petite vérole.* Cap-Français, 1774.

—— *Observations sur les lois.* Cap-Français, 1791.

Aublet, Jean-Baptiste-Christophe. *Histoire des plantes de la Guiane Françoise, rangées suivant la méthode sexuelle.* 4 vols. London and Paris, 1775.

Balick, Michael, and Paul Alan Cox. *Plants, People, and Culture: The Science of Ethnobotany.* New York: Scientific American Library, 1996.

Bancroft, Edward. *An Essay on the Natural History of Guiana in South America.* London, 1769.

Barker, Francis, Peter Hulme, and Margaret Iversen, eds. *Colonial Discourse, Postcolonial Theory.* Manchester: Manchester University Press, 1994.

Barrera, Antonio. "Local Herbs, Global Medicines: Commerce, Knowledge, and Commodities in Spanish America." In *Merchants and Marvels,* ed. Smith and Findlen, 163–181.

Barrère, Pierre. *Essai sur l'histoire naturelle de la France Equinoxiale.* Paris, 1741.

—— *Nouvelle relation de la France équinoxiale.* Paris, 1743.

Beckford, William. *Remarks upon the Situation of Negroes in Jamaica*. London, 1788.

Beckles, Hilary McD. *Centering Woman: Gender Discourses in Caribbean Slave Society*. Kingston, Jamaica: I. Randle, 1999.

Bernard, Claude. *An Introduction to the Study of Experimental Medicine*. Trans. Henry Greene, 1865; New York: Dover, 1957.

Blackburn, Robin. *The Making of New World Slavery: From the Baroque to the Modern, 1492–1800*. London: Verso, 1997.

Blair, Patrick. *Pharmaco-Botanologia: or, An Alphabetical and Classical Dissertation on the British Indigenous and Garden Plants of the New London Dispensory*. London, 1723–1728.

Blunt, Wilfrid. *The Compleat Naturalist: A Life of Linnaeus*. London: William Collins Sons & Co., 1971.

Bodard, Pierre-Henri-Hippolyte. *Cours de botanique médicale comparée*. 2 vols. Paris, 1810.

Boord, Andrew. *The Breviarie of Health: Wherin doth folow, Remedies*. London, 1598.

Bourgeois, Louise. "Instructions . . . to her Daughter," In *The Compleat Midwife's Practice*, by T. C., I. D., M. S., and T. B. London, 1656.

[Bourgeois, Nicolas-Louis]. *Voyages intéressans dans différentes colonies Françaises, Espagnoles, Anglaises, etc*. London, 1788.

Bourguet, Marie-Noëlle, and Christophe Bonneuil, ed. "De L'Inventaire du monde à la mise en valeur du globe. Botanique et colonization." Special issue of *Revue française d'histoire d'outre-mer* 86 (1999).

Boxer, C. R. *The Dutch Seaborne Empire: 1600–1800*. New York: Knopf, 1965.

Boylston, Zabdiel. *An Historical Account of the Small-Pox Inoculated in New England upon all sorts of persons, Whites, Blacks, and of all Ages and Constitutions*. London, 1726.

Brande, William Thomas. *Dictionary of Materia Medica and Practical Pharmacy*. London, 1839.

Breyne, Jakob. *Exoticarum aliarumque minus cognitarium plantarum centuria prima*. Danzig, 1678.

Brockliss, Laurence, and Colin Jones. *The Medical World of Early Modern France*. Oxford: Clarendon Press, 1997.

Brondegaard, V. J. "Der Sadebaum als Abortivum." *Sudhoffs Archiv für Geschichte der Medizin und der Naturwissenschaften* 48 (1964): 331–351.

Broughton, Arthur. "Hortus Eastensis: A Catalogue of Exotic Plants, in the Garden of Hinton East, Esq., in the Mountains of Liguanea, Island of Jamaica." In *The History, Civil and Commercial, of the British West Indies*, Bryan Edwards. 2 vols. London, 1794, appendix to vol. 1.

Burton, June. "Human Rights Issues Affecting Women in Napoleonic Legal Medicine Textbooks." *History of European Ideas* 8 (1987): 427–434.

Bush, Barbara. *Slave Women in Caribbean Society, 1650–1832*. Bloomington: Indiana University Press, 1990.

Bynum, William. "Reflections on the History of Human Experimentation." In *The Use of Human Beings in Research,* ed. Stuart Spicker, Ilai Alon, Andre de Vries, and H. Tristram Engelhardt, Jr., 29–46. Dordrecht: Kluwer, 1988.

Cain, A. J. "Logic and Memory in Linnaeus's System of Taxonomy." *Proceedings of the Linnean Society of London* 169 (1958): 144–163.

Campet, Pierre. *Traité pratique des maladies graves.* Paris, 1802.

Cannon, John. "Botanical Collections." In *Sir Hans Sloane,* ed. MacGregor, 135–149.

Cauna, Jacques. "L'État sanitaire des esclaves sur une grand sucrerie (Habitation Fleuriau de Bellevue, 1777–1788)." *Revue Société Haitienne d'histoire et de geographie* 42 (1984): 18–78.

Chadwick, Derek, and Joan Marsh, eds. *Ethnobotany and the Search for New Drugs.* Chichester: J. Wiley, 1994.

Chaia, Jean. "A Propos de Fusée-Aublet: Apothicaire-Botaniste à Cayenne en 1762–1764." *90ᵉ Congrès des sociétés savantes* 3 (1965): 59–62.

[Chandler, John]. *Frauds Detected: or, Considerations Offered to the Public shewing the Necessity of some more Effectual Provision against Deceits, Difference, and Incertainties in Drugs and Compositions of Medicines.* London, 1748.

Chevalier, Jean Damien. *Lettres à M de Jean.* Paris, 1752.

Cole, Charles Woolsey. *Colbert and a Century of French Mercantilism.* 2 vols. New York: Columbia University Press, 1939.

[Collins, Dr.] *Practical Rules for the Management and Medical Treatment of Negro Slaves in the Sugar Colonies.* London, 1803.

Cope, Zachary. *William Cheselden, 1688–1752.* Edinburgh: Livingstone, 1953.

Cotte, E.-N. *Considérations médico-légales sur les causes de l'avortement prétendu criminel.* Aix, 1833.

Cottesloe, Gloria, and Doris Hunt. *The Duchess of Beaufort's Flowers.* Exeter: Webb & Bower, 1983.

Cowen, David. "Colonial Laws Pertaining to Pharmacy." *American Pharmaceutical Association* 23 (1937): 1236–1243.

——— *Pharmacopoeias and Related Literature in Britain and America, 1618–1847.* Aldershot: Ashgate, 2001.

Cox, Paul Alan. "The Ethnobotanical Approach to Drug Discovery." In *Ethnobotany,* ed. Chadwick and Marsh, 25–41.

Craton, Michael. *Searching for the Invisible Man: Slaves and Plantation Life in Jamaica.* Cambridge, Mass.: Harvard University Press, 1978.

——— and James Walvin. *A Jamaican Plantation: The History of Worthy Park, 1670–1970.* Toronto: University of Toronto Press, 1970.

Crosby, Alfred W. *The Columbian Exchange: Biological and Cultural Consequences of 1492.* Westport, Conn.: Greenwood Pub. Co., 1972.

Cullen, William. *A Treatise of the Materia Medica.* 2 vols. Edinburgh, 1789.

Dancer, Thomas. *Catalogue of Plants, Exotic and Indigenous, in the Botanical Garden, Jamaica.* St. Jago de la Vega, Jamaica, 1792.

——— *The Medical Assistant; or Jamaica Practice of Physic: Designed Chiefly for the Use of Families and Plantations.* Kingston, 1801.

———— *Some Observations Respecting the Botanical Garden*. Jamaica, 1804.

Dandy, J. E., ed. *The Sloane Herbarium*. London: British Museum, 1958.

Daubenton, Louis-Jean-Marie. *Histoire naturelle des animaux*. Vol. 1 of the *Encyclopédie méthodique*. Paris, 1782.

Davis, Natalie Zemon. *Women on the Margins: Three Seventeenth-Century Lives*. Cambridge, Mass.: Harvard University Press, 1995.

Dazille, Jean-Barthélemy. *Observations sur les maladies des negres*. 2 vols. 1776; Paris, 1792.

De Beer, Gavin. *Sir Hans Sloane and the British Museum*. 1953; New York: Arno Press, 1975.

Debien, Gabriel. *Les Esclaves aux Antilles françaises, XVIIᵉ-XVIIIᵉ siècle*. Basse-Terre: Société d'histoire de la Guadeloupe, 1974.

Descourtilz, Michel-Étienne. *Flore pittoresque et médicale des Antilles, ou Histoire naturelle des plantes usuelles des colonies Françaises, Anglaises, Espagnoles et Portugaises*. 8 vols. Paris, 1833.

———— *Guide sanitaire des voyageurs aux colonies, ou Conseils hygiéniques*. Paris, 1816.

Diderot, Denis, and Jean Le Rond d'Alembert, eds. *Encyclopédie, ou Dictionnaire raisonné des sciences, des arts et des métiers*. Paris, 1751–1776.

Dimsdale, Thomas. *The Present Method of Inoculating for the Small Pox*. London, 1779.

Dionis, Pierre. *Traité general des accouchemens*. Paris, 1718.

Direction des Archives de France, ed. *Voyage aux iles d'Amérique*. Paris: Archives Nationales, 1992.

Drayton, Richard. *Nature's Government: Science, Imperial Britain, and the 'Improvement' of the World*. New Haven: Yale University Press, 2000.

Duden, Barbara. *Disembodying Women: Perspectives on Pregnancy and the Unborn*. Trans. Lee Hoinacki. Cambridge, Mass.: Harvard University Press, 1993.

Du Tertre, Jean Baptiste. *Histoire générale des Ant-isles*. 4 vols. Paris, 1667–1671.

Duval, Marguerite. *The King's Garden*. Trans. Annette Tomarken and Claudine Cowen. Charlottesville: University Press of Virginia, 1982.

Engstrand, Iris. *Spanish Scientists in the New World: The Eighteenth-Century Expeditions*. Seattle: University of Washington Press, 1981.

Ersch, J. S., and J. G. Gruber. *Allgemeine Encyclopädie der Wissenschaften und Künste*. Leipzig, 1818.

Estes, J. Worth. "The European Reception of the First Drugs from the New World." *Pharmacy in History* 37 (1995): 3–23.

Evenden, Doreen. *The Midwives of Seventeenth-Century London*. Cambridge: Cambridge University Press, 2000.

Fermin, Philippe. *Traité des maladies les plus fréquentes à Surinam et des remèdes les plus propres à les guérir*. Amsterdam, 1765.

———— *Description générale, historique, géographique et physique de la colonie de Surinam*. 2 vols. Amsterdam, 1769.

Florkin, Marcel, ed. *Materia Medica in the Sixteenth Century*. Oxford: Pergamon Press, 1966.

Frank, Johann Peter. *System einer vollständigen medicinischen Polizey.* 4 vols. Mannheim, 1780–1790.

Freind, John. *Emmenologia.* Trans. Thomas Dale. London, 1729.

Fuller, Stephen. *The New Act of Assembly of the Island of Jamaica.* London, 1789.

Garrigus, John D. "Redrawing the Color Line: Gender and the Social Construction of Race in Pre-Revolutionary Haiti." *Journal of Caribbean History* 30 1–2 (1996): 28–50.

Gascoigne, John. *Science in the Service of Empire: Joseph Banks, the British State and the Uses of Science in the Age of Revolution.* Cambridge: Cambridge University Press, 1998.

Gaspar, David, and Darlene Hine, eds. *More than Chattel: Black Women and Slavery in the Americas.* Bloomington: Indiana University Press, 1996.

Gautier, Arlette. *Les Soeurs de solitude: La Condition féminine dans l'esclavage aux Antilles du XVIIe au XIXe siècle.* Paris: Éditions Caribéennes, 1985.

Geggus, David. "Slave and Free Colored Women in Saint Domingue." In *More than Chattel,* ed. Gaspar and Hine, 259–260.

Gelbart, Nina. *The King's Midwife: A History and Mystery of Madame du Coudray.* Berkeley: University of California Press, 1998.

Gerard, John. *The Herbal or Generall Historie of Plantes.* London, 1597.

Goslinga, Cornelis Christiaan. *The Dutch in the Caribbean and in the Guianas, 1680–1791.* Assen: Van Gorcum, 1985.

Grainger, James. *An Essay on the More Common West-India Diseases.* Edinburgh, 1802.

Grove, Richard. *Green Imperialism: Colonial Expansion, Tropical Island Edens and the Origins of Environmentalism, 1600–1860.* Cambridge: Cambridge University Press, 1995.

Guerra, Francisco. "Drugs from the Indies and the Political Economy of the Sixteenth Century." *Analecta Medico-Historica* 1 (1966): 29–54.

Guillot, Renée-Paule. "La vraie 'Bougainvillée': La première femme qui fit le tour du monde." *Historama* 1 (1984): 36–40.

Guy, Richard. *Practical Observations on Cancers and Disorders of the Breast.* London, 1762.

Haggis, A. W. "Fundamental Errors in the Early History of Cinchona." *Bulletin of the History of Medicine* 10 (1941): 417–459.

Hartley, David. *A Supplement to a Pamphlet Intitled, "A view of the Present Evidence for and against Mrs. Stephen's Medicines for Dissolving the Stone."* London, 1740.

Hawksworth, D. L., ed. *Improving the Stability of Names: Needs and Options.* Königstein: Koeltz, 1991.

Hein, Wolfgang-Hagen, ed. *Botanical Drugs of the Americas in the Old and New Worlds.* Stuttgart: Wissenschaftliche Verlagsgesellschaft, 1984.

Hélie, Théodore. "De l'Action vénéneuse de la rue." *Annales d'hygiène publique et de médecine légale* 20 (1836): 180–219.

Heniger, J. *Hendrik Adriaan van Reede tot Drakenstein and Hortus Malabaricus.* Rotterdam: A. A. Balkema, 1986.

Hérissant, M. "Experiments Made on a Great Number of Living Animals, with the Poison of Lamas, and of Ticunas." *Philosophical Transactions of the Royal Society of London* 47 (1751–1752): 75–92.

Hermann, Paul. *Horti academici Lugduno-Batavi catalogus.* Leiden, 1687.

—— *Materia medica.* London, 1727.

Hildebrandt, Georg Friedrich. *Versuch einer philosophischen Pharmakologie.* Braunschweig, 1786.

Hilliard d'Auberteuil, Michel-René. *Considérations sur l'état présent de la colonie française de Saint-Domingue.* Paris, 1776.

Hulme, Peter. *Colonial Encounters: Europe and the Native Caribbean, 1492–1797.* London: Methuen, 1986.

Humboldt, Alexander von. *Vues des Cordillères, et monumens des peuples indigènes de l'Amérique.* Paris, 1810.

—— (and Aimé Bonpland). *Personal Narrative of Travels to the Equinoctial Regions of the New Continent, during the Years 1799–1804.* Trans. Helen Williams. 7 vols. London, 1814–1829.

Hunter, Lynette, and Sarah Hutton, eds. *Women, Science and Medicine, 1500–1700.* Stroud, Gloucestershire: Sutton, 1997.

Jackson, B. D. "The New Index of Plant Names." *Journal of Botany* 25 (1887): 66–71, 150–151.

James, Robert. *A Medicinal Dictionary.* 3 vols. London, 1743–1745.

——. *The Modern Practice of Physic.* London, 1746.

Jaramillo-Arango, Jaime. *The Conquest of Malaria.* London: Heinemann, 1950.

Jarcho, Saul. *Quinine's Predecessor: Francesco Tori and the Early History of Cinchona.* Baltimore: Johns Hopkins University Press, 1993.

Jussieu, Antoine de. *Traité des vertus des plantes.* Nancy, 1771.

Jussieu, Joseph de. *Description de l'arbe à quinquina.* 1737; Paris: Société du Traitment des Quinquinas, 1936.

Keegan, William. "The Caribbean, Inclusion Northern South American and Lowland Central America: Early History." In *The Cambridge World History of Food.* 2 vols. Ed. Kenneth Kiple and Kriemhild Coneè Ornelas, vol. 2, 1260–1278. Cambridge: Cambridge University Press, 2000.

Klepp, Susan. "Lost, Hidden, Obstructed, and Repressed: Contraceptive and Abortive Technology in the Early Delaware Valley." In *Early American Technology,* ed. Judith A. McGaw, 68–113. Chapel Hill: University of North Carolina Press, 1994.

Koerner, Lisbet. *Linnaeus: Nature and Nation.* Cambridge, Mass.: Harvard University Press, 1999.

—— "Women and Utility in Enlightenment Science." *Configurations* 3 (1995): 233–255.

Labat, Jean-Baptiste. *Nouveau voyage aux isles de l'Amérique.* 6 vols. Paris, 1722.

La Condamine, Charles-Marie de. *The History of Inoculation.* New Haven, 1773.

—— *Relation abrégée d'un voyage fait dans l'interieur de L'Amérique Méridionale.* Paris, 1745.

——— *A Discourse on Inoculation, Read before the Royal Academy of Science at Paris, the 24th of April 1754*. Trans. Matthew Maty. London, 1755.

——— "Sur l'arbe du quinquina" (28 Mai 1737). *Histoire mémoires de l'Académie Royale des Sciences* (Amsterdam, 1706–1755): 319–346.

Lacroix, Alfred. *Figures de savants*. 4 vols. Paris: Gauthier-Villars, 1932–1938.

Lafuente, Antonio. "Enlightenment in an Imperial Context: Local Science in the Late-Eighteenth-Century Hispanic World." In *Nature and Empire*, ed. MacLeod, 155–173.

——— and Nuria Valverde. "Linnaean Botany and Spanish Imperial Biopolitics." In *Colonial Botany*, ed. Schiebinger and Swan.

Laissus, Yves, ed. *Les Naturalistes français en Amérique de Sud*. Paris: Édition du CTHS, 1995.

——— "Les Voyageurs naturalistes du Jardin du Roi et du Muséum d'Histoire Naturelle." *Revue d'histoire des sciences* 34 (1981): 259–317.

Lambert, Sheila, ed. *House of Commons Sessional Papers of the Eighteenth Century*. 147 vols. Wilmington, Del.: Scholarly Resources, 1975.

Latour, Bruno. *Science in Action: How to Follow Scientists and Engineers through Society*. Cambridge, Mass.: Harvard University Press, 1987.

Lawrence, George, ed. *Adanson: The Bicentennial of Michel Adanson's "Familles des plantes"*. Pittsburgh: The Hunt Botanical Library, 1963.

Leblond, Jean-Baptiste. *Voyage aux Antilles: D'île en île, de la Martinique à Trinidad 1767–1773*. Paris: Editions Karthala, 2000.

Le Boursier du Coudray, Angélique Marguerite. *Abrégé de l'art des accouchemens*. Paris, 1777.

Leibrock-Plehn, Larissa. *Hexenkräuter oder Arznei: Die Abtreibungsmittel im 16. und 17. Jahrhundert*. Stuttgart: Wissenschaftliche Verlagsgesellschaft, 1992.

Lewin, Louis. *Die Fruchtabtreibung durch Gifte und andere Mittel: Ein Handbuch für Ärzte, Juristen, Politiker, Nationalökonomen*. Berlin: Georg Stilke, 1925.

Ligon, Richard. *A True and Exact History of the Island of Barbados*. London, 1657.

Linnaeus, Carl. *Critica botanica*. Leiden, 1737.

——— *Amoenitates academicae*. Leiden, 1749–1790.

——— *Species Plantarum*. 1753; London: Ray Society, 1957, with introduction by William Stearn.

——— *The "Critica Botanica" of Linnaeus*. Trans. Arthur Hort and M. L. Green. London: Ray Society, 1938.

Löseke, Johann Ludwig Leberecht. *Materia Medica, oder Abhandlung von den auserlesenen Arzneymitteln*. 4th ed. Berlin, 1773.

Long, Edward. *The History of Jamaica*. 3 vols. London: 1774.

Lowthrop, John. *The Philosophical Transactions and Collections, to the End of the Year 1700*. 3 vols. London, 1722.

MacGregor, Arthur, ed. *Sir Hans Sloane: Collector, Scientist, Antiquary, Founding Father of the British Museum*. London: British Museum, 1994.

——— "The Life, Character and Career of Sir Hans Sloane." In *Sir Hans Sloane*, ed. MacGregor, 11–44.

MacKay, David. *In the Wake of Cook: Exploration, Science, and Empire, 1780–1801*. London: Croom Helm, 1985.

———— "Agents of Empire: The Banksian Collectors and Evaluation of New Land." In *Visions of Empire*, ed. Miller and Reill, 38–57.

MacLeod, Roy, ed. *Nature and Empire: Science and the Colonial Enterprise*. Special issue of *Osiris* 15 (2000).

Maehle, Andreas-Holger. *Drugs on Trial: Experimental Pharmacology and Therapeutic Innovation in the Eighteenth Century*. Amsterdam: Rodopi, 1999.

———— "The Ethical Discourse on Animal Experimentation, 1650–1900." In *Doctors and Ethics: The Earlier Historical Setting of Professional Ethics*, ed. Andrew Wear, Johanna Geyer-Kordesch, and Roger French, 203–251. Amsterdam: Rodopi, 1993.

Maitland, Charles. *Mr. Maitland's Account of Inoculating the Small Pox*. London, 1722.

Maupertuis, Pierre-Louis Moreau de. *Lettre sur le progrès des sciences*. Dresden, 1752.

Mauriceau, François. *Traité des maladies des femmes grosses*, 4th ed. Paris: 1694.

McClellan, James III. *Colonialism and Science: Saint Domingue in the Old Regime*. Baltimore: Johns Hopkins University Press, 1992.

McLaren, Angus. *A History of Contraception: From Antiquity to the Present Day*. Oxford: B. Blackwell, 1990.

McNeill, J. "Latin, the Renaissance Lingua Franca, and English, the 20th Century Language of Science: Their Role in Biotaxonomy." *Taxon* 46 (1997): 751–757.

McVaugh, Rogers. *Botanical Results of the Sessé and Mociño Expedition: 1787–1830*. Pittsburgh: Hunt Institute for Botanical Documentation, Carnegie Mellon University, 2000.

Mead, Richard. *The Medical Works*. 3 vols. Edinburgh, 1763.

Merian, Maria Sibylla. *Metamorphosis insectorum Surinamensium*, ed. Helmut Deckert. 1705; Leipzig: Insel Verlag, 1975.

Merson, John. "Bio-prospecting or Bio-piracy: Intellectual Property Rights and Biodiversity in a Colonial and Postcolonial Context." In *Nature and Empire*, ed. MacLeod, 282–296.

Miller, David Philip, and Peter Reill, eds. *Visions of Empire: Voyages, Botany, and Representations of Nature*. Cambridge: Cambridge University Press, 1996.

Miller, Genevieve. *The Adoption of Inoculation from Smallpox in England and France*. Philadelphia: University of Pennsylvania Press, 1957.

Miller, Philip. *The Gardener's Dictionary*. London, 1768.

Moitt, Bernard. *Women and Slavery in the French Antilles, 1635–1848*. Bloomington: Indiana University Press, 2001.

Monardes, Nicolás. *Joyfull Newes out of the Newe Founde Worlde*. 2 vols. Trans. John Frampton. 1577; London: Constable, 1925.

Monnier, Jeannine, Jean-Claude Jolinon, Anne Lavondes, and Pierre Elouard. *Philibert Commerson: Le Découvreur de Bougainvillier*. Châtillon-sur-Chalaronne: Association Saint-Guignefort, 1993.

Monro, Donald. *A Treatise on Medical and Pharmaceutical Chemistry, and the Materia Medica.* 3 vols. London, 1788.

—— ed. *Letters and Essays . . . by Different Practitioners.* London, 1778.

Moreau de Saint-Méry, Médéric-Louis-Elie. *Loix et constitutions des colonies françoises de l'Amérique sous le vent.* 6 vols. Paris, 1784–1790.

—— *Description topographique, physique, civile, politique et historique de la partie française de l'Isle Saint-Domingue.* 2 vols. Philadelphia, 1797–1798.

Morton, Julia. *Atlas of Medicinal Plants of Middle America: Bahamas to Yucatan.* Springfield, Ill.: Charles Thomas, 1981.

Moseley, Benjamin. *A Treatise on Sugar: With Miscellaneous Medical Observations.* London, 1800.

Nassy, David de Isaac Cohen. *Essai historique sur la colonie de Surinam.* Paramaribo, 1788.

Nicolas, Jean-Paul. "Adanson, the Man." In *Adanson,* ed. Lawrence, 1–122.

—— "Adanson et le mouvement colonial." In *Adanson,* ed. Lawrence, 393–451.

Noonan, John Thomas Jr. *Contraception: A History of its Treatment by the Catholic Theologians and Canonists.* Cambridge, Mass.: Belknap Press of Harvard University Press, 1986.

Nussbaum, Felicity. *Torrid Zones: Maternity, Sexuality, and Empire in Eighteenth-Century English Narratives.* Baltimore: Johns Hopkins University Press, 1995.

Olarte, Mauricio Nieto. "Remedies for the Empire: The Eighteenth Century Spanish Botanical Expeditions to the New World." Ph.D. Diss., History of Science and Technology, Imperial College, London, 1993.

Perry, G. "Nomenclatural Stability and the Botanical Code: A Historical Review." In *Improving the Stability of Names,* ed. Hawksworth, 79–93.

Pimentel, Juan. "The Iberian Vision: Science and Empire in the Framework of a Universal Monarchy, 1500–1800." In *Nature and Empire,* ed. MacLeod, 17–30.

Pinkerton, John, trans. and ed. *A General Collection of the Best and Most Interesting Voyages and Travels.* 17 vols. London, 1808–1814.

Pluchon, Pierre. "Le Cercle des philadelphes du Cap-Français à Saint-Domingue: Seule académie colonial de l'ancien régime." *Mondes et Cultures* 45 (1985): 157–191.

Pouliquen, Monique, ed. *Les voyages de Jean-Baptiste Leblond: Médecin naturaliste du Roi aux Antilles, en Amérique Espagnole et en Guyane, de 1767 à 1802.* Paris: Editions du C.T.H.S., 2001.

Pouppé-Desportes, Jean-Baptiste-René. *Histoire des maladies de Saint Domingue.* 3 vols. Paris, 1770.

Pratt, Mary Louise. *Imperial Eyes: Travel Writing and Transculturation.* London: Routledge, 1992.

Pycior, Helena, Nancy Slack, and Pnina Abir-Am, eds. *Creative Couples in the Sciences.* New Brunswick: Rutgers University Press, 1996.

Ramsay, James. *An Essay on the Treatment and Conversion of African Slaves in the British Sugar Colonies.* London, 1784.

Razzell, Peter. *The Conquest of Smallpox: The Impact of Inoculation on Smallpox Mortality in Eighteenth-Century Britain*. Firle: Caliban Books, 1977.

Reede tot Drakestein, Hendrik Adriaan van. *Hortus Indicus Malabaricus*. 12 vols. Amsterdam, 1678–1693.

Renny, Robert. *An History of Jamaica*. London, 1807.

Riddle, John M. *Contraception and Abortion from the Ancient World to the Renaissance*. Cambridge, Mass.: Harvard University Press, 1992.

―――― *Eve's Herbs: A History of Contraception and Abortion in the West*. Cambridge, Mass.: Harvard University Press, 1997.

Risse, Guenter. "Transcending Cultural Barriers: The European Reception of Medicinal Plants from the Americas." In *Botanical Drugs*, ed. Hein, 31–42.

―――― *Hospital Life in Enlightenment Scotland: Care and Teaching at the Royal Infirmary of Edinburgh*. Cambridge: Cambridge University Press, 1986.

Rochefort, Charles de. *Histoire naturelle et morale des Iles Antilles de l'Amérique*. Rotterdam, 1665.

Roger, Jacques. *Buffon: A Life in Natural History*. Trans. Sarah Bonnefoi. Ithaca: Cornell University Press, 1997.

Rouse, Irving. *The Taino: Rise and Decline of the People Who Greeted Columbus*. New Haven: Yale University Press, 1992.

Rublack, Ulinka. "The Public Body: Policing Abortion in Early Modern Germany." In *Gender Relations in German History: Power, Agency, and Experience from the Sixteenth to the Twentieth Century*, eds. Lynn Abrams and Elizabeth Harvey, 57–78. London: University of London Press, 1996.

Rücker, Elisabeth. *Maria Sibylla Merian, 1647–1717*. Nürnberg: Germanisches Nationalmuseum, 1967.

Ryan, Michael. *A Manual of Medical Jurisprudence*. London, 1831.

[Schaw, Janet]. *Journal of a Lady of Quality; Being a Narrative of a Journey from Scotland to the West Indies, North Carolina, and Portugal, in the years 1774 to 1776*, ed. Evangeline Andrews. New Haven: Yale University Press, 1922.

Schiebinger, Londa. *The Mind Has No Sex? Women in the Origins of Modern Science*. Cambridge, Mass.: Harvard University Press, 1989.

―――― *Nature's Body: Gender and the Making of Modern Science*. Boston: Beacon Press, 1993.

―――― *Has Feminism Changed Science?* Cambridge, Mass.: Harvard University Press, 1999.

―――― and Claudia Swan, eds. *Colonial Botany: Science, Commerce, and Politics in the Early Modern World*. Philadelphia: University of Pennsylvania Press, 2004.

Segal, Sam. "Maria Sibylla Merian as a Flower Painter." In *Maria Sibylla Merian*, ed. Wettengl, 68–87.

Sheridan, Richard B. *Doctors and Slaves: A Medical and Demographic History of Slavery in the British West Indies, 1680–1834*. Cambridge: Cambridge University Press, 1985.

Shorter, Edward. *Women's Bodies: A Social History of Women's Encounter with Health, Ill-Health, and Medicine*. New Brunswick: Transaction, 1991.

Shteir, Ann. *Cultivating Women, Cultivating Science: Flora's Daughters and Botany in England 1760–1860.* Baltimore: Johns Hopkins University Press, 1996.

Sloane, Hans. *Catalogus plantarum quae in Insula Jamaica.* London, 1696.

——— *A Voyage to the Islands Madera, Barbados, Nieves, St. Christophers, and Jamaica; with the Natural History, etc . . .* 2 vols. London, 1707–1725.

——— *An Account of a Most Efficacious Medicine for Soreness, Weakness, and Several Other Distempers of the Eyes.* London, 1745.

——— "An Account of Inoculation." *Philosophical Transactions of the Royal Society of London* 49 (1756): 516–520.

Smellie, William, ed. *Encyclopedia Britannica.* Edinburgh, 1771.

Smith, Adam. *An Inquiry into the Nature and Causes of the Wealth of Nations,* ed. Edwin Cannan. 1776; Chicago: University of Chicago Press, 1976.

Smith, Pamela H., and Paula Findlen, eds. *Merchants and Marvels: Commerce, Science, and Art in Early Modern Europe.* New York: Routledge, 2002.

Sörlin, Sverker. "Ordering the World for Europe: Science as Intelligence and Information as Seen from the Northern Periphery." In *Nature and Empire,* ed. MacLeod, 51–69.

Spary, Emma. *Utopia's Garden: French Natural History from Old Regime to Revolution.* Chicago: University of Chicago Press, 2000.

Stafleu, Frans. *Linnaeus and the Linnaeans: The Spreading of Their Ideas in Systematic Botany, 1735–1789.* Utrecht: A. Oosthoek's Uitgeversmaatschappij, 1971.

——— "Adanson and the 'Familles des plantes.'" In *Adanson,* ed. Lawrence, 123–259.

Stagl, Justin. *A History of Curiosity: The Theory of Travel 1550–1800.* Chur, Switzerland: Harwood Academic Publishers, 1995.

Stearn, William Thomas. "Botanical Exploration to the Time of Linnaeus." *Proceedings of the Linnean Society of London* 169 (1958): 173–196.

——— "The Background of Linnaeus's Contributions to the Nomenclature and Methods of Systematic Biology." *Systematic Zoology* 8 (1959): 4–22.

——— *Botanical Latin: History, Grammar, Syntax, Terminology, and Vocabulary.* Newton Abbot, Devon: David and Charles, 1992.

——— ed. *Humboldt, Bonpland, Kunth and Tropical American Botany.* Lehre: J. Cramer Verlag, 1968.

——— "Carl Linnaeus's Acquaintance with Tropical Plants." *Taxon* 37 (1988): 776–781.

Stedman, John Gabriel. *Narrative of a Five years' Expedition against the Revolted Negroes of Surinam.* London, 1796.

——— *Stedman's Surinam: Life in an Eighteenth-Century Slave Society,* eds. Richard Price and Sally Price. Baltimore: Johns Hopkins Press, 1992.

Stofft, Henri. "Un Avortement criminel en 1660." *Histoire des sciences medicales* 20 (1986): 67–85.

Störck, Anton von. *An Essay on the Medicinal Nature of Hemlock.* London, 1760.

——— *Traité de l'inoculation de la petite vérole.* Vienna, 1771.

Stroup, Alice. *A Company of Scientists: Botany, Patronage, and Community at the*

Seventeenth-Century Parisian Royal Academy of Sciences. Berkeley: University of California Press, 1990.

Stukenbrock, Karin. *Abtreibung im ländlichen Raum Schleswig-Holsteins im 18. Jahrhundert.* Neumünster: K. Wachholtz Verlag, 1993.

Swartz, Olof. *Observationes botanicae quibus plantae Indiae Occidentalis.* Erlangen, 1791.

Taillemite, Étienne. *Bougainville et ses compagnons autour du monde, 1766–1769.* 2 vols. Paris: Imprimerie nationale, 1977.

Talbot, Alathea. *Natura Exenterata: or Nature Unbowelled by the most Exquisite Anatomizers of Her.* London, 1655.

Tardieu, Ambroise. *Étude médico-légale sur l'avortement.* 3rd ed. Paris, 1868.

Thiery de Menonville, Nicolas-Joseph. *Traité de la culture du nopal et de l'éducation de la cochenille dans les colonies Françaises de l'Amérique.* Cap-Français, 1787.

Thomson, James. *A Treatise on the Diseases of Negroes, as they occur in the Island of Jamaica; with Observations on the Country Remedies.* Jamaica, 1820.

Thunberg, Carl. *Travels in Europe, Africa and Asia, performed between the years 1770 and 1779.* 4 vols. London, 1795.

Tournefort, Joseph Pitton de. *Élémens de botanique, ou, Méthode pour connaître les plantes.* 6 vols. Paris, 1694.

Trapham, Thomas. *A Discourse of the State of Health in the Island of Jamaica.* London, 1679.

Wagstaffe, William. *A Letter to Dr. Freind; Shewing the Danger and Uncertainty of Inoculating the Small Pox.* London, 1722.

Walters, S. M. "The Shaping of Angiosperm Taxonomy." *New Phytologist* 60 (1961): 74–84.

Walvin, James. *Fruits of Empire: Exotic Produce and British Taste, 1660–1800.* New York: New York University Press, 1997.

Ward, J. R. *British West Indian Slavery, 1750–1834: A Process of Amelioration.* New York: Oxford University Press, 1988.

Wettengl, Kurt, ed. *Maria Sibylla Merian (1647–1717): Artist and Naturalist.* Ostfildern: G. Hatje, 1998.

——— "Maria Sibylla Merian: Artist and Naturalist between Frankfurt and Surinam." In *Merian,* ed. Wettengl, 13–36.

Wijnands, D. O. *The Botany of the Commelins.* Rotterdam: Balkema, 1983.

Williamson, John. *Medical and Miscellaneous Observations, Relative to the West India Islands.* 2 vols. Edinburgh, 1817.

Withering, William. *An Account of the Foxglove, and Some of its Medical Uses.* Birmingham: 1785.

Woodville, William. *Medical Botany.* 3 vols. London, 1790.

Zedler, Johann Heinrich. *Grosses vollständiges Universal Lexicon aller Wissenschaften und Künste.* Halle and Leipzig, 1732–1754.

索 引

（此检索按汉语拼音字母排列，姓名按姓氏音译首字母排列，页码为原书页码，即本书页边码。）

译后记

　　因为各种机缘巧合，在情急之下答应出版社翻译此书。刚开始翻译不久，新冠疫情暴发，每天坚持翻译打卡，一方面希望按计划交稿，另一方面也想让自己从铺天盖地的疫情信息中暂时逃离。疫情改变了很多人的生活和心态，感谢奋战在一线的人们，感恩在非常时期还能像平常一样伏案工作，何其幸运和幸福。

　　某一天在翻译中遇到了疑难，反复斟酌也求不得满意的译法，突然觉得翻译这事，其实很奢侈——字斟句酌的奢侈阅读。网络改变了阅读习惯，时间的碎片化常常让人难以坚持读完一本书，而翻译提供了某种"逆行"的阅读机会。在字斟句酌中，即使竭尽所能，力求"信""达"，却难以真正满足，更不敢奢望"雅"。在知识的海洋里徜徉更明白自己的无知，在语言之林徘徊才懂得自己言辞的苍白，明知可以更好，但绞尽脑汁却找不到那个更好的表达，因此每每深陷力不从心的无奈之中。

　　作者隆达·施宾格教授是著名的女性主义科学史家，我在博士学习期间已深受其著作影响，感谢作者对翻译过程中遇到的疑难之处一一作了细心的解释。感谢西双版纳热带植物园谭运洪老师在植物鉴定和拉丁学名上给予的帮助，对一些还没有中文名字的植物也提出了适宜的译名建议。在翻译过程中，就德语、拉丁文、法语等词汇的翻译和关键性的专业术语多次请教清华大学蒋澈博士，让我受益匪浅，不胜感激。感谢四川大学王钊博士细读了译稿全文，纠正了一些错误，也非常感谢武夷山和李猛两位老师提出的修改意见。感谢本丛书主编蒋竹山教授的信任，感谢责编董虹博士善解人意、高效细致的工作。

　　书中译名根据《法语姓名译名手册》（商务印书馆，1996）、《世界人名翻译大辞典》（中国对外翻译出版公司，1993）和《世界地名翻译大辞典》（中国出版集团、中国对外翻译出版公司，2007）等工具书校对，译名的校对工作主要由四川大学文新学院姚璟同学完成。姚璟同学也仔细通读了译稿全文，对不当的中文表达提出了建议，更改了文中的错别字。但原文出现了大量西班牙语、法语、德语、荷兰语、印第安本土语言的人名、地名和术语，以及植物学和医学专业知识，即使不时求助各方，译者的粗浅学识依然免不了犯各种错误，在此恳请读者批评指正。

　　感谢植物给我带来的快乐。共同热爱植物的朋友们，一次次带我走进大自然深处的秘境，探寻令人惊叹的野生植物。家里顽强而美丽的花草，在漫长的隔离期间让生活充满期待和乐趣，也让我满怀热情地倾注于博物学史的研究。从现实到历史，从植物到文化，从科学到艺术，围绕着植物的生活世界与科研世界从来都不乏味，一如本书所展现的丰富主题——性别政治、殖民扩张、知识传播、医药、博物学、本土文化，等等。

姜　虹

2020 年 9 月于成都

图书在版编目（CIP）数据

植物与帝国：大西洋世界的殖民地生物勘探／（美）隆达·施宾格著；
姜虹译.—北京：中国工人出版社，2019.9
书名原文：
Plants and Empire: Colonial Bioprospecting in the Atlantic World
ISBN 978-7-5008-7254-2

Ⅰ.①植… Ⅱ.①隆…②姜… Ⅲ.①植物—关系—世界史—研究
Ⅳ.①Q948.51②K107

中国版本图书馆CIP数据核字（2019）第201044号

著作权合同登记号：图字01-2017-6770

PLANTS AND EMPIRE: Colonial Bioprospecting in the Atlantic World
by Londa Schiebinger
Copyright© 2004 by Londa Schiebinger
Published by arrangement with Harvard University Press
through Bardon-Chinses Media Agency
Simplified Chinese translation copyright© 2017
by China Worker Publishing House
ALL RIGHTS RESERVED

植物与帝国：大西洋世界的殖民地生物勘探

出 版 人	王娇萍
责任编辑	董 虹
责任印制	黄 丽
出版发行	中国工人出版社
地 址	北京市东城区鼓楼外大街45号 邮编：100120
网 址	http://www.wp-china.com
电 话	（010）62005043（总编室） （010）62005039（印制管理中心）
	（010）62004005（万川文化项目组）
发行热线	（010）62005996 82029051
经 销	各地书店
印 刷	北京盛通印刷股份有限公司
开 本	880毫米×1230毫米 1/32
印 张	11.75
字 数	320千字
版 次	2020年11月第1版 2022年2月第2次印刷
定 价	78.00元

本书如有破损、缺页、装订错误，请与本社印制管理中心联系更换
版权所有 侵权必究